SCHERZ

Charlotte Blum

FRÄULEIN VOM AMT

Spiel auf Leben und Tod

Roman

SCHERZ

Aus Verantwortung für die Umwelt hat sich der S. Fischer Verlag zu einer nachhaltigen Buchproduktion verpflichtet. Der bewusste Umgang mit unseren Ressourcen, der Schutz unseres Klimas und der Natur gehören zu unseren obersten Unternehmenszielen.

Gemeinsam mit unseren Partnern und Lieferanten setzen wir uns für eine klimaneutrale Buchproduktion ein, die den Erwerb von Klimazertifikaten zur Kompensation des CO_2-Ausstoßes einschließt.

Weitere Informationen finden Sie unter: www.klimaneutralerverlag.de

FSC www.fsc.org
MIX
Papier aus verantwortungsvollen Quellen
FSC® C014496

Erschienen bei FISCHER Scherz
Frankfurt am Main, August 2023

Dieses Werk wurde vermittelt durch die
Literarische Agentur Thomas Schlück GmbH, 30161 Hannover.
Redaktion: René Stein

Satz: Fotosatz Amann, Memmingen
Druck und Bindung: GGP Media GmbH, Pößneck
Printed in Germany
ISBN 978-3-651-02507-3

»Möchte der altberühmten Bäder- und Sportstadt Baden-Baden, das große Verdienst, daß [sic!] sie sich um die Schachwelt erworben, mit großem Verdienst gelohnt werden!«

SIEGBERT TARRASCH, IN: INTERNATIONALES SCHACHTURNIER ZU BADEN-BADEN. HERAUSGEGEBEN VON DOKTOR TARRASCH, BERLIN 1925

1925

PROLOG

Die Wäsche, dachte Gertrude. Wann bildeten sich eigentlich Stockflecken auf der Wäsche?

Bisher hatte sie sich noch niemals Gedanken darüber gemacht, es war schon fast komisch, dass ihr diese Frage ausgerechnet jetzt durch den Kopf schoss.

Wie feucht muss es sein, und wie lange muss diese Feuchtigkeit anhalten?

Schon vor einer Ewigkeit hatte Gertrude aufgehört zu schreien. Ihre Lungen schmerzten inzwischen vom vielen Rufen, das von anfänglich wütendem Gebrüll in leises Wimmern übergegangen war.

Mittlerweile hielt sie die Augen geschlossen, denn hinter ihren Lidern herrschte genau die gleiche Dunkelheit wie davor. Wenn sie die Arme ausstreckte, konnte sie die kalten Seitenwände der Wäschetrommel berühren. Die Luke aus Stahl, durch die die nassen Laken während der Arbeitszeiten hineingeworfen wurden, war jedoch so schwer, dass es ihr nicht gelungen war, sie hochzuschieben. Auch befand sich im Inneren der Trommel kein Griff, sie hatte deswegen die Handflächen an das Metall gepresst und versucht, die Tür hochzuschieben. Aber genauso wie das Schreien hatte sie es schließlich aufgegeben, die Vorrichtung öffnen zu wollen. Mit ihrem gesamten Gewicht hatte sie sich fluchend dagegengestemmt, gedrückt und letztlich resigniert, bevor sie vor Angst und Verzweiflung geweint hatte.

Jetzt nicht mehr. Jetzt war ihr angenehm leicht zumute. Seltsam.

Sie würde einfach warten. Warten, bis die Kolleginnen der Frühschicht in die Wäscherei kommen, ihr Klopfen an dem riesigen Kessel hören und sie daraus befreien würden. Es war ein wenig hart auf dem stählernen Boden, aber das war ihre Matratze zu Hause auch. Spätestens, wenn Irmgard oder Käthe aus der Frühschicht die Trommel öffnete, um sie zu befüllen, würde sie Gertrude entdecken.

Stockflecken, schoss ihr erneut durch den Kopf. Kleine und große, hässliche Stockflecken. Konnten eine Spitzenbluse für immer zerstören. War die Trommel, in der sie jetzt eingeschlossen war, eine der Brutstätten für diese unschönen Verfärbungen auf dem ansonsten blütenweißen Gewebe?

Gertrude atmete tief ein, spürte dem feuchten, mit Blütenessenz durchtränkten Geruch nach. Was war es noch gleich? Lavendel? Was für ein beruhigender Duft. Sie schloss die Augen – und da lag sie, im Gras, inmitten einer Lavendelwiese, lilafarbene Blüten wiegten sich im Wind und kitzelten ihre Wangen. Gertrude lächelte. Empfand keinen Hass, keine Angst, keinen Grund mehr für Rache. Stattdessen breitete sich die angenehme Welle eines Hochgefühls in ihr aus, das von einer bleiernen, aber nicht unangenehmen Müdigkeit begleitet wurde.

Die Frühschicht wird mich finden. Und bis dahin werde ich hier liegen und den sich im Wind wiegenden Lavendel auf meinem Gesicht spüren. Atmen ... ja, das fiel ihr zusehends schwerer, aber das lag an der Feuchtigkeit, die sie umgab. Daran lag es doch, oder nicht? Natürlich tat es das.

Die Kolleginnen der Frühschicht ... Irmgard ... oder Käthe ... würden sie finden ...

1

Der einzige Satz, den du auf Russisch brauchst, lautet: ›Ja tebja ljublju‹.«

Alma musste grinsen, als Ida sich nach dieser Aussage selbstzufrieden im Stuhl zurücklehnte.

»Und was heißt das?«, fragte Marianne.

Sie war die Jüngste unter den Kolleginnen, die allesamt wie Alma selbst als Telefonistinnen arbeiteten, als Fräulein vom Amt. Es gab wie immer genug zu tun, mehr als üblich eigentlich, aber ebenfalls wie immer fanden die Fräulein ein paar Minuten zwischen Klinkenstecken, Klinkenlösen und dem Herunterspulen ihres Sprüchleins: »Hier Amt, was beliebt?«, um ein paar Sätze untereinander zu wechseln.

»Ja tebja ljublju«, probierte Alma leise den Klang der Worte aus.

»Na, was wird das heißen?«, sagte Friederike ungehalten und presste die Lippen aufeinander. »Sicher was Schweinisches, wenn es von Ida kommt.«

»Aber i wo, wo denkst du hin?« Ida klimperte mit den Wimpern. »Obwohl so ein schöner Russe gern was Schweinisches mit mir anstellen darf.« Sie kicherte, während Friederike bis unter die Haarspitzen ihres blonden Ponys errötete.

Russen gab es in den Sommermonaten in Baden-Baden immer einige, viele besaßen hier eigene Villen, und eines der Gründungsmitglieder des Internationalen Clubs, der die Rennen in Iffezheim ausrichtete, Fürst Menschikow, stammte ebenfalls aus Russland. Aber in diesem Frühjahr fand eine ganz besondere Veranstaltung in Baden-Baden statt, die einige seiner Landsleute in die Kurstadt ziehen würde: das Internationale Schachturnier. Der erste große Wettbewerb seit 1914. »Und wie jeder weiß, spielt man nur in Russland Schach«, warf Alma ironisch ein. Besonders der Name Alexander Alexandrowitsch Aljechin, der sich das Ziel gesetzt hatte, in wenigen Jahren Weltmeister zu werden, geisterte momentan durch die Badener Presse.

»Aber ich bin auf alles vorbereitet«, beeilte Ida sich zu sagen. »Ja tebja ljublju. Auf Französisch heißt es: Je t'aime.«

Jetzt musste Alma lachen. Sie schüttelte ihren dunklen Bob, und Erna neben ihr stieß ein bellendes Geräusch aus, das die Aufmerksamkeit der Aufsicht nach sich zog. Mit Fräulein Klinger – von den Telefonistinnen auch Drache genannt –, seit über zwanzig Jahren als Postbeamtin im Dienst, war nicht zu spaßen. Sie herrschte mit gnadenlosem Regiment, und so senkten die Kolleginnen schnell ihre Köpfe.

»Hier Amt, was beliebt?«, nahm Alma die nächste Verbindung auf.

Doch ihr Gespräch schien nicht unentdeckt geblieben zu sein. »Fräulein Weber«, dröhnte es durch den Saal.

Erschrocken fuhr Friederikes blonder Schopf in die Höhe.

Mit ernstem Blick schritt der Drache durch den Raum.

»Fräulein Klinger, da haben Sie nun aber wirklich die Falsche am Wickel«, sagte Ida resolut, als die Aufsicht zu ihnen trat. Trotz ihrer kleinen Reibereien mit Friederike hatte Ida das Herz am rechten Fleck.

»Sie müssen Frau Weber mit mir verwechselt haben«, mischte sich Alma ebenfalls ein. Auch wenn sie keine Rüge kassieren wollte, so doch besser sie als Ida, die schon einmal kurz vor der Kündigung gestanden hatte.

Aber die Klinger ignorierte sie beide und bedeutete stattdessen Friederike, ihr ins Büro zu folgen. Verwirrt stand die Kollegin auf und warf Alma einen Hilfe suchenden Blick zu. Alma erinnerte sich daran, wie es in Fräulein Klingers Büro gewesen war, damals, als es eine Beschwerde gegen sie selbst gegeben hatte, und sie hoffte, dass die Aufsicht Friederike gegenüber ebenso nachsichtig wäre. Denn bei all ihrer Strenge war die Klinger vor allem eines: gerecht. Die meisten der Fräulein hatten davon keine Ahnung, aber der Drache stellte sich – fauchend und Feuer speiend – auch gegenüber Höhergestellten vor ihre Schützlinge.

Die Bürotür schlug zu, die Fröhlichkeit von vorhin hatte ein jähes Ende gefunden.

»Hier Amt, was beliebt?«

Alma konnte den Kloß in Mariannes Hals förmlich hören.

Sie selbst bediente schnell Friederikes Schaltschrank mit, der sich neben ihrem befand. Auch bei Toilettenpausen sprangen die Fräulein füreinander ein. Flink tanzten ihre Finger über die Stecker, Klinken und Schalter, während Erna auf der anderen Seite immer noch nachdenklich die Bürotür anstarrte, hinter der die Klinger mitsamt Friederike verschwunden war. Sie zog die Nase kraus und wandte sich an Ida: »Und was heißt auf Russisch: ›Ich mach mit bei eurer Revolution?‹«

Der Bann war gebrochen, und auch Almas Mundwinkel zuckten.

Ida beugte sich vor und raunte: »Ein Gespenst geht um in Europa. Ein Gespenst namens Erna.«

Erneut brachen die Fräulein in Gelächter aus, gedämpfter diesmal, und noch etwas unsicher.

Erna deutete auf die Kopfhörer, die Mikrophone und die Schalttafeln. »Ist doch wahr«, sagte sie. »Wir buckeln uns hier krumm, und wofür? Die paar Kröten?«

Die männlichen Postbeamten verdienten das Doppelte, das wussten sie alle.

»Ein Streik«, flüsterte Marianne.

»Ach, Kinder, was ist denn mit euch los?«, sagte Ida seufzend, während sie die Klinke etwas heftiger steckte als notwendig. »Zu viele Romane gelesen? Zu viele Filme gesehen?« Sie schüttelte den Kopf. »Hier wird sich nichts ändern. Außer dass wir noch schneller, noch nutzbringender arbeiten müssen. Dass die Technik sich noch schneller und immer weiter entwickelt. Aber bessere Bezahlung? Weniger Arbeit?« Sie schnaubte. »Im Leben nicht.«

»Wir werden überflüssig.« Ohne richtig hinzusehen, fanden Almas Finger die richtige Buchse.

»Willy sagt …«, begann Ida, wurde jedoch von Marianne unterbrochen.

»Wer ist denn jetzt schon wieder Willy? Du hast einen Verschleiß an Liebhabern, den haben andere nicht mal an Zigaretten.«

Ida ließ sich jedoch nicht beirren. »Willy sagt«, begann sie erneut, bevor sie ein weiteres Mal unterbrochen wurde, diesmal von der Bürotür der Aufsicht, die sich in diesem Augenblick öffnete.

Mit ernster Miene trat die Klinger heraus, eine Hand auf Friederikes Schulter. Alma hob die Augenbrauen. Wollte der Drache ihre Kollegin trösten?

Im gleichen Moment drehte Friederike sich jedoch um und verschwand, beinahe im Lauftempo, aus dem Saal.

Stille herrschte, bis auf das Surren der Mikrophone.

»Was war denn das?«, flüsterte Ida. »Sie hat doch nicht … Hat sie …«

»Ist Friederike entlassen?«, vervollständigte Marianne schließlich ihrer aller Gedanken.

War das ein erster Schritt zur sogenannten »Optimierung«? Der technische Fortschritt war unaufhaltbar, das hatte man nicht nur im Krieg gemerkt, jeden Tag wurde es auch zu Hause deutlich: Almas Vater war bei weitem nicht mehr der einzige Mann, der seiner Frau eine Waschmaschine gekauft hatte, in den Wohnungen hielten Radios und Telefone Einzug, und Alma hatte gehört, dass man in Berlin schon beinahe alle Mietwohnungen mit elektrischen Klingeln ausgestattet hatte.

Die Fernmeldebeamtinnen würden durch Telefone mit Selbstwählscheiben ersetzt werden, wie es sie schon in Amerika gab. Man brauchte weniger Arbeitskräfte.

Alma blickte zu Fräulein Klinger, die immer noch in ihrer Bürotür stand. Ernst hatte sie ausgesehen, als sie Friederike die Hand auf die Schulter gelegt hatte, und mitfühlend. Ja, das wäre sie sicher auch bei einer Kündigung gewesen, war sie doch selbst ein stolzes Fräulein vom Amt. Und dennoch … Weshalb ausgerechnet Friederike? Alma konnte sich des Eindrucks nicht erwehren, dass es hier um etwas anderes ging. Aber was?

»Entschuldige, meine Taube, aber wie um alles in der Welt soll ich denn hier die verschiedenen Figuren auseinanderhalten?« Emmi hielt einen quadratischen schwarzen Stein zwischen den Fingern und wedelte damit vor Almas Nase herum. Mit der anderen Hand griff sie zur Spielschachtel und drehte sie so, dass sie die Aufschrift lesen konnte. »*Das neue Schach.*« Diese drei Worte stieß sie mit derartiger Inbrunst aus, dass die Flamme der Kerze auf dem Küchentisch erzitterte.

Alma wünschte sich in letzter Zeit mehr denn je elektrisches Licht, so wie es in ihrem Elternhaus in Oos eingerichtet worden war. Aber die Witwe Meier sah anscheinend keine Notwendigkeit, ihr Haus zu elektrifizieren. Zumindest hatten Alma und Emmi davon nichts läuten hören. Und wenn die Meier dennoch eines schönen Tages zu einer anderen Einstellung gelangte: Hoffentlich würde sie die kleine Dachwohnung nicht aussparen!

»Formgebung ist ja so ne Sache«, fuhr Emmi fort. »Reduziert ist gut und schön, wir sind ja froh, dass wir diese Schnörkelei nicht mehr überall sehen müssen. Aber das?« Wieder wackelte sie mit der Spielfigur. »Bauer oder Turm? Mir sind diese Klötze eindeutig zu modern. Woher hast du das noch mal?«

»Von unserer bunt geblümten Wirtin«, antwortete Alma mit Bezug auf den verspielten Schlafrock, den die Meier vormittags gern zu tragen pflegte. »Herr Schulze aus dem ersten Stock hat ihr das Spiel geschenkt, als er letzte Woche ausgezogen ist.«

»Da wird sie sich aber gefreut haben.« Emmi grinste schief. »Wetten, der Schulze konnte die Figuren auch nicht auseinanderhalten und war froh, dass er die Schachtel los war?« Sie warf den Kopf in den Nacken und prustete. »Er hat die Schachtel einer Schachtel vermacht!«

Das war zwar ein ausgemachter Kalauer, aber für eine Weile ersannen die beiden Freundinnen vergnügt einen Fachwortschatz für die ältere Witwe, die im Erdgeschoss über die Aufrechterhaltung von Recht und Ordnung wachte. Als sie ausgekichert hatten, griff Alma zu derselben Figur, die Emmi in der Hand hielt. »Wölkchen, das ist eindeutig ein Turm. Siehst du, hier. Der Bauer ist viel kleiner und hat außerdem keine Kerbe.

Stell dir diese Rillen einfach als Zinnen vor, dann ist es doch ganz einfach.«

Emmi schüttelte stürmisch den Kopf, und ihre blonden Locken, die ein renommierter Friseurmeister in der Lichtentaler Straße letzte Woche auf zackig getrimmt hatte, kamen in Bewegung. »Nichts ist einfach! Mir brummt der Schädel wie bei dieser elektrischen Kopfmassage, die der Jenowe mir verpasst hat! ›Es wird Ihnen guttun, meine Teure‹, hat er behauptet. Pustekuchen!« Sie warf die Figur zurück in die Schachtel, stand auf und ging zum Herd der kleinen Wohnküche, wo inzwischen das Teewasser kochte. »›Als ob Roman Novarro Ihnen leibhaftig gegenübertritt und Ihre Hand in die seine nimmt‹«, fuhr sie fort zu zitieren, während sie zwei Tassen aus dem Schrank nahm. »Von wegen! Ich hatte Angst, mein Gehirn wird gekocht!« Emmi öffnete die Meßmer-Dose und löffelte resolut Teeblätter in die Tassen.

Alma konnte sich ein Lachen nicht verkneifen. Wölkchen hatte sich, gleich nachdem sie aus dem Salon nach Hause gekommen war, über das teure Zusatzprogramm erregt, das ihr Friseurmeister Jenowe hatte aufschwatzen wollen. Sauerstoffmassage, Gesichtsmassage und Maniküre. Bei dem Vorschlag, ihre Kopfhaut elektrisch zu kneten, war die neugierige Emmi letztendlich doch eingeknickt.

»Dafür bist du aber noch ganz gut mit Worten«, scherzte Alma und fügte hinzu, da Emmi nicht aufhörte, die Tassen mit Teeblättern zu füllen: »Wenn vielleicht auch nicht ganz bei der Sache.«

Ertappt hielt Wölkchen inne. »'Tschuldigung. Aber du magst ihn ja stark, oder?« Ohne die Antwort ihrer Freundin abzuwarten, nahm sie den Kessel vom Herd und goss ein. Zurück am Küchentisch griff sie im Stehen zu der Figur des Springers, der durch einen angedeuteten Pferdekopf gerade noch als solcher wiederzuerkennen war. »Und wie hüpft der?«

»Er zieht.«

»Nein, ziehen tut es, wenn du hier alle Fenster gleichzeitig offen stehen lässt«, erwiderte Emmi keck.

»Du hast eine hübsche Strickjacke in deinem Schrank hängen. Aber, um die Frage zu beantworten: Diese Figur hier kann als Einzige andere Figuren überspringen. Zwei Felder in eine Richtung und eines zur Seite.« Wie die verschiedenen Figuren beim Schach gezogen wurden, daran konnte sich Alma recht gut erinnern. Ihr Vater hatte sich an vielen Abenden damit beschäftigt und ihr die Grundlagen beigebracht. Ihr Wissen in dieser Hinsicht war lückenhaft, ging über das von Emmi trotzdem hinaus, denn Wölkchen hatte nicht den leisesten Schimmer davon, was »diese Steine auf dem karierten Muster eigentlich so tun sollen«.

»Hm.« Wölkchen, offenbar mit einem Mal vom Ehrgeiz gepackt, ließ das Spielbrett nicht aus den Augen, als sie ihren Stuhl zurechtrückte und sich langsam setzte. Nachdenklich stützte sie den Kopf in die Hände, die Figur des Springers noch zwischen den Fingern. »Dann haben die Ponys am Rand nichts verloren«, überlegte sie.

Überrascht zog Alma die Augenbrauen hoch. »Genau, so hat es mir auch mein Vater beigebracht: Springer am Rand – verbrannt. In der Mitte des Bretts aber können sie viel mehr bewegen.«

»Wir merken uns also Folgendes.« Emmi setzte das Pferd auf ein Feld in der Mitte. »Springer am Rand – verbrannt. Springer in der Mitte – ja, bitte!«

»An dir ist eine Poetin verlorengegangen«, japste Alma amüsiert. »Sehr eindrücklich, Frau Wolke. Jetzt brauchen wir noch etwas für den Läufer.« Sie deutete auf eine Figur mit einer diagonal verlaufenden Erhöhung. »Der zieht schräg, so weit er eben kann.«

»Du meinst, bis er auf eine andere Figur trifft?«

»Richtig.« Alma konnte an Emmis vor Eifer glühenden Wangen sehen, wie sich ihre Freundin in Gedanken bereits an die Formulierung eines weiteren Sprüchleins wagte.

Als Wölkchen mit »Diagonal ist kolossal« den Anfang machte, wurde sie von einem Klopfen an der Tür unterbrochen. »Wir kaufen nichts!«, rief sie, ohne vom Brett aufzusehen. »Um diese Uhrzeit, das ist sicherlich die Meier. Pass auf, die will ihr Schachspiel wiederhaben.«

»Das halte ich für recht unwahrscheinlich.«

»Na, das geben wir ja auch nicht wieder her!«

Alma lächelte. »Du hast also Lunte gerochen?«

»Und ob! Frauen ans Schachbrett! Oder erwartest du etwa Ludwig? Der überlistet die Lauscher unserer geblümten Schachtel aus dem Erdgeschoss ja immer besser. Dein Kommissar hat inzwischen wirklich den Dreh raus, was lautlose Bewegungen im Treppenhaus angeht. Hat das was mit seinem Beruf zu tun?« Emmi zwinkerte wissend.

Alma grinste. »Hast du was im Auge?«, fragte sie. Ludwig Schiller, der Kriminalkommissar, hatte vom ersten Augenblick ihrer Begegnung etwas in ihr ausgelöst: Aufregung, Glück und Wärme. Während des ersten Todesfalls, an dessen Aufklärung Alma nicht ganz gegen ihren Willen beteiligt war, hatten sie eine zarte Beziehung begonnen, die Alma aus Angst um ihre Anstellung jedoch wieder beendet hatte: Ein Fräulein vom Amt musste ledig bleiben, denn mit der Heirat erlosch auch ihr Pensionsanspruch.

Doch war er zunächst aus ihrem Leben verschwunden, aus

ihrem Herzen hatte sie Ludwig nicht verbannen können. Und als sich später ihre Wege erneut gekreuzt hatten, musste sie sich eine Wahrheit eingestehen: Sie liebte ihn. Schlicht und einfach. Ihre Beziehung, wie sie sie im Augenblick gestalteten, wurde nicht benannt: Alma sah keine Veranlassung zu einer vorschnellen Hochzeit, die ihre Stellung gefährdet hätte. Sie sah jedoch ebenfalls keine Veranlassung dazu, sich und Ludwig unglücklich zu machen. Und so schwebten sie in einem Zustand der Gegenwärtigkeit, trafen sich, sooft sie konnten, tauschten Blicke, Küsse, Umarmungen.

Jetzt drang gedämpft eine Stimme in die kleine Dachzimmerwohnung. Es war definitiv nicht die eines Mannes. »Alma? Alma, bist du da?«, kam es aus dem Hausflur. »Hier ist Friederike!«

Deine Kollegin?, formten Emmis Lippen lautlos.

Mit gerunzelter Stirn stand Alma auf und öffnete die Tür, bevor Friederike zum vierten Mal klopfen konnte. Den Glockenhut tief in die Stirn gezogen, so dass man von ihrem blonden Pony nichts mehr sah, stand die Kollegin wie ein vergessenes Gepäckstück auf dem Schuhabstreifer.

»Guten Abend, Alma. Entschuldige mein Eindringen, ich weiß, es ist schon spät, aber ich ...«, weiter kam Friederike nicht. Die Luft, die sie für diese Erklärung aufgespart zu haben schien, entwich in einem tiefen Seufzer. Schließlich senkte sie den Kopf, um ihre geröteten Augen zu verbergen.

»Ach du meine Güte«, stieß Alma entsetzt aus. »Komm doch bitte herein!«

Da ihre Besucherin keine Anstalten machte, einen Fuß vor den anderen zu setzen, griff Alma sie behutsam am Arm und führte sie durch den kurzen Flur in die überschaubare Küche, wo sie die jetzt hemmungslos weinende Kollegin auf das durchgesessene Sofa unter dem kleinen Fenster bugsierte. Emmi nahm Friederikes tränenverhangenen Blick zu den neben der Spüle stehenden Tassen auf und sagte: »Ich mache dir neuen Tee. Dieser hier zieht schon derart lange, der macht dir den Garaus, bevor du auf drei zählen kannst.«

»Danke. Emmi, nicht?« Ein zartes Lächeln breitete sich auf Friederikes Gesicht aus, das aber sogleich von einem weiteren Schluchzer abgelöst wurde.

Alma nahm ihr die Handtasche ab, stellte sie auf die Kommode in den Flur und kehrte in die Küche zurück, um von Emmi den frisch aufgebrühten Tee entgegenzunehmen. Zusammen mit einem Keks auf der Untertasse drückte sie ihrer weinenden Kollegin den Darjeeling in die Hand. »Jetzt trink erst mal einen Schluck und dann erzählst du, warum du hier bist. Und das hier kannst du gerne nehmen.« Aus dem Armbündchen ihres Jumpers förderte sie ein blütenweißes, gebügeltes Taschentuch zutage, das sie Friederike bestürzt reichte. Solche Gefühlsäußerungen hatte sie von ihrer doch immer so disziplinierten Kollegin niemals erwartet. Und das war schon die zweite heute.

»Wir haben keine Eile«, bekräftigte Emmi, deren neugierige Miene jedoch das Gegenteil verkündete.

Friederike nahm einen Schluck Tee und vergrub ihre Nase tief in das Taschentuch. Sie schnäuzte zuerst zurückhaltend und behutsam, dann ein weiteres Mal laut und deutlich. Als sie wieder aufblickte, tief durchatmete und Alma dabei ansah, hatten sich ihre Gesichtszüge entspannt. Mit fester Stimme fragte sie: »Hast du schon die Abendzeitung gelesen?«

»Die Abendzeitung?«, wiederholte Alma überrascht. »Nein. Die haben wir heute gar nicht gekauft.«

»Ich habe eine Ausgabe in meiner Handtasche.« Friederike

wollte aufstehen, doch Emmi war schneller. In Windeseile hatte sie die Handtasche aus dem Flur geholt und Almas Kollegin in die Hand gedrückt.

»Danke schön.« Friederike öffnete den Verschluss und zog eine herausgerissene Zeitungsseite hervor. »Hier.« Mit dem Zeigefinger tippte sie auf eine kleine Notiz unten links. »Du kannst es ruhig laut vorlesen.«

Alma legte die Seite auf ihren Schoß und glättete das Papier. »Baden-Baden«, begann sie dann. »In der Nacht zum Dienstag ist die sechzehn Jahre alte Gertrude Weber ...« Hier stockte sie überrascht und sah aus den Augenwinkeln zu Friederike, die ihrerseits den Blick wieder gesenkt hielt. »Gertrude Weber«, wiederholte Alma, »durch ihre eigene Hand in einer Waschanstalt in der Aumattstraße zu Tode gekommen.« Wieder unterbrach sie sich. »Meine Güte!« Sie legte eine Hand auf Friederikes Arm. »Bist du etwa mit diesem armen Mädchen verwandt?«

»Lies weiter«, bat ihre Kollegin mit fester Stimme.

Almas Finger strich über die letzten beiden Zeilen des kurzen Artikels. »Die Leiche der jungen Frau wurde in einer Wäschetrommel gefunden«, fuhr sie fort. »Offenbar nahm sie sich auf diese Weise das Leben.«

Jetzt entfuhr Friederike ein ersticktes Geräusch. »Lügen!«, stieß sie mit bebender Unterlippe hervor. »Das sind nichts als Lügen!«

»Eine Wäschetrommel?«, entfuhr es Emmi. »Das ist doch ...«

»Absoluter Unsinn! Wie alles in diesem Artikel«, vervollständigte Friederike, jetzt hörbar wütend. Die Teetasse balancierte auf ihrem Schoß, und Porzellan klirrte, als sie mit den Händen an Almas Taschentuch zog, als wolle sie es erwürgen.

»Eine Wäschetrommel«, begann Emmi, die aufsprang und geistesgegenwärtig das Geschirr vor dem Aufprall auf den Küchenboden bewahrte. Sie stellte es auf den Tisch und drehte sich zum Schrank, um die Teedose wieder herauszuholen. »Wer um alles in der Welt beendet sein Leben freiwillig in einer Wäschetrommel?«, fragte sie über ihre Schulter.

»Wie ich schon sagte«, zischte Friederike, nun wieder ganz die Frau, die Alma vom Amt kannte. »Himmelschreiender Humbug ist das.« Jetzt sah sie Alma geradewegs ins Gesicht. »Ich möchte dich ... wie sagt man ... anheuern?« Dankbar nahm sie die zweite Tasse Tee entgegen und rührte daraufhin wie abwesend mit dem Löffel darin herum, bevor sie fortfuhr: »Es tut mir leid, dass ich vorher so laut geworden bin.«

»Ich bitte dich, das macht doch nichts«, meinte Alma, ein wenig beunruhigt von dem, was ihre Kollegin eben mit »anheuern« gemeint hatte. »Die Polizei ermittelt also schon?«, wollte sie von Friederike wissen.

»Pah, von wegen. Die Ermittlungen sind für beendet erklärt worden«, kam es gepresst zurück. »Einen Selbstmord schließen sie nicht aus, es könnte sich aber auch um einen unglücklichen Unfall gehandelt haben: Gertrude hat beim Herausnehmen der letzten Wäschestücke des Tages aus der Trommel das Gleichgewicht verloren, ist unglücklich gefallen, hat einen Ohnmachtsanfall durch die hohe Luftfeuchtigkeit erlitten et cetera pp und so weiter, die Luke ist zugefallen und sie wurde eingesperrt. Niemand habe den Vorfall bemerkt, weil sie die Letzte im Raum war. Du kannst dir die Varianten vorstellen.« Friederike presste die Lippen zusammen. »Das kann ich nicht akzeptieren. Es stimmt einfach nicht!«

»Verständlich.« Emmi nickte zustimmend.

Alma bedachte Wölkchen mit einem warnenden Blick. Friederike war ihre Kollegin. Sie sah sie fast täglich im Amt. Alma spürte, wie Unbehagen bei dem Gedanken in ihr aufstieg, ihre

Fühler auszustrecken, wenn es derart persönlich war. Was, wenn sie nicht weiterkäme? Und was, wenn sie den Todesfall aufklärte? Was, wenn ihre Bemühungen eine Erklärung ergäben, mit der ihre Kollegin nicht leben konnte?

»Friederike ...«, begann sie langsam, wurde aber sofort von einem entzückten Wölkchen unterbrochen.

»Alma kann sich gerne einmal für dich umhören, das ist überhaupt kein Problem«, begann sie und sah Friederike durchdringend an, wie um Almas entrüstetem Blick auszuweichen. »Die Waschanstalt in der Aumattstraße ... das ist in Oosscheuern, nicht?«

Friederike nickte heftig. »Der Weiler gehört auch nicht zu Baden-Baden, sondern zu Oos. Was sich die Presse beim Schreiben der Artikel denkt? Das ist von vorne bis hinten aus dem Stegreif herunterfabuliert! Verklagen sollte man diese Schmierfinken!«

»Die Schreiberlinge scheinen eben denselben Weg zu gehen wie die Polizei«, bekräftige Wölkchen jetzt mit einem bedeutungsvollen Seitenblick auf Alma. »Den bequemsten.«

Wieder bejahte Friederike wortlos. Dann saugten sich ihre Augen an Alma fest. »Du hilfst mir doch? Es ... Sie war meine Cousine und hat bei mir gewohnt, kam nicht nach Hause. Überstunden, habe ich gedacht. Überstunden. Wer konnte ahnen ... Wer ...?« Sie hielt inne, hielt weiterhin Almas Blick fest. »Nicht nur ich möchte wissen, was wirklich passiert ist! Nicht nur ich möchte gegebenenfalls an die Wäscherei herantreten, um Genugtuung zu fordern, falls Gertrude durch einen Fehler zu Tode gekommen ist, für den die Waschanstalt verantwortlich zu machen ist. Meine Familie steht hinter meinen Entscheidungen, auch wenn ich sie noch nicht informiert habe, dass ich Nachforschungen in der Sache anstellen lassen möchte.«

»Es tut mir so furchtbar leid, Friederike. Was für eine schreckliche Angelegenheit! Ich kann mir nicht im Geringsten vorstellen, was du gerade durchmachen musst.« Alma geriet ins Stocken. Wie sollte sie ihrer verzweifelten Kollegin klarmachen, dass ihr in dieser Sache vielleicht die Hände gebunden waren? Sie wollte Friederike doch nicht enttäuschen? »Aber, was genau soll ich in dieser Sache unternehmen?«, fuhr Alma schließlich leise fort. Plötzlich hatte sie eine Vermutung, warum die Presse von Selbstmord geschrieben hatte. Möglicherweise hatte die Wäscherei Angst, dass man sie bei der Erwähnung eines Unfalls belangen könnte, also hatte man mit der Journaille eine kleine Abmachung getroffen. »Du musst verstehen, dass ich keine Expertin in Sachen Fabrikanlagen bin«, gab Alma zu bedenken. »Nehmen wir einmal an, deine Cousine ist zum Beispiel durch einen Fehler im Schließmechanismus oder eine andere technische Finesse ums Leben gekommen, so werde ich das mit Sicherheit nicht erkennen können. Du hast einen schrecklichen Verlust erlitten, aber bitte verlange nichts Unmögliches von mir.«

Emmi schnalzte mit der Zunge. »Papperlapapp. Das klingt nach einem Kinderspiel. Das Hotel de Hollande arbeitet mit der Wäscherei zusammen. Ich kenne den Fahrer, der Laken, Handtücher, Bettzeug und den ganzen Rest regelmäßig nach Oos und zurück in die Kurstadt fährt. Der kann dich sicher mitnehmen.«

Alma widerstand dem Verlangen, einen tiefen Seufzer der Verzweiflung auszustoßen. Wen kannte Wölkchen eigentlich nicht?

Friederike, die nach Emmis Worten vor Zuversicht rote Wangen bekommen hatte, sah Alma eindringlich an. »Ich selbst kann nicht nachhaken. Das verstehst du doch? Und ich möchte einfach nur wissen, was passiert ist. Frag ein wenig herum. Unterhalte dich mit Gertrudes Kolleginnen.«

Friederikes flehentlich blickende Augen taten Alma in der Seele weh. »Nun gut«, stimmte sie schließlich zu. Denn zu ihrem eigenen Erstaunen spürte sie plötzlich eine Art Rastlosigkeit. Etwas, was sie von den beiden letzten Fällen her nur zu gut von sich kannte. Und sie war, während sie Friederikes Bitte mit zwei kleinen Worten angenommen hatte, bereits damit beschäftigt gewesen, in Gedanken die ersten Schritte zu planen. »Ich werde mich dort gern einmal für dich umsehen.«

Der abnehmende Mond schien nur schwach in ihr Zimmer, und so hatte Alma sich nicht bemüht, die dichten Vorhänge zuzuziehen. Unruhig hatte sie eine ganze Weile Überlegungen gewälzt, wie sie vorgehen könnte, hatte an die arme Gertrude gedacht, die viel zu jung aus dem Leben gerissen worden war. An Friederike, die mit ihrer Trauer kämpfte. Zunächst war an Einschlafen nicht zu denken gewesen, doch mittlerweile, ihre Gedanken drehten sich nur noch gemächlich im Kreis, fielen ihr die Augen zu.

Im Halbschlaf, diesem Zustand, in dem die Realität schon zerfloss und die Träume sich ihren Weg bahnten, drang ein Geräusch in ihr Bewusstsein, ganz leise nur. Die Tür zu ihrer Kammer wurde geöffnet. Als sie den vertrauten Geruch der Pomade wahrnahm, ließ sie ihre Augen wieder zufallen. Ludwig stieg zu ihr ins Bett und schlang seine Arme um sie.

»Schlimmer Tag?«, wisperte Alma. Es kam nicht häufig vor, dass Ludwig sich so spät in ihre Kammer schlich, es war ihm wichtig, sie auszuführen, aber manchmal, wenn er zu viel Tod und Elend an einem Tag mitansehen musste, dann wollte er nicht alleine schlafen. Und so hatte Alma ihm gezeigt, in welcher Nische sie ihren Ersatzschlüssel versteckten. Als Polizist hatte er die Stirn gerunzelt, etwas von »gefährlich« gemurmelt und schließlich doch nichts weiter gesagt.

Jetzt strich er ihr das Haar aus der Stirn und küsste ihre Schläfe. »Ich hatte Sehnsucht nach dir«, flüsterte er.

Alma wollte dem, was sie hatten, keinen Namen geben, obwohl sie wusste, dass sich in Ludwigs Junggesellenbude eine kleine Schachtel mit einem Ring befand. Er war kein Mann für Liebschaften, so wie sie keine Frau dafür war. Aber noch war sie nicht bereit, ihre Selbständigkeit aufzugeben. Die Fräulein vom Amt hießen nicht von ungefähr genau so, Fräulein. Als Frau Schiller würde sie nicht mehr als Postbeamtin arbeiten dürfen. Schon einmal hatte sie zwischen ihrem Beruf und Ludwig gewählt, und damals hatte sie sich für die Anstellung entschieden. Sie glaubte nicht, dass sie diese Entscheidung noch einmal treffen konnte.

Eng schmiegte sie sich an ihn, spürte die Bartstoppeln auf seinen sonst glatt rasierten Wangen.

»Die tote Wäscherin?«, fragte Alma, jetzt schon etwas wacher.

Überrascht atmete Ludwig ein. »Was weißt du darüber?«

»Eine junge Frau, sie ist die Cousine meiner Kollegin Friederike.«

»Friederike.« Ludwig suchte nach einer Verknüpfung, die er schon recht bald fand. »Friederike Weber. Blond, groß.« Er seufzte. »Es tut mir von Herzen leid. So ein junges Ding, diese Gertrude Weber, und niemand hat sie rechtzeitig gefunden. Aber nein, ich war heute mit einem anderen Einsatz beschäftigt. Dieses Schachturnier, jeder Kleinkriminelle der Stadt wittert seine Chance.«

»Was meinst du?«

»Wir haben verstärkt Diebstahlmeldungen während des Turniers. Die Zuschauer sind abgelenkt, und jemand erleichtert die oberen Zehntausend um ihre Schmuckstücke. Wir hatten heute ein prominentes Opfer. Der Kriminalrat musste erneut beim Bürgermeister antanzen.«

»Eine Diebstahlserie hat dich so durcheinandergebracht?« Beinahe hätte Alma gelächelt, doch als Ludwig nicht selbst lachte, merkte sie, dass es noch mehr gab. Er zögerte, doch schließlich seufzte er. »Nicht nur die Langfinger, auch die Braunhemden stecken wieder ihre Köpfe aus der Ecke, in die sie gekrochen waren. Es gab eine Schlägerei in Oos.«

Vor gerade einmal zwei Monaten hatte sich die NSDAP nach ihrem Verbot erneut gegründet. Hitler war im Dezember 1924 frühzeitig aus der Haft entlassen worden, wie Ludwig es – zu seinem Leidwesen – vorhergesagt hatte, und seitdem verloren dieser Verschwörer und seine Freunde keine Zeit, ihre alten Seilschaften wieder erstarken zu lassen.

Alma hatte so viele Hoffnungen, Träume und Wünsche in die junge Republik gelegt, damals 1918 nach dem Krieg. Das Kaiserreich war Vergangenheit, und nie mehr sollte es solche Zwänge geben: Freiheit und Demokratie, ein gutes Leben für alle. Aber dann folgten Inflation, Straßenkämpfe in Berlin, schließlich sogar Putschversuche in München. Immer wieder verirrte sich das Gedankengut dieser Volksverführer in die Köpfe der Menschen, sie ließen sich von den Versprechungen blenden. Und auch Ludwigs Vorgesetzter, der Kriminalrat Berchtold, schien den Nationalsozialisten nicht abgeneigt. Wollten die alle ihren Kaiser zurück? Das alte Reich hatte nichts als Repressionen und Zwangsjacken für die Gedanken bereitgehalten!

»Mach dir keine Sorgen, Alma.« Ludwig schien ihre Anspannung zu spüren. »Es wird alles gut gehen. Wir haben den längeren Atem. Wie oft haben sie es versucht und sind schon gescheitert?«

Hier, in der Wärme ihres Bettes, geborgen in seinen Armen, glaubte sie ebenfalls, dass alles gut gehen würde, *wollte* es glauben.

»Und auf dem Amt?«, fragte Ludwig nun. »Hat deine Kollegin dort erfahren, dass ihre Cousine gestorben ist?«

»Von der Aufsicht«, bejahte Alma. Sie war sich nicht sicher, ob sie ihm mehr erzählen wollte. Aber früher oder später würde er es ohnehin erfahren.

»Sie war am Abend hier. Friederike«, präzisierte sie.

»Weshalb war sie ...«, begann Ludwig verwirrt, dann stockte er. »Alma, die Sache ist bei der Polizei in besten Händen. Lass dich nicht wieder in so etwas hineinziehen.«

»Friederike fühlt sich verantwortlich, sie wollte die junge Cousine unter ihre Fittiche nehmen und jetzt hat sie das Gefühl, versagt zu haben«, sagte Alma leise. »Es hat ihr geholfen, hierherzukommen und mit mir zu sprechen. Mit jemandem, den sie kennt. Und von Frau zu Frau.«

Sie spürte, wie Ludwig nickte. »Das verstehe ich«, sagte er. »Trotzdem ...«

»Weißt du, wie es passiert ist?«, unterbrach Alma ihn schnell.

»Es war Selbstmord, habe ich gehört. Wenn es nicht ein tragischer Unfall war.« Er wirkte ehrlich betroffen. »Vor zwei Wochen ist bei Batschari einer in eine Maschine gefallen. Letzte Woche gab es in Karlsruhe einen Toten im Bahnhof, als der Zug einfuhr.« Er seufzte. »Es müsste viel mehr für die Sicherheit der Menschen an ihrem Arbeitsplatz getan werden. Ein Augenblick der Unachtsamkeit hat sie das Leben gekostet.«

»Furchtbar«, bestätigte Alma. Sie war keine Technikfeindin, nein, dank ihres Vaters hatte sie durchaus eine Vorliebe für die modernsten Errungenschaften gewonnen. Elektrizität, Automobile, sie war fasziniert von den immer schnelleren, immer besseren Erfindungen. Doch am Arbeitsplatz boten die Maschinen auch immer neue Wege, sich zu verletzen, zu Tode zu kommen.

»Er hatte eine Frau und zwei Kinder, weißt du? Der Mann bei Batschari. Sie haben noch den Tageslohn bekommen. Und was folgt jetzt?«

Was für ein schrecklicher Abend, was für eine schreckliche Welt. Alma drehte sich, schlang die Arme um Ludwigs Hals.

»Ein Unfall, ja ...« Sie dachte nach. »Aber ein Selbstmord? Bist du dir sicher?« Als Ludwig nicht antwortete, hakte sie nach: »Wer war denn heute dort? Wer untersucht Gertrudes Tod?«

»Kollege Franck. Berchtold pocht darauf, dass er auch wieder Außeneinsätze übernehmen muss.«

Alma kannte den Beamten mit Leidenschaft für kalten Kaffee. Sie wusste, dass weder Ludwig noch sein Vorgesetzter allzu große Stücke auf ihn hielten, und ihr selbst war er noch nie besonders pfiffig vorgekommen.

»Alma, versprich mir, dass du nur deine Kollegin beruhigst und den Rest der Polizei überlässt«, kam Ludwig erneut auf seine Bitte zurück.

Sie gab ihm einen Kuss auf die Wange. »Sei ganz beruhigt«, flüsterte sie. »Ich werde mich nicht in Gefahr bringen.«

Kollege Franck, dachte Alma zweifelnd. Wahrscheinlich war es doch ganz gut, wenn sie sich der Umstände um Gertrudes Tod einmal annahm.

2

Zwei Tage später stieg Alma am frühen Morgen vor ihrer Schicht in einen Lastkraftwagen mit der Aufschrift *Dampfwaschanstalt, A. Ilse, Baden-Baden GmbH,* der vor dem Hotel de Hollande bei laufendem Motor den Verkehr blockierte. Sie trug die gestärkte Schürze eines Zimmermädchens, die Wölkchen besorgt hatte. Der Fahrer, Ohren wie Bahnwärtertafeln, würdigte Alma keines Blickes, als sie umständlich den Beifahrersitz erklomm. Emmi hatte ihm tags zuvor »im Auftrag der Hausdame Frau Weißhaupt« mitgeteilt, das neue Mädchen solle ihn zur Wäscherei und zurück begleiten, um sich mit den Abläufen des Hotels vertraut zu machen. Überhaupt schien er von der schweigsamen Sorte zu sein, erwiderte ihren Morgengruß nicht, schien sich womöglich nur in Grunzlauten zu verständigen. Alma war das nur recht, somit musste sie keinen neugierigen Fragen ausweichen. Darüber hinaus vermutete sie, dass der nach Tabak stinkende Mann auf dem Fahrersitz Frau Weißhaupt vom Hollande genauso großen Respekt zollte, wie die Hotelbelegschaft es tat. Die stocksteife Dame war für ihren Kasernenhofton bekannt und duldete in der Regel keine Widerrede. In der Vergangenheit war Alma ebenfalls schon in den Genuss einiger ihrer Befehle gekommen, die sie mit stoischem Nicken entgegengenommen hatte. Wenn die Hausdame des Hotels also meinte, das neue Mädchen solle in die Wäscherei mitfahren, dann meldete man diesbezüglich lieber keine Bedenken an.

Der Fahrer wendete, und sie rumpelten über den Leopoldsplatz in Richtung Bahnhof. Es war das erste Mal, dass Alma in einem Lastwagen mitfuhr, und sie genoss aus erhöhter Perspektive das emsige Morgentreiben der Kurstadt. Ein wenig fühlte sie sich wie die Königin der Fahrbahn, wie sie von oben auf die anderen Automobile hinabsah, und sie beobachtete erheitert, wie Fußgänger beim Anblick des heranrauschenden Transportwagens ihre Schritte beschleunigten, um die Straße rechtzeitig zu überqueren. Hinter sich meinte sie, die in Bewegung geratenen Wäschesäcke hören zu können, die hin und her geworfen wurden, was natürlich Unsinn war, so laut wie der Dieselmotor röhrte. Zusammengefasst betrachtete Alma die kurze Fahrt in die Wäscherei allein jetzt schon als ein kleines Abenteuer.

Nur wenige Minuten später hatten sie den Bahnhof passiert und folgten dem Verlauf der Oos, bis der schweigsame Fahrer links abbog. Mit gedrosseltem Tempo ließen sie eine kleine Ansammlung von Häusern hinter sich, zuckelten weiter und hielten schließlich vor zwei frei stehenden großen Gebäuden mit in den Himmel aufragenden Kaminen. Durch die Windschutzscheibe erblickte Alma auf einer Anhöhe die Umrisse des Jesuitenschlösschens. Dahinter erstreckte sich nichts als Wald, über dem sich dunkle Wolken türmten.

Der hustende Motor erstarb, und der Fahrer sah Alma herausfordernd an, was sie als Zeichen verstand auszusteigen. Also kam sie seinem wortlosen Befehl nach und kletterte aus dem Führerhaus. Eine Hecke umzäunte das Wäschereigelände, die aber niedrig genug war, um den Haupteingang zu erspähen, der im vorderen, größeren Gebäudetrakt lag. Auch ihr Fahrzeugführer war ausgestiegen, die hintere Ladetür des Lastwagens stand inzwischen offen, und als der Mann mit weit ausholenden Schritten auf den größten Kamin zustapfte, womöglich, um sich bei der Belegschaft anzukündigen, folgte ihm Alma ungefragt. Noch als sie fieberhaft darüber nachdachte, wie sie die Sache am besten angehen könnte, kamen ihr zwei junge Frauen in weißen Kittelschürzen entgegen. Schlichte, zweckmäßige Kleidung ohne jegliche Borten oder Spitzen. Die Ärmel ihrer ebenso einfach geschnittenen Blusen waren hochgerollt. Die Kleinere von beiden, mit einer Stupsnase und roten Wangen, blieb stehen und sah Alma fragend an.

»Bist du ne Neue?«, wollte sie wissen.

»Käthe, wir müssen ausladen«, drängte die Größere sie zum Weitergehen. »Ich schaff das allein ja wohl kaum.«

»Lass dir derweil doch mal vom Greiner helfen«, entgegnete Käthe, den Blick weiter neugierig auf Alma geheftet. »Der kann auch mal was anderes tun, als nur dabeistehen, paffen und herumgrunzen. Ich komm gleich nach.«

Beim Greiner handelte es sich offensichtlich um Almas Chauffeur, denn die Größere stellte sich jetzt zu ihm und redete auf ihn ein, während der Mann gelangweilt in den Taschen seines Jacketts kramte.

»Ich soll mich hier nur mal umschauen«, meinte Alma an die junge Frau mit der Stupsnase gewandt. »Meinst du, ich kann einen kurzen Blick in die Maschinenwäscherei werfen?«

Käthe runzelte die Stirn. »Wozu denn das?«

Alma zuckte mit den Schultern. »Keine Ahnung. Ein neuer Spleen von der Weißhaupt.«

»Das ist der Feldwebel vom Hollande, nicht?« Käthe grinste. »Na, dann geh mal da hinten rein.« Sie zeigte auf eine offen stehende Tür direkt unter einem der großen Kamine. »Da weichen wir die Wäsche in den Bottichen ein und so.« Während sie mit Alma sprach, hielt sie den Blick auf die Größere gerichtet. »Hier werden keine Fisimatenten gemacht, so spannend ist das ja alles wirklich nicht.« Jetzt sprang sie eilig auf ihre Kollegin zu, die sich abmühte, einen der Wäschesäcke aus dem Laderaum auf den Kiesweg zu bugsieren. Der grunzende Greiner stand qualmend mit aus dem Mundwinkel hängender Zigarette daneben, rührte keinen Finger und beobachtete das angestrengte Treiben der jungen Frauen gleichgültig. Kurz entschlossen ging Alma hinüber und packte mit an, was die Stupsnase mit einer überraschten, aber äußerst dankbaren Miene kommentierte.

»Glauben Sie, Sie könnten vielleicht auch mal helfen?«, rief Alma gepresst über ihre Schulter, als sie gemeinsam mit Käthe einen Sack, der schwerer war, als sie vermutet hatte, in Richtung des hinteren Gebäudetrakts schleppte.

»Zehn Minuten!«, brüllte Greiner zurück. Was sich, so vermutete Alma, offenbar nicht auf die Dauer seiner sich plötzlich anbahnenden Unterstützung, sondern auf die Zeitspanne von Greiners Pause bezog, bevor er wieder zurück in die Stadt fuhr.

»Auf dem seine Hilfe kannst du lange warten«, meinte Käthe, ebenfalls keuchend unter dem Gewicht ihrer Last. »Und die Wäschekarren lassen sich hier draußen nicht schieben. Aber da du nun schon mal mit mir hier bist«, sie ließen den Sack in eine der besagten Karren plumpsen, die in einem Vorraum hinter dem Eingang standen, »kann ich dir kurz den Maschinenraum zeigen.« Sie bat eine weitere Frau, die im Vorraum stand und die sich eben die beschlagene Brille an der Schürze abwischte, beim Abladen zu übernehmen, und wandte sich dann wieder an Alma. »Maschinenraum«, fuhr sie grinsend fort. »Klingt wie auf einem Schiff, nicht? Aber ich wette, die Geräte machen dort nicht halb so viel Krach wie unsere hier.«

»Und ich wette, es riecht dort auch anders.« Ein Gemisch aus Lauge, undefinierbarem Blütenduft und erhitzter Luft erfüllte den Vorraum. Alma fragte sich, wie stark er wohl in der Wäscherei selbst sein musste.

Nur wenig später wusste sie es: Er nahm ihr glatt den Atem. Der Lärm allerdings hielt sich noch in Grenzen, denn als Erstes führte Käthe sie in den Raum, in dem Gardinen, Decken, Laken und Bezüge gespannt und danach auf elektrisch betriebenen Drehrollen geplättet wurden. Begleitet von kurzen Beschreibungen durchmaß die klein gewachsene Käthe mit überraschend großen Schritten den Raum und führte Alma durch die nächste Tür in die Handwäscherei, »für sehr empfindliche Stücke«, wo Frauen Wäsche durch große Bottiche zogen. Auf ihrem Weg zur nächsten Tür umrundeten sie Körbe, Wäschestapel und lange Tische, auf denen Kleidung zusammengelegt und verschnürt wurde. Jetzt allmählich nahm der Geräuschpegel zu, und die Unterhaltung der Frauen wurde von einem rhythmischen Dröhnen überlagert. Zuerst liefen sie an großen, aufrecht stehenden Fässern vorbei, in denen laut Käthe die Wäsche in einer speziellen Lauge ruhte, damit hartnäckige Schmutzteile »losgeweicht« wurden, dann blieb Almas Führerin vor einer großen Trommel in einer Reihe von vier weiteren stehen. Jede von ihnen ruhte auf einem gusseisernen Gestell und war mit einem Riemenantrieb ausgerüstet, der über große, an der Decke angebrachte Rollen verlief.

»Der Maschinenraum!«, brüllte Käthe über das Rattern hinweg und grinste schief. »Momentan laufen drei, da hinten stehen die Zentrifugen, in denen die Wäsche vortrocknet.«

»Eine steht also still?«, schrie Alma zurück. Ihre Mutter würde bei diesem Gedröhne mit Sicherheit sofort Reißaus nehmen, sie ertrug nicht einmal das laute Rumpeln ihrer eigenen kleinen Waschmaschine.

Käthe nickte und führte sie zur letzten der Reihe, die offen stand. In der Mitte der Trommel klaffte eine große Öffnung, ein aufgerissenes Maul, bereit, etwas zu verschlucken. Oder jemanden, dachte Alma, deren Magen sich verkrampfte.

»Hier ist jemand gestorben«, sagte Käthe, und Alma zuckte zusammen. Die junge Frau war dicht an sie herangetreten, um nicht schreien zu müssen. »Vielleicht hast du's in der Zeitung gelesen?«

Alma schwieg bedrückt. Sie konnte Friederikes Cousine förmlich in der offenen Trommel liegen sehen. Sich vorstellen, wie die schwere Klappe sich senkte, die junge Frau einsperrte.

»Die haben geschrieben, sie hat das absichtlich getan. Das ist völliger Blödsinn«, zischte Käthe. »Man kann die Trommel nur von außen schließen. Wie soll sie das Ding denn zubekommen haben? Und so eine war sie sowieso nicht.«

»Die Klappe kann aus Versehen zugefallen sein«, mutmaßte Alma, immer noch das Bild einer panischen Gertrude vor Augen, die verzweifelt versuchte, sich zu befreien. Eingeschlossen. Lebendig begraben. Wie in den Geschichten von Edgar Allan Poe. Trotz des Dampfes, der tropisch warm in der Luft lag, wurde Alma kalt. Sie schlang die Arme um die Schultern. »Ist das möglich? Dass die Klappe von allein zufällt?«

Käthe zuckte mit den Schultern. »Keine Ahnung. Ist noch nie zuvor passiert. Kann vielleicht mal vorkommen. Wenn die Halterung kaputt ist oder so.«

»Und war die Halterung kaputt?«

Käthe zuckte mit den Schultern. »Also, ich weiß nicht ... weswegen sollte Gertrude ...« Sie geriet ins Stocken, presste die Lippen aufeinander und schloss kurz die Augen. Dann öffnete Käthe sie wieder und sah Alma mit einem tiefen Ausdruck der Trauer an. »Die Polizei meint auch, das sei wahrscheinlich Selbstmord gewesen.«

»Und du? Was glaubst du denn, was sich hier abgespielt hat?«

Bedauernd schüttelte Käthe den Kopf. »Ich weiß nur, dass Irmgard die arme Gertrude morgens gefunden hat. Denn normalerweise sind alle Trommeln offen, um auszulüften, verstehst du? Da darf sich kein Schimmel bilden oder so was. Aber die hier war eben zu.«

Um sich besser konzentrieren zu können, atmete Alma einmal tief durch. Der Schlund der offenen Trommel lag auf Brusthöhe. Man musste nicht klettern, um hineinzugelangen. Und wenn man sich hineinbeugte, zu tief hineinbeugte ...

»War die Trommel denn verriegelt? Als Irmgard sie morgens geöffnet hat, musste sie die Trommel richtig entriegeln?«

»Weiß ich nicht.« Käthe betrachtete Alma misstrauisch. »Willst du damit andeuten, jemand hat sie hineingeschubst und die Trommel verschlossen?«

»Nein. Oder ... Glaubst du?« Mit gespieltem Entsetzen blickte sie Käthe an.

»Wer sollte denn so etwas tun?«, fragte die Wäscherin und schüttelte den Kopf.

»Und das alles geschah, als niemand mehr in der Wäscherei war?«

Jetzt nickte Käthe. »Irgendwann schließen die dann mal hier ab, aber kontrolliert wird nichts mehr. Die gehen nicht rum, oder so. Schauen nicht mehr, ob noch jemand im Gebäude ist. Rufen ab und zu noch mal in die Räume.«

Alma nahm an, dass mit »die« die Verwaltung der Dampfwaschanstalt oder die Geschäftsführung selbst gemeint war. »Du kennst dich gut aus, Käthe. Das kann ich Frau Weißhaupt auch gern ausrichten, wenn du willst.«

»Ach, das musst du doch nicht.« Die Wangen der jungen

Frau mit der Stupsnase wurden noch eine Spur röter. »Was will denn die Weißhaupt mit mir anfangen? Außerdem isses hier gar nicht so schlecht.«

»Bist du schon lange hier? Länger, als es Gertrude war?«

»Gertrude hat erst vor ein paar Monaten angefangen.« Sie biss sich auf die Unterlippe.

»Vorher sagtest du: ›Und so eine war sie sowieso nicht‹. Was war sie denn für eine?«, fragte Alma und warf einen schnellen Blick auf ihre schmale Armbanduhr, als Käthe sich zur Trommel drehte und geistesabwesend in deren Inneres starrte. Zehn Minuten hatte Greiner gesagt. Alma stellte entsetzt fest, dass die Zeit längst abgelaufen war. Zu Fuß zurück würde sie viel zu lange brauchen. Sie hatte pünktlich zu ihrer Schicht auf dem Amt zu erscheinen, und – Alma dachte an die dunklen Wolken, die über dem Stadtwald gehangen hatten – nass werden wollte sie auch nicht. Sie würde versuchen, die Sache hier zu beschleunigen, oder womöglich noch einmal herkommen. Käthe kannte sie jetzt, daran konnte sie beim nächsten Besuch anknüpfen.

»Eine ganz Nette«, antwortete Käthe, aus ihrer Starre erwacht. »Aber immer in Bewegung und ein wenig brauseköpfig, du weißt, was ich meine?«

Eine leicht aufbrausende junge Frau. Voller Energie. »Sie ging also gern tanzen? War gern mit Menschen zusammen, ein geselliger Mensch.«

»Ja, genau. Gesellig«, bestätigte Käthe. »Und zielstrebig. Sie wollte hier nicht ewig bleiben, hatte andere Pläne.«

»Ach?« Alma horchte auf. »Welche denn?«

Käthe senkte den Blick. »Weiß nicht«, meinte sie ausweichend. »Irgendwelche Pläne halt. So genau hat sie nicht darüber gesprochen.«

»Fräulein!«

Die brüllende Stimme ließ Alma zusammenfahren, und Käthe erschrak derart, dass sie die Hände vor die Brust schlug. Aufgeschreckt starrten die Frauen Richtung Tür, in der sich ein erzürnter Greiner aufgebaut hatte. Die abstehenden Ohren rot wie ein Feuermelder, stand er da und drohte mit erhobenem Zeigefinger: »Fräulein, wenn Sie in zwei Minuten nicht neben mir im Wagen sitzen, lass ich Sie draußen stehen! Und es gießt wie aus Kübeln. Haben Sie mich verstanden? Von mir aus holen Sie sich dabei den Tod. Und du, Käthe, was meinst du eigentlich, was du hier bist? Die Frau Leiterin? Die wichtige Kunden herumführt?«

Eifrig strich sich Käthe eine Strähne aus der Stirn. »Sie ist schon weg, Herr Greiner, schon unterwegs, sitzt praktisch schon neben Ihnen«, beteuerte sie.

Aber Greiner hatte sich bereits umgedreht und stapfte in den angrenzenden Raum zurück.

»Du musst jetzt wirklich gehen.« Käthe sah Alma beschwörend an. »Ich will hier keinen Ärger bekommen.«

Alma nahm ihre Hand und drückte sie. »Danke. Es war wirklich sehr nett, dir Zeit für mich zu nehmen.« Sie lächelte freundlich, warf einen letzten Blick in den leeren Schlund der Maschine und eilte Greiner hinterher.

Voller Energie. Eine junge Frau, die Pläne für ihre Zukunft schmiedete. Die gern Menschen um sich hatte und tanzen ging. Eine Trommel, die sich von innen nicht schließen ließ. Eine Maschine ohne Fehlfunktion.

Nein, auch Alma glaubte weder an einen Selbstmord noch an einen Unfall. Kriminalwachtmeister Franck hatte leider schludrig ermittelt.

Zurück in der Hauptpost in der Sophienstraße eilte Alma in die Vorhalle zu den öffentlichen Münzsprechapparaten, erwischte ein freies Telefon, zählte ihr Kleingeld ab, warf es hastig hinein und wählte die Nummer des Sanatoriums, in dem ihr Cousin Walter neuerdings Patienten betreute. Kurz vor der Beendigung seines Medizinstudiums hatte er eine Probe-Anstellung in der Kurstadt erhalten. Eine Chance, die er nach einigem Hin und Her ergriffen hatte, denn eigentlich zog es Walter in die Rechtsmedizin. Da Almas Onkel nach dem Tod seiner Frau plötzlich Gefallen an einer anderen fand, die er umgarnte, suchte Walter, dem der Umstand unheimlich vorkam, dass sein Vater in Liebesdingen wieder aktiv geworden war, dann und wann bei seiner Cousine Alma Unterschlupf. Dabei meldete er sich stets jedes Mal persönlich mit folgenden Worten bei der Wirtin an: »Es ist für eine Stunde ein hier nicht residierender Mann in Ihrem Haus, verehrte Frau Meier.« Und die Witwe hatte an ihm inzwischen einen echten Narren gefressen.

Wenn ihr Cousin sie spontan überfallen konnte, dann – so fand Alma – war es nur recht, wenn sie ausnahmsweise Walter einmal aus seinem Tagesgeschäft riss.

»Walter«, sagte sie, nachdem sie weiterverbunden worden war. »Gut, dass ich dich erreiche.«

»Cousinchen«, kam es verdutzt aus dem Hörer. Dann wechselte Walters Tonfall zu besorgt. »Es ist doch nichts mit Großmama?«

»Nein ...«

»Tante Wilhelmine?«

»Nein, auch meiner Mutter geht es gut, jetzt hör' doch mal zu, Walter: Könntest du mir beschreiben, wie es ist zu ersticken?«

Schweigen.

»Walter?«, fragte Alma in die Stille hinein.

»Hast du einen Druck auf dem Brustkorb?«, kam es plötzlich gehetzt aus dem Hörer. »Einen Schmerz, der bis in den Arm ausstrahlt? Wie stark ist er? Wie äußert sich dieser Erstickungsanfall? Meine Güte, du musst den Arzt rufen, verstehst du, lieber Himmel ...!«

»Walter«, unterbrach Alma ihren Cousin, »du hörst dich an, als ob du selbst ersticken würdest. Es geht doch nicht um mich.«

»Gott sei Dank!« Walter ließ laut hörbar Luft ab wie ein Ballon.

»Ich habe zu vorschnell formuliert«, gab Alma kleinlaut zu. »Entschuldige. Es geht um einen ...« Sie brach ab. Wie sollte sie es ausdrücken?

»Einen ... Fall?«, beendete Walter den Satz. Er sprach die Worte sehr vorsichtig aus, als wären sie wertvolle Antiquitäten, die er behutsam transportieren musste. »Du hast einen neuen Fall, ist es das?«

»Es ist so«, begann sie vorsichtig, »dass ich gerne wissen möchte, wie es sich anfühlt zu ersticken. Was im Körper vor sich geht.« Es war ihr wichtig, es in Erfahrung zu bringen, auch wenn sie nicht genau wusste warum; aber sie wollte die letzten Minuten von Friederikes Cousine in irgendeiner Form nachvollziehen können. Nein, nachvollziehen war nicht das richtige Wort. Wollte sie eine Verbindung herstellen? Vielleicht war es das. Sie wollte Gertrude in gewisser Weise nahe sein. Um sie besser kennenzulernen. Und dazu gehörte nun mal leider auch ihr Tod. Sie konnte sich nach dem Anblick der Trommel, diesem alles verschlingenden Monster, nicht wieder einfach vor ihre Schalttafel setzen und vorgeben, alles sei wie sonst. Sie hatte Fragen, und die mussten jetzt beantwortet werden.

»Unter Wasser?«, hakte Walter vorsichtig nach, dem Almas aufgeregter Tonfall nicht entging, und der offenbar sichergehen wollte, dass seine Cousine in ihrer Angespanntheit nichts verwechselte. »Du meinst nicht etwa ertrinken?«

»Nein. Eingeschlossen. In einem Behälter, der vielleicht viermal so groß ist wie ein Sarg.« Genauer konnte sie die Maße der Wäschetrommel nicht wiedergeben.

»Ein Sarg.«

»Wie ein sehr großer Sarg, Walter.«

Ihr Cousin atmete tief durch. »Zur Dauer des Erstickens kann ich dir nichts sagen, ohne zu wissen, wie groß genau dieser ... Sarg war. Ich würde hier von mehreren Stunden ausgehen.«

Mehrere Stunden – das klang ja furchtbar!

»Der Sauerstoffmangel bewirkt, dass die Person in Todesangst verfällt. Sie wird unruhig, gerät in Panik, fängt an zu zittern. Auf der anderen Seite kann es aber auch sein, dass sie von einer Welle von Euphorie durchflutet wird.«

»Euphorie?«

»Das kann dann auftreten, wenn die Atemwege nicht direkt behindert sind. Also wenn sich kein Fremdkörper darin befindet.«

Das war bei Gertrude sicherlich nicht der Fall gewesen, dachte Alma. Ihr war einfach die Luft ausgegangen. Hatte die junge Frau kurz vor ihrem Tod noch ein Hochgefühl verspürt? »Man hat also keine Angst?«

»Es besteht die Möglichkeit, dass man keine Angst hat, genau. Bei reinem Sauerstoffmangel, wie gesagt.«

»Danke, Walter.«

»Du klingst erleichtert. Sagst du mir, worum es jetzt genau geht?«

»Ein andermal«, meinte Alma vage. »Meine Schicht beginnt in wenigen Minuten. In Ordnung?«

»In Ordnung, Cousinchen. Aber bald. Ich will Einzelheiten! Und versprich mir, dass du auf dich aufpasst.«

»Ich verspreche es.«

»Hoch und heilig?«

Alma musste lachen. Ihr feuriger Cousin. Stets besorgt, die gute Seele. »Hoch und heilig.«

Euphorie, dachte sie, nachdem sie sich verabschiedet hatte und den Hörer einhängte. Vielleicht war Gertrude einfach eingeschlafen? Müde geworden, das Hochgefühl hatte die Panik in den Hintergrund gedrängt und dann ...

Als Alma die Stufen des Treppenhauses zum Saal der Fräulein hinaufeilte, dachte sie immer noch darüber nach, was Gertrude während ihrer letzten Minuten wohl durch den Kopf gegangen war.

3

Die Augen der Schachwelt waren immer noch auf Baden-Baden gerichtet, und das tote junge Mädchen in der Trommel einer Wäscherei würde die Randnotiz der Berichterstattung bleiben. Das schoss Alma schmerzhaft durch den Kopf, als sie neben Ida auf dem Drehhocker saß und innerlich seufzend die ersten Anrufe des Tages entgegennahm. Denn heute verwechselten etliche Teilnehmer sie offenbar wieder mit der Auskunft des Städtischen Verkehrsamts, bei dem Reisehandbücher, Kurs- und Tarifbücher, Kartenwerke und andere für Urlaubsgäste wichtige Quellen zu beziehen waren.

»Wann wird gespielt?«, wollte ein Anrufer wissen.

»Das Schachturnier findet am Montag, Dienstag, Donnerstag, Freitag und Sonnabend statt, der Herr.«

»Um wie viel Uhr?«

»Soviel ich weiß, wird von neun Uhr vormittags bis ein Uhr nachmittags und halb vier bis halb sieben nachmittags gespielt. Es tut mir sehr leid, dass ich Ihnen das nicht mit hundertprozentiger Sicherheit mitteilen kann. Ich verbinde Sie am besten gleich mit dem Kurhaus, damit Sie sich dort genauestens informieren können. Einen Moment ... bitte sprechen Sie.«

»Fräulein, wissen Sie noch von freien Hotelzimmern, da doch alle Teilnehmer der Schachmeisterschaft in der Kurstadt Kost und Logis erhalten?«, fragte nur eine Sekunde später eine weitere Teilnehmerin.

»Ich würde Ihnen empfehlen, beim Darmstädter Hof in der Gernsbacher Straße einmal nachzufragen. Soll ich dorthin eine Verbindung herstellen? Bitte warten Sie«, antwortete Alma höflich und steckte gleich die Anrufbeantworteschnur in die entsprechende Klinke, worauf es beim Darmstädter Hof automatisch klingelte, während Alma von der Anruferin getrennt wurde.

Der Wunsch, nicht im Hauptpostgebäude mit zwei Kolleginnen an einem Vermittlungsschrank mit über 10 000 Klinken zu sitzen, sondern in einem kleinen Hotel oder einem Warenhaus, deren Schalttafeln so überschaubar waren, dass man sie womöglich auch allein bedienen konnte, wurde in Alma an diesem Vormittag übermächtig.

Und als sie vier Stunden später im ebenfalls summenden und brummenden Pausenraum an einem kleinen Tisch saß und ihre Brotbox aus der Tasche zog, musste sie erst einmal tief durchatmen, bevor sie eine Serviette auf ihrem Schoß ausbreitete.

Sie wartete auf Friederike. Es war Alma nicht entgangen, dass die von ihrem Platz an der Schalttafel aus immer wieder einen fragenden Blick in Almas Richtung geworfen hatte. Und wenig später tauchte auch schon der blonde Pony vor ihrem Blickfeld auf.

»Erzähl«, platzte Friederike ohne Einleitung heraus. Dann senkte sie die Stimme. »Hat es geklappt?«

Alma, die an ihrem belegten Brot knabberte, das Emmi am Morgen hingebungsvoll mit übrig gebliebenem Käse vom Frühstücksbuffet des Schweizer Hof belegt hatte, nickte stumm.

»Jetzt spann mich nicht auf die Folter!« Friederike drehte einen Apfel in der Hand hin und her, dessen Rot es ohne weiteres mit ihren vor Anspannung erhitzten Wangen aufnehmen konnte. Sie zog einen Stuhl heran und setzte sich ihr gegenüber.

»Lass uns noch warten, bis wir allein sind«, erwiderte Alma und hob eine Brotscheibe an, um den Belag darunter zu inspizieren. Sie hatte eben auf etwas gebissen, dass verdächtig nach Rettich schmeckte. Wurzelgemüse weckte stets Gedanken an die schlechten Zeiten. Zeiten, die noch nicht so lange zurücklagen. Zeiten, die Wölkchen sich selbst ungern in Erinnerung rief, und sei es nur in der Küche. Aber statt einer Rettichscheibe entdeckte Alma kleine grüne Blättchen auf dem Käse.

»Ist da etwa Brunnenkresse drauf?«, fragte Minna mit lauter Stimme genau das, was Alma in diesem Augenblick selbst durch den Kopf ging. Die Neue, nassforsch und alles andere als maulfaul, war erst seit einer Woche bei den Fräulein. Soweit Alma es feststellen konnte, bestand ihr Talent vor allem darin, mit Bleistiften Mikado zu spielen. Aber auch eine Kollegin wie Marianne hatte anfänglich die Arbeit als Telefonistin als drückende Last empfunden, über Migräne, Übelkeit und Rückenschmerzen geklagt. Und jetzt gehörte die junge Frau zu den Besten vor den Schalttafeln. Alma war sich sicher, dass auch Minna noch den Dreh rauskriegen würde, sollte sie jemals aufhören, sich über jede Anweisung der Klinger zu erkecken.

»Ich geh jedes Wochenende Brunnenkresse sammeln, mein Bruder kennt da einige geheime Stellen im Wald«, fuhr Minna unverfroren fort, obwohl Friederikes zu Schlitzen verengte Augen sie missbilligend ins Visier nahmen.

»Ja, auf Almas Käsebrot ist Brunnenkresse«, schnappte Friederike. »Und das Zeug stammt garantiert nicht von diesem Geheimplatz. Haben wir das jetzt geklärt?«

»Das wollte ich damit doch gar nicht ...« Minna, deren Wangen ungewöhnlich blass wurden, hielt inne. Dann drehte sie sich um und holte zu den Fräulein auf, die gen Treppenhaus strebten, um während ihrer Pause Entspannungsrunden um den Leopoldsplatz zu drehen. Ida, die Minna als Assistenz am Schaltschrank zugeteilt worden war und sich jetzt vertraulich bei der jungen Frau unterhakte, warf Friederike einen tadelnden Blick zu.

Auch Alma hob die Augenbrauen und ließ ihr Brot sinken. Sie verstand, warum ihre Kollegin so schnippisch reagierte. Friederikes Nerven waren mit Sicherheit zum Zerreißen gespannt. Ihre Cousine war jung und unter ominösen Umständen zu Tode gekommen, die Polizei maß der Sache keine Wichtigkeit bei – und trotz allem musste Friederike bei der Arbeit aufmerksam sein.

Nach und nach verließen die Fräulein den Raum. Außer Erna, die am anderen Ende des langen Tisches saß und sich interessiert über die Tageszeitung gebeugt hatte, befand sich bald niemand mehr bei ihnen. Genau so, wie Alma es sich erhofft hatte.

»Aber dieses Mädchen ist hier doch völlig fehl am Platz.« Friederike klang nicht im mindesten so, als ob sie sich ihres Tonfalls von vorhin schämte. Plötzlich jedoch senkte sie die Lider. »Tut mir leid. Alma, es ist nur …«

»Ich weiß.« Alma wischte sich die Finger an der Serviette ab. »Hör zu.« Erna schien in Gedanken versunken, aber Almas Stimme blieb weiterhin gesenkt. »Ich habe nicht sehr viel erfahren, aber das, was eine Kollegin Gertrudes mir erzählt hat …«

»Hat dich stutzig werden lassen?«

Nach kurzem Überlegen korrigierte Alma leise: »Es hat Folgefragen aufgeworfen.« In wenigen Worten schilderte sie ihr Gespräch mit Käthe und äußerte die Vermutung, dass mit der Wäschetrommel, in der man Gertrudes Leiche entdeckt hatte, technisch offenbar alles in Ordnung sei. Friederike nickte heftig. Als Alma darauf zu sprechen kam, dass Käthe nicht an einen Selbstmord ihrer jungen Kollegin glaubte, ja dies für vollkommen unwahrscheinlich hielt, entließ Friederike einen jämmerlichen, aber dennoch zustimmenden Laut.

»Natürlich«, flüsterte sie. »Natürlich hat sie sich nicht selbst das Leben genommen.« Nachdenklich fügte sie hinzu. »Dennoch ...« Mit zusammengepressten Lippen stand sie auf und schob den Stuhl nach hinten. In wenigen Schritten war sie bei ihrem Spind, aus dem sie eine Damenhandtasche nahm. Zurück bei Alma legte sie sie auf den Tisch. »Die gehörte Gertrude. Hat mir die Polizei gegeben. Die Ermittlungen sind abgeschlossen, der Fall zu den Akten gelegt. Wenn es denn überhaupt jemals ein Fall war. Die Tasche lag am Tag ihres ...«, sie geriet ins Stocken, »... ihres Ablebens in der Wäscherei, und die Polizei hatte sie beschlagnahmt.« Die Art und Weise, wie sich Friederike jetzt auf ihren Stuhl sinken ließ, erinnerte Alma an eine alte Frau, die sich nach schwerer Arbeit ausruhen musste.

Gertrudes Tasche war mit Gobelinstickerei versehen, bunte Blüten rankten sich auf schwarzem Hintergrund. Sie wirkte nicht mehr ganz neu, hier und da ragten kleine Fäden aus der Stickerei heraus.

»Hast du schon nachgesehen, was drin ist?«, wollte Alma wissen.

»Mir war nicht danach«, gab Friederike zu. »Ich dachte, wir schauen uns den Inhalt gemeinsam an.« Nach einem Seitenblick auf Erna, die weiterhin mit der Zeitung beschäftigt schien, öffnete Friederike den Verschluss der Tasche und leerte deren

Inhalt vorsichtig auf den Tisch. Es klapperte, als ein Lippenstift herausfiel. Eine Puderdose folgte, landete aber auf einem unbenutzten, fein säuberlich zusammengelegten Taschentuch. Alma nahm es in die Hand und entfaltete es. Der Geruch nach Lavendel stieg ihr in die Nase. Sie legte es auf den Tisch zu den anderen Habseligkeiten Gertrudes: ein Bonbon, ein Zigarettenetui – Alma ließ es aufschnappen, es war leer –, zwei abgerissene Billetts für ein Lichtspieltheater und ein linierter Zettel, auf dem Gertrude etwas handschriftlich, aber recht unleserlich notiert hatte. »Krone«, las Alma mit Mühe. »Und das«, sie schob den Zettel Friederike zu, »soll das Kreuz heißen?«

»Kreuz und Krone«, las ihre Kollegin langsam vor. »Was soll denn das bedeuten?«

»Da fragst du mich zu viel. Vielleicht ein Gedichtanfang? Ein Filmtitel? Ein Roman?« Sie überlegte kurz, kam aber zu keinem Ergebnis. »Ist das alles? Was ist mit den Seitenfächern?«

»Es gibt nur eines«, murmelte Friederike, die schon hineinspähte. »Warte.« Ihre Stimme klang gepresst, als ob sie eine schlechte Nachricht erwartete. »Da ist ein Brief.«

Ein Brief! Natürlich kamen sämtliche Absender in Frage, von einem Mietmahnschreiben, über den letzten Lohnzettel bis hin zu einer Warenhausrechnung, aber Almas Herz schlug vor Aufregung ein wenig schneller. Und als Friederike murmelte: »Der ist von einem Paul«, legte es noch ein klein wenig an Tempo zu.

»Sie scheinen sich näher gekannt zu haben.« Friederike ließ das Papier nachdenklich durch ihre Finger gleiten. »Davon hat sie nie gesprochen. Zumindest kann ich mich nicht an den Namen erinnern.«

»Vielleicht ist sie mit diesem Paul ins Lichtspielhaus gegangen?« Alma deutete auf die zwei Eintrittskarten. »Was schreibt er denn?« Interessiert beugte sie sich vor und las:

Die Nacht holt heimlich durch des Vorhangs Falten
Aus Deinem Haar vergessnen Sonnenschein.
Schau, ich will nichts, als Deine Hände halten
Und still und gut und voller Frieden sein.

Da wächst die Seele mir, bis sie in Scherben
Den Alltag sprengt. Sie wird so wunderweit:
An ihren morgenroten Molen sterben
Die ersten Wellen der Unendlichkeit.

»Es ist ein Gedicht von Rilke.« Friederike stieß abschätzig die Luft aus. »Rilke. Meine Güte. Der Russlandversteher.«

Alma enthielt sich jeden Kommentars. Den Russen unterstellte man eine unmittelbare Beziehung zu Gott und der Natur; für sie war es aus diesem Grund fast eine logische Schlussfolgerung, dass sich viele Poeten zu dem Land hingezogen fühlten. Vielleicht hatte sich Gertrude auf dem kleinen Zettel eine Notiz zu einer Antwort auf den Liebesbrief gemacht? »Kreuz und Krone.« Was auch immer sie damit sagen wollte. Vielleicht war sie seine Auserwählte gewesen, und er ihr Ritter?

Friederike schien zu einem ähnlichen Schluss zu kommen, denn sie schüttelte traurig den Kopf. »Die kleine Romantikerin«, flüsterte sie, faltete das Papier zusammen und steckte es vorsichtig zurück in den nicht adressierten Umschlag. »Sonst steht jedoch nichts von Belang in dem Brief. Nur das Gedicht und dann: ›Dein Paul‹.«

»Paul.« Alma wiederholte den Namen intuitiv. Wer war dieser Paul? Wie kam er mit Gertrudes Tod zurecht? Wusste er überhaupt davon? Und: Wie konnten sie ihn finden? Entschlossen sah sie Friederike an. »Darf ich die Tasche mitnehmen, Friederike? Wir müssen herausfinden, wer dieser Mann ist.«

Die Suche nach Paul musste dennoch auf einen späteren Zeitpunkt verschoben werden, denn der Alltag holte Alma nach der Mittagspause sofort wieder ein. Außerdem hatte Ludwig Alma eingeladen. Er folgte interessiert dem Turnier des »edlen Spiels«, wie er Schach zu nennen pflegte, und wusste, dass einige der Partien in diversen Hotels nachgespielt wurden. Allen schachbegeisterten Baden-Badenern gab man so die Möglichkeit, die taktischen Finessen der Virtuosen am Schachbrett mitzuverfolgen.

Nach Almas Schicht stand ihr Kriminalkommissar wartend vor dem Amt, und gemeinsam schlenderten sie die Straße Richtung Hotel Metzmeierhof. Als sie um die nächste Ecke gebogen und damit außer Sicht eventuell aus den Fenstern spähender Postangestellter waren, nahm Ludwig Alma in die Arme, und sie vergrub ihr Gesicht in seiner Halsbeuge. Hand in Hand gingen sie weiter.

Aus der Presse wusste Alma, dass von den renommierten Meistern des Spiels beim Turnier in der Kurstadt nur wenige fehlten. Ludwig wusste zu berichten, dass Capablanca und Lasker, die vier Jahre zuvor gegeneinander angetreten waren, um den Weltmeister zu bestimmen – der Kubaner hatte schließlich gewonnen –, für ihre Teilnahme in der Kurstadt zu hohe Extrahonorare gefordert hatten. Der ungarische Großmeister Géza Maróczy war Baden-Baden ferngeblieben, weil ihn ein Engagement in Amerika festhielt. Ansonsten waren sie alle gekommen: Aljechin, Bogoljubow, Gründeld, Mieses, Rubinstein und wie sie nicht alle hießen. Zu Almas Überraschung zitierte ihr Kriminalkommissar jeden Namen aus dem Gedächtnis. Ludwigs persönlicher Favorit hieß Carlos Torre, ein junger Mann aus Mexiko, auf den er große Stücke hielt und von dessen »farbenreichem Ideenspiel« er viel erwartete.

»Ein echter Künstler, Alma!«, wiederholte Ludwig einige Minuten später. Sie hatten ihre Mäntel abgegeben und standen jetzt in der Lobby des Hotels. »Er will das wiederholen, was Pillsbury damals in Hastings gelang.«

»Ah ja.« Alma unterdrückte angesichts seiner Begeisterung ein Lachen. Selten sah sie ihn so gelöst, nagte doch die Arbeit noch weit nach Dienstschluss an ihm. »Pillsbury. Sind das nicht die mit dem Mehl?«

»Damit hat er nichts zu tun. In Hastings gewann er gegen den damaligen Weltmeister Lasker.«

»Verstehe. Und du erwartest von diesem Carlo ...«

»Carlos, Carlos Torre.«

»Genau. Du erwartest von ihm, dass er gegen den jetzigen Weltmeister gewinnt?«

»So ist es, meine Blume.« Ludwig lächelte verschmitzt. Inzwischen sprach er Alma gern mit dem Kosenamen an, den Emmi normalerweise für ihre Freundin benutzte.

»Und der heißt Aljechin.«

»Der heißt Aljechin, Alexander Alexandrowitsch Aljechin. Er hat ein sehr bewegtes Leben geführt, inzwischen ist er nach Paris emigriert«, bestätigte Ludwig. Er beugte sich zu ihr und nahm ihren Arm. »Aber gegen dich gewinnt heute niemand, da besteht nicht mal Aussicht auf ein Remis. Ist das ein neues Kleid?«

Alma, die nicht damit gerechnet hatte, dass Ludwig das auffallen würde, errötete. »Ein neues aus zwei alten geschneidert.«

Ludwig hob die Augenbrauen. »Wofür du noch alles Zeit hast! Bewundernswert.« Er lächelte. »Und die Phrase ›farbenreiches Ideenspiel‹ werde ich in Zukunft für dich aufheben.«

»Du meinst, es ist zu bunt?« Bestürzt sah Alma an sich hinunter. Sie hatte den geometrisch gemusterten Rock des einen Kleids an das einfarbige Oberteil des anderen genäht.

Ludwig lachte. »Nein. Es ist perfekt. Lass dich nicht verunsichern. Außerdem passt das Muster zum Schachbrett.«

»Das war nicht bewusst gewählt.«

»Oh, dann vielleicht, du weißt schon ... unbewusst. Freud und so.«

Jetzt musste Alma grinsen. »Das Ich und das Es. Herr Kriminalkommissar, unter meinem seriösen Äußeren verbergen sich Abgründe.«

Er lachte auf, schüttelte dann den Kopf und drückte Alma einen verstohlenen Kuss auf das freiliegende Schlüsselbein. Dann reckte er den Hals, um in den großen Bankettsaal zu spähen, in dem einige der Gäste schon Platz genommen hatten. »Schnell.« Er zog sie mit sich und ließ suchend den Blick schweifen. »Wir wollen doch nicht an einem der hinteren Tische sitzen.«

Es gelang ihnen, Plätze mit guter Sicht auf das Geschehen am Brett zu ergattern. Auf der Bühne, auf der normalerweise eine Kapelle spielte oder den Hotelgästen anderweitig Unterhaltung geboten wurde, stand ein Tisch mit zwei Stühlen. Wie verloren wirkte das Arrangement zwischen zwei großen Bodenvasen, in denen lange Kirschzweige steckten, die noch nicht in voller Blüte standen. Wie immer bei solchen Anblicken überlegte sich Alma, ob Emmi für den Blumenschmuck gesorgt hatte. Inzwischen gab es in der Kurstadt nur noch wenige Hotels, die die dekorative Arbeit von Albert Baer und seinen weiblichen Angestellten nicht in Anspruch nahmen. Der Florist hatte sich einen exzellenten Ruf erarbeitet.

»Na, aufgeregt?«, flüsterte Ludwig, der ihre Miene wohl missinterpretierte, als er sie von der Seite ansah.

Alma, die nicht wusste, was sie in der nächsten Stunde erwartete – sie hoffte nicht, dass sie länger hier sitzen würde –, meinte nur: »Wenn ich anfange zu schnarchen, dann benutze deinen Ellenbogen. Sag mal«, fiel ihr plötzlich etwas ein. »Was ist mit deinen Diebstählen? Bei den Schachspielen?« Hatte er nicht erzählt, dass bei den Veranstaltungen rund um das Turnier Schmuckstücke gestohlen worden waren? Er hatte sie doch wohl nicht ausgeführt, obwohl er im Dienst war?

»Ich bin kein Leibwächter, Alma«, schien er ihre Gedanken gelesen zu haben. Lächelnd schüttelte er den Kopf.

»Vielleicht wirkt deine Anwesenheit dennoch abschreckend«, mutmaßte sie und blickte sich stirnrunzelnd um.

»Ich glaube kaum, dass die Langfinger jeden Polizeibeamten kennen.«

»Nein, aber …«

»Aber was?«

Alma musste schmunzeln. So gerade, wie Ludwig dasaß, so wachsam, wie er sich umsah, würde jeder Kleinkriminelle auf den ersten Blick wissen, dass er Polizist war. Als in dem Moment ein gut aussehender Mann mittleren Alters die Bühne betrat, verebbten die Gespräche im Publikum, und auch Ludwig, dem womöglich eine weitere Frage auf der Zunge gelegen hatte, klappte den Mund zu.

»Meine sehr verehrten Gäste!« Der Mann breitete zuerst die Hände aus, stellte sich dann als hiesiger Hotelbesitzer Arthur Metzmeier vor und nestelte anschließend an seinen Manschettenknöpfen. »Heute hat sich unsere wunderschöne Kurstadt offiziell mit dem Beginn des großen Internationalen Turniers zur Welthauptstadt des Schachs erklärt!« Applaus brandete auf, den Metzmeier mit linkischer Geste unterbrach, um dann mit dem Finger zuerst über die eine, dann die andere Kotelette zu fahren. Anschließend erklärte er in hastigen Sätzen das nun folgende Prozedere. Während er schilderte, wie die einzelnen Züge auf einer großen Magnettafel hinter dem Spielertisch anhand eines dort nachgebildeten Bretts nachgespielt werden würden, suchten seine Augen mehrmals den kajalumrandeten Blick einer preziös aussehenden Dame. Allem Anschein nach handelte es sich um seine Gattin, denn sie lächelte zurück und fuhr sich bei jedem Anheben der Mundwinkel geziert durch das wasserstoffblonde Haar. Überhaupt, so fiel Alma jetzt auf, waren die Tische in der ersten Reihe mit extravagant gekleideten Gästen besetzt, deren Garderobe in der Oper besser zur Geltung gekommen wären. Hier, zwischen Beamten, Tippsen, Verkäuferinnen, Durchschnittsangestellten und ... Telefonistinnen wirkte ihr Aufzug deplatziert.

Herr Metzmeier ging ab und überließ die Bühne den Schachspielern, die – so hatte Ludwig berichtet – dem ansässigen Verein angehörten. Beim Anblick der Dinnerjacketts stieß Ludwig dennoch einen abschätzigen Laut aus, allem Anschein nach hielt auch er dieses Theater für übertrieben.

Die beiden Männer auf der Bühne nahmen Platz.

»Erste Partie des Tages: Edgard Colle gegen Aaron Nimzowitsch«, flüsterte Ludwig Alma zu, bevor Metzmeier erneut die Bühne betrat, sich kurz verbeugte, exakt die Worte wiederholte, die Ludwig eben leise ausgesprochen hatte, und eilig die Bühne verließ.

Alma presste die Hand auf den Mund, um ein Lachen zu unterdrücken, und beugte sich zu Ludwig. »Was meinst du. Möchtest du ihn nicht ersetzen? Er scheint mir etwas durcheinander«, flüsterte sie zwischen den Fingern hindurch. »Wenn jetzt die Magnete auf der Tafel nicht haften, würde mich das nicht wundern.«

»Psst«, machte es von hinten, und Alma starrte ertappt zu Boden und auf Ludwigs Schuhe. Den kleinen Schmutzfleck, den sie dort entdeckte, hätte sie liebend gern weggeputzt.

Die Partie begann, Colle eröffnete mit Bauer auf d4, Nimzowitsch antwortete mit Bauer f5. Bei jedem Zug, den einer der beiden Männer machte, wurde im Hintergrund auf der Tafel die Magnetfigur entsprechend verschoben. Dann weißer Bauer e3, gefolgt von Springer f6. Man hätte eine Stecknadel fallen hören können.

Alma, deren Wissen bis jetzt nicht weit über die Grundkenntnisse des Spiels hinausgekommen war, fühlte die Spannung im Saal steigen. Die Gäste schienen regelrecht den Atem anzuhalten. Ein wenig amüsiert registrierte sie den leicht offen stehenden Mund eines Mannes, der ihnen schräg gegenübersaß. Was ein paar Holzfiguren auf einem Brett für Gefühle auslösen konnten!

»Jetzt kurze Rochade«, flüsterte Ludwig plötzlich mehr zu sich selbst, und tatsächlich zog Colle den weißen König an den weißen Turm, den er wiederum links neben dem König platzierte. Alma runzelte beeindruckt die Stirn. Entweder dieser Zug konnte von Schachspielern einfach vorausgesehen werden, oder Ludwig verfügte über ein großes Maß an Voraussicht bei diesem Spiel. Vielleicht versprach der Abend ja auch in der Hinsicht spannend zu werden, dass Ludwig ein kleines Stückchen mehr von sich offenbarte. Sie hatte immer schon gewusst, dass er gern seinen Kopf benutzte, viel las und eine hervorragende Beobachtungsgabe besaß, was ihm beim Lösen seiner Fälle half. Dass er sich für das strategische Schachspiel begeisterte, war nur ein kleines Puzzleteil mehr, auch wenn Alma selbst ihre Abende lieber mit einem guten Roman verbrachte. Bis jetzt hatten Emmi und sie ihren Ausflug in die Welt des Schachs nicht mehr wiederholt, und es fehlte beiden nicht.

Ein Raunen ging plötzlich durch den Saal. Drei Züge später stieß jemand »Kühn gespielt!« aus, und Ludwig nickte zustimmend. Seine Aufmerksamkeit galt ebenfalls ganz und gar dem Geschehen auf dem Brett und der Bühne, er schien seine Begleitung neben sich völlig vergessen zu haben.

Doch Alma war das in diesem Moment nicht unrecht. Während Ludwig seiner Leidenschaft frönte, hing sie ihren eigenen Gedanken nach, dem Duell auf der Bühne konnte sie ohnehin nicht folgen, die Hotelgäste waren ein weitaus interessanteres Beobachtungsobjekt. Und Paul kam ihr wieder in den Sinn. Der Name von Gertrudes Liebhaber. War er etwa auch hier? War er unter den zahlreichen schachbegeisterten Männern? Die halbe Stadt schien sich an diesem Abend eingefunden zu haben, der Bankettsaal war zum Platzen voll. Verstohlen betrachtete Alma einen männlichen Zuschauer nach dem anderen. Alle der ihr unbekannten und allein anwesenden Männer, denen Alma also keine zu Hause gebliebene Ehefrau oder Freundin zuordnen konnte, kamen in Frage. War Paul überhaupt aus Baden-Baden? Der Umschlag war unfrankiert und unbeschrieben gewesen. Was, wenn sie sich hier umsonst umschaute? Was, wenn sie ihn niemals finden würde?

»Ludwig?«, flüsterte sie.

»Hm?« Einen Augenblick sah es so aus, als ob er ihr seine ganze Aufmerksamkeit schenken wollte, dann aber ging ein Stöhnen durchs Publikum, und Ludwig entfuhr ein: »Verdammt! Schwarz hat seinen Vorteil zunichtegemacht!« Er wandte sich ihr zu. »Was meintest du?«

»Nicht so wichtig.« Alma beschloss, ihn später nach dem Brief in Gertrudes Handtasche zu fragen, bevor der Mann hinter ihr sie erneut zum Schweigen auffordern würde. Denn irgendeinen Schluss musste doch auch die Polizei aus diesem Schreiben gezogen haben.

Nachdem Nimzowitsch doch noch gewonnen hatte und das Spiel zu Ende war, wurde die Magnettafel abgehängt, Tische und Stühle fortgetragen und die Bühne von einer Kapelle besetzt. Ein Kellner nahm Bestellungen auf. Inzwischen saßen Alma und Ludwig allein an ihrem Tisch, das Ehepaar, das während des Schachspiels noch bei ihnen gesessen hatte, war gegangen. Ludwig verlangte eine Flasche trockenen Rotwein und fragte, ob sie etwas essen wolle. Alma schüttelte den Kopf. Mit einem kleinen Diener verschwand der Ober Richtung Küche.

Die Kapelle spielte einen getragenen Slowfox, gerade noch anständig genug für den Metzmeierhof, und Alma meinte erst, sich verhört zu haben, als über die Klänge einer Klarinette jemand ihren Namen rief.

»Alma! Kind!«

Sie drehte den Kopf und sah zu ihrem allergrößten Erstaunen, wie ihre Großmutter sie am anderen Ende des Saals durch Handgewedel herbeizitierte. Neben ihr saßen Almas Eltern: Egon Täuber schmunzelte amüsiert, Wilhelmine Täuber strahlte über das ganze Gesicht, als sie ihre Tochter entdeckte, senkte dann jedoch wie peinlich berührt den Blick und fixierte die Tischdecke. Das exaltierte Winken ihrer Mutter schien sie ein wenig aus der Façon zu bringen.

Ludwig war sichtlich überrascht über die Vehemenz, mit der Almas Großmutter ihre Freude zur Schau stellte. »Mir scheint, da müssen wir wohl …«, setzte er an, brach jedoch hilflos ab, als er registrierte, dass Alma bereits aufgestanden war.

»Ich denke schon«, erwiderte sie. Es war Ludwig anzusehen, dass er einen blutigen Mordfall in diesem Moment dem geselligen Beisammensein mit ihrer Familie den Vorzug geben würde. Vor allem Großmaman hatte nie einen Hehl daraus gemacht, was sie von einer möglichen Heirat ihrer Enkelin mit einem Polizisten – *mon dieu* – hielt. Jetzt aber sprach aus ihrer Miene pure Freude. Alma hoffte, dass sie sich benehmen würde.

Nachdem die beiden sich an den für fünf Personen etwas zu klein geratenen Tisch gesetzt hatten – zwischen Almas Mutter und Vater eingeklemmt –, winkte Ludwig den Kellner zu sich, um ihm die geänderte Platzwahl anzuzeigen. Wenig später stellte der Ober eine weitere Flasche Rotwein neben die erste bei Vater Täuber, die schon beinahe leer war.

»Willst du etwas essen, Kind?« Wilhelmine Täuber begutachtete wie immer die Konstitution ihrer Tochter. Alma ihrerseits war froh darüber, dass ihre Mutter sich dabei den in letzter Zeit gängigen Kommentar über die »Stromlinienform« verkniff.

»Ach, essen.« Egon Täuber winkte ab. »Ich wusste gar nicht, dass Sie sich für Schach interessieren.«

»Oh, Ludwig kennt sich bestens aus«, antwortete Alma schnell, bevor noch jemand ihr Interesse an Schach näher begutachten wollte.

»Wirklich?« Die Augen ihres Vaters leuchteten auf. Großmaman und ihre Mutter hatten vermutlich eher das Essen genossen als das Spiel selbst. Alma konnte sich das ungeduldige Schnaufen ihrer Großmutter vorstellen, wenn einer der Spieler eine zu lange Denkpause machte.

»Herr Kriminalkommissar Schiller«, platzte Egon Täuber dann ungestüm an Ludwig gewandt heraus. »Empfanden Sie das Rettungsmanöver nach dem Halbzug von Weiß nicht auch als äußerst beherzt?«

Alma verkniff sich ein Grinsen. Was für eine Gesprächseinleitung. Als Ludwig nach einigem Zögern mit einem »Weißer Springer schlägt schwarzen?« nachhakte, und ihr Vater daraufhin in wildes Nicken verfiel und sich ein ausführlicher Dialog aus einzelnen Buchstaben und Zahlen zwischen beiden Männern entspannte, wäre sie ihrem Vater aber am liebsten um den Hals gefallen.

Großmaman beugte sich zu ihr. »Was reden die da? G1, h3, Wurzel aus 3 ... Ich meine, gibt es etwas Uninteressanteres als auf einem Holzbrett herumkriechende Figuren?« Sie sah sich um. »Ich bin wegen des Amüsements hier.«

»Des Amüsements?« Alma hob erstaunt die Augenbrauen. »Alle Wetter, Großmutter.«

»Wo ist denn deine unanständig angezogene Freundin?«

»Emmi arbeitet. Sie will so viele geschäftliche Aufträge wie möglich an Land ziehen, will ihre Kontakte im Hotelgewerbe erweitern, musst du wissen«, antwortete Alma ein wenig schärfer, als sie es vorgehabt hatte. »Ein eigenes Geschäft, das ist das Ziel.«

Für einen Augenblick schwieg Großmaman. Nicht immer ein gutes Zeichen. Ihre Finger tasteten nach der Stoffserviette neben dem Glas, strichen vorsichtig über die glänzende Baumwolle. »Ein sehr vernünftiges Ziel für eine alleinstehende Frau.«

Egon Täuber, der gerade dabei war, die Rochade von Weiß als voreilig zu gängeln, brach mitten im Satz ab. Wilhelmine Täuber sah ihre Mutter ungläubig an, und Ludwig runzelte verwirrt die Stirn.

»Entschuldige«, meinte Almas Vater, nachdem er sich gesammelt hatte. »Möglicherweise ist mein Gehör nicht mehr das, was es einmal war. Sagtest du gerade etwas von einem ›vernünftigen Ziel?‹«

»Geradezu grandios«, meinte seine Schwiegermutter mit Nachdruck.

»Grandios? Wie viel Wein hattet ihr schon?«, erkundigte sich Alma. »Ist das die dritte Flasche?«

Großmutter schüttelte mit verengten Augen den Kopf. »Also weißt du, Kind, dieser Humor, ich bitte dich. Mir geht es gut.« Ein leises Räuspern entfuhr ihr. Ein Zeichen dafür, dass sie etwas Wichtiges zu sagen hatte. Selbst Ludwig, dem diese Eigenart bis jetzt noch nicht vertraut war, schien sich voll und ganz auf das zu konzentrieren, was Almas Großmutter gleich zum Besten geben würde. »Das Leben ist kein Stillstand«, begann sie, und Alma betrachtete dabei amüsiert Ludwig, der zustimmend wie in Trance nickte. »Man entwickelt sich. Immer. In jeder Sekunde. Nicht wahr?« Großmutter sah in die Runde, zuletzt blieb ihr forschender Blick wieder an Ludwig hängen, der unter dem Tisch Almas Hand ergriffen hatte und derart drückte, als wolle er eine Zitrone auspressen.

»Selbstverständlich«, stammelte er.

»Es ist ein Zappeln und Zucken«, sprach Großmaman weiter. »Wie dieses Getanze zu den Tönen tierischer Brunft, diesem Jazz ...«

Egon Täuber atmete erleichtert auf. »Ah, Gott sei es gedankt! Meine Güte, du hast mir eben einen wirklichen Schrecken eingejagt. Aber jetzt scheinst du ja wieder die Alte zu sein.«

»Egon, ich war noch nicht fertig!«

»Entschuldige.«

»Meine gute Bekannte, die mich in meinen alten Tagen aufs vortrefflichste unterstützt, wir ...«

Ludwig sah Alma fragend an, die ihm »ihre Brieffreundin aus Württemberg« ins Ohr raunte, was ihn offensichtlich nicht wirklich ins Bild setzte, denn seine Miene blieb verwirrt.

»… führen tiefgründige Gespräche«, vollendete Großmutter ihren Satz.

»Das ist sehr wichtig, Mutter«, stimmte Wilhelmine Täuber zu und sah Alma dabei vielsagend an.

»Richtig, Wilhelmine. Und in einem dieser Gespräche kamen wir zu dem Schluss, dass man den jungen Frauen der heutigen Zeit unter die Arme greifen sollte, wo man nur kann. Weil sie ja sowieso machen, was sie wollen. Nicht wahr? Wenn Emmi sich nicht auf den starken Rücken eines jungen Mannes«, ihr Blick fiel erneut auf Ludwig, »verlassen will, dann …«

»… ist Geschäftsinhaberin eine sehr vernünftige Idee?«, vollendete Alma den Satz.

»In der Tat.« Ihre Großmutter nickte, griff nach ihrem Weinglas und nippte vorsichtig daran. »In der Tat.«

Plötzlich nahm Ludwig schwungvoll die Flasche und schenkte sich und Alma ein. »Erlauben Sie mir, dass wir darauf anstoßen«, schlug er vor. »Auf vernünftige Ideen.«

»Hört, hört!« Die Gläser klirrten, als Egon Täuber seins gegen das des Kriminalkommissars schlug.

Alma war nicht in der Lage, nach ihrem zu greifen. Das, was sich gerade hier vor ihren Augen abgespielt hatte, musste sich erst einmal setzen.

Seit Großmaman ihre Brieffreundin, die Schwäbin mit der Vorliebe für altmodische Kopfbedeckungen, kennengelernt hatte, war sie die gemächliche Gangart ihrer Tagesroutine immer mehr losgeworden und benahm sich in letzter Zeit geradezu umtriebig. Früher war Großmutter der Meinung gewesen, Benehmen sei mit einem guten Tropfen vergleichbar: Einmal abgefüllt reifte er von sich aus und verdarb nur, wenn man daran rüttelte und Neues hinzugab. Jetzt aber schien sie wie verwandelt. Ein »grandios« wäre ihr vor einem Jahr niemals über die Lippen gekommen. Es besteht doch nicht etwa Hoffnung für Ludwig?, dachte Alma. Er wird doch nicht etwa in den Familienbund aufgenommen werden? Trotz seines Berufs, mit dem alle immer gleich das Schlimmste verbanden? Und das alles wegen einer Brieffreundin, die eine seltsame Kombination aus buchstäblich alten Hüten und neuen Ideen verkörperte? Aber egal, wohin diese tiefgründigen Gespräche, die Großmutter vorher erwähnt hatte, auch hinführen würden: Heute Abend wollte Alma die Geselligkeit einfach nur genießen.

Sie hob ihr Glas. »Auf vernünftige Ideen.«

4

Brauseköpfig? Das hat diese Käthe über meine Cousine gesagt.« Am darauffolgenden Morgen wirkte Friederike nach Almas weiteren Schilderungen der Ereignisse in der Wäscherei nicht überrascht. So wie Friederike den Satz aussprach, klang er nach einer Feststellung, nicht nach einer Frage. Die beiden Kolleginnen hatten sich zufällig vor dem Eingang zur Hauptpost getroffen, und Alma hatte die Gelegenheit, Friederike kurz vor Schichtbeginn zu erwischen, beim Schopf gepackt.

»Zielstrebig ebenfalls«, vervollständigte Alma. In der Nacht war sie noch einmal die Unterhaltung mit Käthe durchgegangen. Hatte überlegt, ob der Name eines Verehrers gefallen war. Dabei war ihr wieder eingefallen, wie Käthe Gertrude beschrieben hatte.

»Zielstrebig.« Friederike legte den Kopf schief und sah an Almas Schulter vorbei gedankenverloren in die Ferne. »Ich weiß nicht. Sicher, sie hatte ihren eigenen Willen. Aber haben die jungen Dinger das inzwischen nicht alle?« Sie wandte ihren Blick wieder Alma zu.

Die jungen Dinger? Alma schätzte Friederike nicht älter als fünfundzwanzig. Sah sich ihre Kollegin etwa als ausrangierten Hut? Aber Friederike hatte die Welt schon immer mit eher finster blickenden Augen betrachtet, dachte mit großer Ernsthaftigkeit über ihre Zukunft als Fräulein nach und hatte schon einmal davon gesprochen, sich eine andere Stelle suchen zu wollen, da der Beruf in den kommenden Jahren nicht mehr den technischen Standards entspräche.

»Beschreib mir deine Cousine doch einmal näher«, bat Alma, während sie die letzte Stufe zum Posteingang nahmen. »Was tat sie nach der Arbeit? Habt ihr gemeinsam etwas unternommen?«

Friederikes perplexe Miene beantwortete die Frage, ohne dass sie den Mund aufmachen musste. Energisch drückte sie die schwere Tür auf. »Unternommen?«

»Lichtspielhaus? Theater? Tanzveranstaltungen?«, bohrte Alma weiter. »Irgendwas? Sie kann doch nicht nur daheimgesessen haben.« Für ein »brauseköpfiges« Mädchen doch viel zu langweilig!

Gemeinsam durchquerten sie die Posthalle, in der sich schon die ersten Kunden eingefunden hatten. Der Beamte Engelhorn schob sich hinter dem Telegrammschalter mit der ihm eigenen routinierten Handbewegung den Steg seiner runden Brille, die ihm mal wieder auf der Nasenspitze hing, nach oben und nickte den Fräulein grüßend zu.

»Die Arbeit in der Dampfwaschanstalt ist anstrengend«, gab Friederike zu bedenken, als sie ins Treppenhaus abbogen. »Da ist man abends erledigt. Und warum sollte ich ausgehen?«

Alma schluckte die Bemerkung hinunter, dass sie selbst nach einer langen Woche geradezu nach Amüsement lechzte. Friederike würde darüber nur missbilligend den Kopf schütteln. »Das ist die Arbeit dort mit Sicherheit. Anstrengend.« Alma griff nach dem Handlauf des Treppengeländers. »Käthe hat mir deine Cousine aber nicht als Stubenhockerin beschrieben. Komm schon. Welche junge Frau geht heutzutage nicht gern tanzen?« Das konnte sie sich jetzt doch nicht verkneifen. Und wie erwartet äußerten sich Friederikes geschürzte Lippen anklagend.

Im Treppenhaus erklang vereinzeltes Lachen aus der Ferne, klappernde Absätze, die lauter wurden, hallten durch die Stockwerke. Marianne stob an Alma vorbei, nahm zwei Stufen auf einmal. »Darf ich mal ... tut mir leid«, stieß sie hervor. »Ich glaube, wir sind zu spät!«

»Wir haben noch beinahe eine Viertelstunde Zeit«, rief Friederike ihr hinterher und schüttelte dann den Kopf. »Dieses Mädchen. Hat furchtbare Angst, der Klinger noch in den letzten Minuten auf die Zehen zu treten. Weißt du, wann es genau so weit ist?«

»In zwei Monaten.« Marianne hatte sich verlobt, würde heiraten und das Amt aus diesem Grund verlassen. Als sie es ihren Kolleginnen mit einem strahlenden Kirchenengelslächeln verkündet hatte, war Alma mulmig geworden. Sie mochte Marianne, trotz ihres Verhaltens im letzten Jahr, als sie einen Deutschnationalen als Liebhaber gehabt hatte. Das junge Ding war auf den schönen Schein hereingefallen, hatte sich aber dann besonnen und sogar bei Ida, die durch sie in Schwierigkeiten gekommen war, entschuldigt. Alma gönnte ihr alles Glück der Welt, vor allem in der Liebe. Aber der Gedanke daran, dass eine Eheschließung untrennbar mit der Kündigung verbunden war, stimmte Alma jedes Mal traurig. »Jeder ist seines eigenen Glückes Schmied« war und blieb eben eine Binsenweisheit. Aber wer wusste es schon: Vielleicht würde Marianne in ihrer Rolle als Ehefrau vollkommen aufgehen?

»Zwei Monate«, wiederholte Friederike jetzt und riss Alma damit aus ihren Gedanken. »Die sind schnell rum.«

So wie die Zeit, die sie noch hatte, um ihrer Kollegin vor der Schicht ein paar Fragen zu stellen, dachte Alma. »Friederike, wenn ich dir helfen soll, dann musst du schon ...« Sie ließ den Rest des Satzes in der Luft stehen.

Ihre Kollegin seufzte und blieb auf der letzten Treppenstufe vor dem Umkleideraum stehen. Umklammerte den Handlauf, als wolle sie ihn zerquetschen. Das, was sie jetzt zu sagen gedachte, fiel ihr offenbar schwer. »Es gibt da ein Lokal.« Friederike schüttelte abschätzig den Kopf. »Das ist zu viel gesagt, es ist kein Lokal, es ist eine ... Ach, ich weiß auch nicht, was es ist. Eine Absteige. Ich habe niemals befürwortet, dass sich Gertrude dort aufhielt, das kannst du dir denken.«

Alma ersparte sich eine Antwort und wartete stattdessen gespannt auf den Namen der Bar.

»Irgendein Tier.«

»Ein Tier?«

»Ja, der Name der Bar.«

»Das Ozelot?«

»Du kennst das Ozelot?« Friederike sperrte überrascht den Mund auf.

Einzelne Fräulein überholten sie plappernd, ein helles Klingen und Sirren. »Die Damen!« Fräulein Klinger rauschte ins Treppenhaus und klatschte in die Hände, wie um eine durcheinanderpurzelnde Kleinkinderschar zu beruhigen. »Umziehen und an die Schränke, Mikrophone um, und lächeln, während Sie sprechen! Lächeln! Hopp, hopp! Lösen Sie Ihre Ersatzfräulein ab! Die wollen nach der Nachtschicht nach Hause!«

Alma und Friederike schlossen sich ihren Kolleginnen an, schlüpften in die Arbeitsmäntel und betraten den Saal, wo blinkende Lichter sie an ihren Plätzen empfingen. Lichter, hinter denen sich ruhig vorgetragene Fragen, derbe Bemerkungen oder sogar gefühlstrunkene Sätze verbargen. Telefonnummern, Beschwerden oder Vorschläge für Stelldicheins.

»Hier Amt, was beliebt? Moment, ich verbinde.« Alma verfiel nach nur wenigen Sekunden wieder in die gewohnte Routine und bemerkte erst nach einer Weile, dass Friederike sich ihr gegenüber bemerkbar machte. Sie hielt einen kleinen Zettel in der Hand, den sie zwischen zwei Steckverbindungen schnell faltete und ihn dem benachbarten Fräulein weitergab, die es ihrerseits weiterreichte, bis er an Almas Platz angekommen war.

Alma entfaltete das Papier. Friederike hatte nur ein Wort in Großbuchstaben darauf gekritzelt. LIBELLE.

Libelle.

Alma hatte in der Straßenbahn darüber gegrübelt, wo sich dieses ominöse und offensichtlich verruchte Etablissement befinden könnte. Auf ihrer Fahrt von der Arbeit nach Hause war sie im Kopf sämtliche Tanzdielen, Hotelbars und Lasterhöhlen der Stadt durchgegangen, die ihr bekannt waren. Besonders bei Letzteren offenbarten sich bei ihr deutliche Wissenslücken. Die Kurstadt war darauf bedacht, den verruchten Amüsierbetrieben komplett den Garaus zu machen; selbst für öffentliche Tanzveranstaltungen benötigten Lokale inzwischen eine Ausnahmegenehmigung, die besonders oft in Zeiten der alljährlichen Iffezheimer Renn- oder der Autoturnierwochen eingeholt wurden.

Mit Emmi hatte Alma ein paarmal das Ozelot besucht, ein verqualmter Keller mit wild wackelnden Leibern auf der Tanzfläche und einer Kapelle, die auf der Bühne wie unter Stromschlägen zuckend ihre Instrumente bearbeitete. Nicht nur einmal war das Lokal unter dem strengen Blick der Obrigkeit geräumt worden.

Vor einem Jahr hatte sich die Kurverwaltung zwar mit dem Hotelgewerbe zusammengetan und gegen die Polizeidirektion gestellt, war man doch zu dem Ergebnis gekommen, dass sich die eingeschränkte Zahl der Tanzveranstaltungen negativ auf die kurstädtischen Besucherzahlen auswirkte. Dennoch blieb die Polizeibehörde gänzlich unbeeindruckt, und die Fronten hatten sich inzwischen sogar derart verhärtet, dass es nahezu ein Ding der Unmöglichkeit war, in Baden-Baden noch eine Diele zu finden, in der in aller Öffentlichkeit getanzt werden konnte. In diesen Lokalen wurde das strenge Verbot des Bezirksamts umgangen, indem man die Veranstaltungen als geschlossene Feiern deklarierte, für die man eigens eine Musikkapelle engagiert habe. Die Türen aber wurden insgeheim für jede Person geöffnet.

»Libelle«, murmelte Alma immer noch in Gedanken versunken, als sie, am Haus der Witwe Meier angekommen, die Eingangstür öffnete. Weil sie sich vor einigen Wochen verzogen hatte, zerrte Alma den Knauf zu sich, während sie gleichzeitig den Schlüssel drehte. Im Treppenhaus blieb es ruhig, als sie die Stufen zu ihrer Mansardenwohnung nahm. Keine Witwe, die im geblümten Morgenmantel die Hausordnung zitierte, kein Mucks hinter den verschlossenen Wohnungstüren der anderen Mieter.

Feierabend. Zeit für eine Tasse Tee mit ein paar Keksen und danach ein dick mit Butter beschmiertes Vesperbrot am Küchentisch. Zeit für einen guten Roman, für die Tageszeitung, für traumverhangenes Starren.

Zeit, sich Gedanken über Ermittlungen in einem Todesfall zu machen.

Wölkchen würde schon zu Hause sein, und ihr Wissen in Sachen Amüsierbetriebe stellte gewiss das der Polizeidirektion in den Schatten, dachte Alma und nahm schwungvoll die letzten Treppenstufen. Gemeinsam mit ihrer Freundin würde sie dieses Libellen-Problem lösen. Doch anstatt Emmi, die oft schon die niedrige Wohnungstür von innen aufriss, noch bevor Alma den Schlüssel ins Schloss stecken konnte, öffnete ihr Walter.

»Cousinchen!« Er strich sich eine aufmüpfige dunkle Locke aus der Stirn, die ihren erzwungenen Platz nur für einen Wimpernschlag behielt. »Ich dachte, wir könnten uns das Laub des Dionysos aufsetzen und zwei feinen Flaschen Vitis vinifera frönen.«

»Was für ein Laub?«, tönte Emmis laute Stimme aus der Küche. »Du hörst dich an, als hättest du selbst schon ein paar Flaschen geleert. Ich mach Brote!«

Alma lachte. »Wenn du mit deinen Patienten auch so klar und deutlich sprichst, Walter, dann kann der Kurbetrieb von deiner Anwesenheit nur profitieren«, scherzte sie und drückte ihren Cousin an sich. Seine Anwesenheit überraschte sie nicht wirklich. Insgeheim hatte sie sogar damit gerechnet, dass er eher früher denn später bei ihr auftauchen würde, nachdem sie ihn mit Fragen über die Auswirkungen eines Erstickungstodes überfallen hatte. Walter schien ungestüm, burschenhaft und sprunghaft. Aber ihrem Cousin mit den dunklen Augen war eine mitfühlende Ader in die Wiege gelegt worden. Diese Mischung aus Elan und Sensibilität fand nicht nur Emmi anziehend.

Galant nahm Walter Alma Handtasche und Mantel ab, betrat anschließend ungefragt ihre Kammer und legte beides auf den Stuhl neben dem Bett. »Grammophon?«, fragte er, und Alma, die am Türrahmen lehnte und ihren Cousin schmunzelnd dabei beobachtete, wie er sich benahm, als sei er zu Hause, streifte ihre Schuhe ab und nickte.

»Gern.«

Wenige Augenblicke später knarzte die Grammophonnadel über die Rillen einer Ragtime-Platte, und Alma ließ sich nach dem gemeinsamen Vesper aus Butterbroten, Käse und den Resten einer Wurstplatte satt auf das Küchensofa fallen. Sie zog die bestrumpften Beine auf die Sitzfläche und nahm dankend den Römer entgegen, den Walter ihr verschmitzt und begleitet von einem angedeuteten Diener überreichte. Einige Sekunden verlor sie sich in der Betrachtung der roten Flüssigkeit in ihrem Glas und der frühlingshaft geblümten Küchentapete. Auch in der Kurstadt begann es überall vorsichtig zu sprießen. Der April war doch ein schöner Monat, schoss es Alma durch den Kopf.

Wenn da nicht die tote junge Frau wäre.

Emmi nahm mit einem Strahlen im Gesicht und erhitzten Wangen neben ihrer Freundin Platz, und da Walter nicht mehr auf das Sofa passte, machte er es sich wieder auf einem Küchenstuhl bequem und schlug die langen Beine übereinander.

»Herr Doktor, Herr Doktor, aber meiner Mutter hat man weiland gegen Gicht noch eine Milchkur verordnet!« In den nun folgenden Minuten schilderte Almas Cousin lebhaft seine neuesten Erlebnisse im Sanatoriumsbetrieb. Die Heilanstalt von Dr. Burger, bei der Walter für einige Monate eine Anstellung angenommen hatte, um sich in Sachen Magen-, Darm- und Stoffwechselerkrankungen praktische Weiterbildung angedeihen zu lassen, diente auch als Anlaufstelle für nervenkranke Patienten. Sie suchten ihr Heil in den Apparaturen der Kurstätten und versprachen sich von den Badener Quellen durch deren hohen Gehalt an Lithium und Arsen Genesung.

»Völliger Unsinn«, bemerkte Walter. »Aber treib den Leuten das mal aus.« Er habe den Eindruck, dass manche Doktoren die feste Meinung der Patienten, eine Badekur könne eine Nervenkrankheit heilen, noch befeuerten. »Die Privatheilanstalten mit ihren modernen Einrichtungen schinden Eindruck«, fuhr er fort. »Und auf der anderen Seite pfuschen uns Magnetopathen ins Handwerk, die sich auf seelische Störungen spezialisiert haben.« Versonnen betrachtete er die Brotkrumen auf seinem Teller. »Spezialisiert ... wahrscheinlich der falsche Begriff dafür. Obwohl, Zulauf haben sie genug. Viele Kranke schießen die Empfehlungskarte an einen bestimmten Kurarzt in den Wind.« Walter griff zur Weinflasche und schenkte sich nach, dann glitt plötzlich das ihm so eigene spitzbübische Lächeln übers Gesicht. »Aber genug lamentiert, meine Damen! Auch mit den Magnetopathen und Lichtkuranbietern haben wir bei Dr. Burger noch eine Menge zu tun.«

»Auf die Kurpfuscher!«, kicherte Emmi, hob ihren Römer und leerte ihn in einem Zug.

»Und auf die Kurgäste, die uns Arbeit geben«, ergänzte Alma und brachte ihr Glas an Wölkchens nun leerem zum Klingen. Dabei betrachtete sie Walter aus den Augenwinkeln, denn ihr entging nicht, dass er ihr die ganze Zeit über forschende Blicke zuwarf. Der Telefonanruf schien an ihm zu nagen. Es war nur eine Frage der Zeit, bis die Fragen aus ihm herausbrechen würden. Sie hatte diese Beobachtung noch nicht einmal ganz zu Ende gedacht, da öffnete Walter schon den Mund.

»Cousinchen, jetzt erzähl. Was genau steckte hinter deinem Anruf?« Walter beugte sich interessiert vor. »Erleuchte mich.«

»Ihr habt telefoniert?«

»Nicht wichtig, Wölkchen, nur kurz«, meinte Alma.

»Was ist passiert?«, fragte Walter. »Wo hat man die Leiche gefunden?« Ihr Cousin redete nicht gern um den heißen Brei herum, auch eine Eigenschaft, die Alma sehr an ihm mochte. Die möglicherweise der Tätigkeit geschuldet war, auf die er hinsteuerte. Patienten hatten ein Anrecht auf die Wahrheit.

»In einer Wäschetrommel.« Diese Feststellung schoss geradezu aus Emmis Kirschmund, so atemlos stieß sie die drei Worte hervor. »Ist das nicht ... unglaublich und entsetzlich zugleich?«

Walter riss die Augen auf.

»Einer industriellen«, ergänzte Alma.

»In einer Wäscherei?«, hakte er nach.

Alma und Wölkchen nickten unisono.

»Wie schrecklich«, murmelte er, sichtlich geschockt, und als Alma berichtete, dass sie einen Unfall für reichlich unwahrscheinlich hielt, sprach seine Miene Bände.

Alma schwang die Beine von der Chaiselongue und stand auf. Die wenigen Schritte zum Tisch ließen ihre Knie schmerzen. Es war wohl Zeit, sich Wölkchen bei ihren abendlichen Gymnastikübungen anzuschließen oder statt der Straßenbahn das Fahrrad zu nehmen, schoss es Alma durch den Kopf. Das ständige Sitzen tat ihr nicht gut. Gymnastik oder Tanz. Tanz. Die Libelle. Während sie nach der Flasche griff, um Wölkchen nachzuschenken, sagte sie: »Der Verdacht besteht. Aber es ist momentan nichts anderes als das. Ein Verdacht. Sagt euch die Libelle etwas?«

»Habe ich einen Themenwechsel verpasst? Odonata aus der Klasse der Insecta?«, hakte Walter stirnrunzelnd nach, während Emmi gleichzeitig begeistert rief: »Meinst du etwa den Vergnügungsschuppen in der Küferstraße?«

»Ein Vergnügungsschuppen und kein Insekt! Welch anarchische Zeiterscheinung der Süchtigen in dieser Stadt«, frotzelte Walter, aber Alma hörte nur mit halbem Ohr hin.

»Küferstraße?«, wollte sie von Wölkchen wissen. »Du kennst das Lokal?« Als ob sie daran gezweifelt hätte. Auf Emmi war eben Verlass.

»Also, Lokaaaaal«, ihre Freundin zog das Wort in die Länge, »würde ich jetzt nicht gerade sagen. Und kennen ... auch nicht wirklich.«

»Moment.« Walters Blick wanderte von Alma, zu Emmi und wieder zurück. »Ist das ein Hinweis? Die Libelle?«

»Die junge Frau hat sich allem Anschein nach öfters dort aufgehalten«, meinte Alma und kommentierte das verräterische Blitzen in den Augen ihrer Freundin, die schon aufgestanden war, mit einem leichten Kopfschütteln. Wenn es nach Emmi ginge, dann würden sie sich natürlich alle auf der Stelle in die Bar aufmachen. Wölkchen verstand, wedelte ergeben mit der Hand und ließ sich derart schwungvoll ins Polster zurückfallen, dass die Federn des Sofas wimmerten.

»Die Tote?«, wollte Walter wissen.

Alma nickte.

»Kann euch selbstverständlich hinführen«, sagte Emmi. »Also, irgendwann.«

»Ist das dort denn sicher?«

»Walter, du hörst dich an wie Großmutter«, schalt Alma und verkniff sich dabei ein Lachen. »Da es nicht einfach ist, hier irgendwo eine ordentliche Diele zu finden, wird die Klientel der Libelle aus einem kunterbunten Potpourri von Tanzwütigen bestehen.«

»Die sich einfach nur zu heißer Musik bewegen wollen«, bestätigte Emmi. »Und du hast recht, meine Taube ... Ja, jetzt schau nicht so, Alma, ich habe vorhin sehr gut verstanden, was du mir mit deinem vorwurfsvollen Blick sagen wolltest. Heute ist nicht der richtige Abend für Recherchen. Denn heute Abend wollen wir diese furchtbare Sache kurz ad acta legen und ein wenig feiern. Außerdem muss so ein Besuch vorbereitet werden. Modisch gesehen. Und dafür fehlt uns jetzt die Zeit. Und der Kopf. Denn jetzt habe ich euch etwas mitzuteilen. Und um der Wahrheit die Ehre zu geben: Ich habe mit meinem Albert vorhin schon ein klein wenig gesüffelt.«

»*Deinem* Albert?«, fragte Walter betont beiläufig. So betont, dass Alma schmunzeln musste. Er hatte sich vor dem Sofa aufgebaut und betrachtete Wölkchen wie Almas Großmutter einst einen Kirschplotzer, den Almas Mutter nicht rechtzeitig aus dem Ofen geholt hatte.

»Na, mit dem ollen Baer.« Emmi winkte ab. »Aber ich kann dir versichern, Walter, dein Wein ist besser, er hatte nämlich nur den Tropfen des Feindes anzubieten. Ich habe höchstens daran genippt.«

»Etwa einen Württemberger?«, fragte Walter entsetzt.

»Ihr habt während der Arbeit getrunken?«, wunderte sich Alma. Albert Baer, Inhaber des Geschäfts Blumen-Baer und Emmis Vorgesetzter, war bis jetzt nicht als Schnapsdrossel in Erscheinung getreten. Und auch nicht als Weindrossel.

Wölkchen holte tief Luft. »Vor euch«, setzte sie langsam an, »sitzt Fräulein Emmi Wolke, Floristin, Dekorateurin, Arrangeurin und seit heute auch Leiterin einer Dependance von Blumen-Baer!« Sie unterdrückte einen Jauchzer und sah triumphierend erst zu Walter und dann zu Alma. »Was sagt ihr jetzt?«

»Das neue Geschäft in der Hirschstraße?« Alma war fast sprachlos vor Glück. Emmi hatte es sich immer gewünscht, allein walten und schalten zu können. Reklametafeln zu entwerfen und errichten zu lassen, Anzeigen aufzugeben, Hotels, die sie belieferten, selbst auszuwählen, die Lieferanten eigens auszusuchen. Es war wunderbar! »Das ist …«, Alma drehte sich nach Walter um, der bereits mit Elan und unter Einsatz des gesamten Körpers an einem Korkenzieher drehte, um eine weitere Flasche zu öffnen. »Das ist so verdient, Wölkchen!«, wandte sie sich dann wieder an Emmi. »So verdient!«

»Du freust dich?«

»Natürlich! Wie kannst du nur fragen?«

»Ich werde mehr Verantwortung haben ...«

»... das ist gut.«

»Morgens früher aus dem Haus müssen.«

Das war nicht gut, dachte Alma, denn sie würde die Gespräche während des Frühstücks vermissen. »Ich werde gleichzeitig mit dir aufstehen«, sagte sie schnell und hoffte, diesen Einfall nicht später zu bereuen. »Auch wenn ich Spätschicht habe.«

»Wirst du denn auch mehr verdienen?«, kam es jetzt ein wenig skeptisch von Walter. »Es ist nicht so, dass ich mich nicht freue, Wölkchen, im Gegenteil. Aber ich muss schon nachhaken: Er zieht dich doch nicht über den Tisch, dein Albert? Mehr Arbeit, weniger Brot?«

»Weißt du was, du alter Miesepeter?« Emmi reckte ihm den Römer entgegen, und er schenkte ein. »Morgen nehme ich euch beide mit in die Libelle. Und dann werde ich vor allem dir, mein feuriger Torero, zeigen, was es heißt, mit der Leiterin einer Dependance auszugehen.«

»Ach, zu gerne, meine Damen. Aber morgen Abend ruft meine Spätschicht. Und damit meine ich die Spätspätschicht.« Walter zog eine Grimasse. »Aber das holen wir natürlich nach. Und der Alkohol wird dann in Strömen und ausschließlich auf deine Rechnung fließen, Emmi?«, erkundigte er sich lauernd, aber mit einem Grinsen im Gesicht.

»O ja! Dein Kopfweh kannst du dir nachher von einem dieser Magnetopathen äh wegmagnetopathisieren lassen. Denn dein Schädel wird am nächsten Morgen beinahe platzen. So viel ist sicher.«

Sie lachten und stießen miteinander an. Alma nahm ihre Freundin in den Arm, gemeinsam malten sie sich die neue Inneneinrichtung der Filiale aus. Beschrieben Blütendüfte und Kelchformen. Und als Emmi das Grammophon lauter drehte und Walter an der Hand fasste, um mit ihm zu den Takten von Shreveport Stomp auf den zwei Metern Abstand zwischen Küchentisch und Spüle hin und her zu hüpfen, legte Alma den Kopf auf das weiche Sofakissen, schloss die Augen und wippte mit dem Fuß im Rhythmus mit.

Nachdem Walter gegangen war und sich die beiden Freundinnen in ihre Kammern zurückgezogen hatten, fiel Alma müde in ihr Bett. Die Libelle. Morgen also. Einen Magnetopathen würde sie danach nicht benötigen. Denn sie musste einen klaren Kopf bewahren und jede einzelne Person in der Libelle ruhig in Augenschein nehmen. Irgendetwas würde ihr schon auffallen, da war sie sicher.

5

Emmi und Alma hatten sich am nächsten Abend vor der Hofapotheke verabredet, von der aus sie erwartungsvoll schweigend in die Küferstraße gingen. Nachdem sie im Hinterhof eines alten Fachwerkhauses durch einen Torbogen in einen Keller geschlüpft waren, musste auch Alma zugeben, dass sie bald ähnlich hibbelig wie Emmi der Libelle entgegenfieberte. Wölkchen war sich in den vergangenen Minuten sicherlich zwanzigmal durchs lockige Haar gefahren, wie um eine sich dort anbahnende Katastrophe zu verhindern.

»So einen geheimen Eingang bräuchten wir auch«, schwärmte Emmi jetzt. »Stell dir vor, durch den Keller der Meier und, schwupps, bist du bei uns in der Küche!« Als sie vor einer schweren Tür zu stehen kamen, flüsterte sie: »Gibt es ein geheimes Klopfzeichen? Wie bei Otto im Casino?«

Während ihres ersten Falls hatte sie die Suche nach dem Täter bis in ein illegales Casino geführt, das in den Burgstaffeln von Otto betrieben wurde. Und Otto war schon eine Type!

Doch als Alma die Hand gegen das abgeblätterte Furnier drückte, schwang die Tür nach innen auf, und sie konnten, ohne um Einlass zu bitten, eintreten. Ein weiteres Hindernis in Form eines Vorhangs, und dann hatten sie freie Sicht auf die Libelle.

»Na, da brat mir einer 'nen Storch!«

Auch Alma hatte etwas anderes, deutlich Schlichteres erwartet: Auf den ersten Blick aber war die Libelle ganz im angesagten »östlichen Stil« gehalten, der, wo auch sonst, in Berlin en vogue war. Dort feierte man in bestimmten Etablissements gar das japanische Kirschblütenfest, hatte Ida einmal erzählt. Und nach Kirschblütenfest sah die Libelle ebenfalls aus: Fächer hingen an den Wänden, gemusterte Seidentücher lagen auf Sofas, und die Kellnerinnen trugen farbenprächtige Kimonos, auf denen Vögel um strahlende Blüten flatterten. Bedienungen gab es tatsächlich mehrere, denn die Libelle war größer, als Alma sie sich vorgestellt hatte. Den Kellerraum in ganzer Länge ausfüllend, befanden sich im Augenblick sicher an die fünfzig Gäste im Lokal, und es war noch nicht einmal voll besetzt.

»Was trinkt man denn hier wohl? Einen Sake?«, wollte Emmi neugierig wissen. »Wie schmeckt der überhaupt?«

Alma ließ den Blick schweifen. Kerzen auf kleinen Tischen, Rauch, der darüber hinweg zog. Auf den hinteren Sofas entdeckte sie Gäste, die nur schwer die Lider offen halten konnten. Das waren die Schattenseiten des Etablissements, dachte sie. Weshalb die Libelle nicht zu den »ordentlichen« Dielen der Stadt zählte, sondern zu den Kaschemmen. Auch wenn von einer Kapelle und Tanzwütigen nichts zu sehen war.

»Absinth«, sagte Alma knapp. »Oder noch Schlimmeres.«

Seit etwa zwei Jahren war das Getränk, um das sich viele Mythen rankten und das Künstler wie Picasso, Gauguin und Toulouse-Lautrec immer wieder inspiriert hatte, in Deutschland verboten. Alma sah zwar selbst keinen großen Unterschied zwischen einem Manhattan und einem Cocktail mit Absinth, aber sie vermutete, dass die Entscheidung, die wenige Jahre nach dem Verbot von Kokain erfolgte, eher aus politischen denn aus gesundheitlichen Gründen getroffen worden war. Nicht, dass diese Verbote allerdings groß störten. Natürlich war

Baden-Baden nicht Berlin, aber auch hier kam man an alle Rauschmittel, die man sich wünschte, wenn man nur wusste, wohin man dafür gehen musste.

Alma zog Emmi zu einem unbesetzten Tisch in Nähe der Theke, in der sie es nicht weit zum Ausgang hatten. Da Wölkchen ihr die Ereignisse im Casino ins Gedächtnis gerufen hatte, fand Alma es nicht unvernünftig, einen Fluchtweg in Aussicht zu haben. Damals hatte sie, nachdem sie von einem Verdächtigen bedroht worden war, plötzlich die Beine in die Hand nehmen müssen. Seitdem war sie vorsichtig beim Besuch von Lokalitäten, in denen sie sich nicht auskannte.

»Ganz famos.« Emmi ließ sich auf einem Stuhl nieder und blickte der gerade mit einem Tablett an ihnen vorbeischwebenden Kellnerin nach. »Meinst du, das würde mir auch stehen?«, fragte sie. »Man müsste es natürlich ordentlich kürzen.«

»Natürlich.« Alma grinste. Erneut ließ sie ihren Blick schweifen, ohne Hast diesmal. Und jetzt bot sich ein ganz anderes Bild. Die Seidentücher, die als Dekoration dienten, waren zerschlissen, und die Fächer an den Wänden an einigen Stellen eingerissen. Hätte die Tatsache, dass sie sich in einem Hinterhofkeller befanden, nicht Hinweise genug gegeben, so sorgten der raue Boden, die Wände, von denen der Putz abblätterte, und die wackligen, wild durcheinandergewürfelten Möbelstücke, die sicherlich bei Wohnungsentrümpelungen zusammengesucht worden waren, für den entsprechenden Eindruck. Kein Kirschblütenfest, sondern eher ein herbstlicher Baum, der sein Laub abwarf. Alma wunderte sich nicht über den zerschlissenen Lodenmantel des alten Mannes, der an der Theke im Stehen ein Bier trank. Zwei Frauen, deutlich älter als Alma und Emmi – oder schienen sie es nur zu sein, weil ihre Blicke stumpf, die Haare glanzlos, das Gesicht müde wirkten? –, saugten an Pfeifen, in denen parfümierter Tabak neben etwas anderem verbrannt wurde. Doch nicht etwa Opium? Schnell wandte Alma den Blick ab.

Emmi hatte in der Zwischenzeit für sie bestellt. »Keine Sorge, meine Blume, nichts, was uns illuminiert.«

»Illuminiert, soso.« Alma schmunzelte. Wo Emmi ihre Begriffe herhatte!

Als die Kellnerin die Cocktails brachte, stellte sie zwei Manhattans vor sie hin. Ein Getränk, das Alma zwar mochte, dessen Alkoholgehalt den eines Glas Weins aber deutlich übertraf.

»Sagen Sie«, begann Alma, denn sie waren schließlich nicht zum Vergnügen hier. Unsicher blickte sie zu Emmi, räusperte sich, dann entschied sie, mit der Tür ins Haus zu fallen. »Kennen Sie Paul?«

»Paul? Ich kenne keinen Paul.«

»Gar keinen?«, warf Emmi misstrauisch ein. »Ich kenne mindestens zwei, wenn ich nicht einmal darüber nachdenke.«

Die Kellnerin sah sie unbeteiligt an und zuckte mit den Schultern.

»Wie heißt denn der Herr dort drüben an der Bar?« Emmi deutete auf den alten Mann im Lodenmantel.

»Erich.«

»Hm«, brummte Emmi unzufrieden, beendete aber ihre Befragung.

»Kennen Sie denn Gertrude?«, setzte Alma nun nach.

»Wir haben hier so viele Gäste, ich kann mir nicht jeden Namen merken.« Alma erwartete, dass sie sich umdrehen und gehen würde, aber auch nachdem sie gezahlt hatten, blieb die Frau weiterhin an ihrem Tisch stehen, so als erwartete sie etwas von ihnen. Ein Trinkgeld? Ein großzügiges, das ihre Zunge lockern würde?

Schließlich traten erneut zwei Gäste durch den Vorhang, ein Mann, der nur noch einen Arm besaß, und eine Frau, die sich schwankend auf ihn stützte. Verletzt oder betrunken? Die Kellnerin riss sich nun jedoch von Alma und Emmi los und verschwand mit einem letzten Blick in Richtung Theke.

»Die weiß mehr, als sie sagen will«, mutmaßte Emmi düster, und Alma vermutete, dass sie damit richtiglag. Nur was konnten sie tun? Es war schlecht möglich, von Tisch zu Tisch zu gehen und jeden Mann auf seinen Vornamen anzusprechen. Obwohl Emmi dies durchaus in Betracht zu ziehen schien.

»Das ist nun wirklich kein Lokal für eine junge Wäscherin«, sprach Alma endlich aus, was ihr schon seit geraumer Zeit durch den Kopf ging. Noch dazu Friederikes Cousine. »Was hat Gertrude hier gewollt?«

»Also, ich finde es großartig«, hielt Emmi dagegen. »Es hat etwas Verruchtes, weißt du? Jetzt fehlt uns zu unserem Glück nur noch dieser Paul.«

Sie ließ ihr Zigarettenetui aufschnappen, doch im Gegensatz zu jedem der Tanzlokale, in denen sie üblicherweise verkehrten, stand hier kein adretter junger Mann parat, der ihr Feuer geben wollte. Das lag womöglich daran, dass es hier keine adretten jungen Männer gab: Die einzigen beiden, die halbwegs in Frage kämen, Emmi den Hof zu machen, unterhielten sich in einer Ecke angeregt, dem Flugblatt in der Hand des einen nach zu urteilen, über die Kommunistische Partei.

»Hier sind viele Frauen«, stellte Emmi fest, bevor sie sich leicht vorbeugte, um Alma zuzuraunen: »Glaubst du, es ist auch so eine Lokalität? Na, du weißt schon?«

»Ich weiß nicht«, gab Alma zu. »Es passt nicht recht. Der alte Mann allein an der Theke. Das Pärchen dort drüben. Andererseits ...« Die Gäste waren ein zusammengewürfelter Haufen, das verwirrte sie. Gut, die oberen Schichten fehlten, aber die gingen auch nicht ins Tanzcafé Riegel, dessen Publikum dennoch einheitlicher wirkte.

»Vielleicht ist das die Lösung«, überlegte Emmi und kräuselte abschätzig die Lippen. »Die Männer sausen lassen.«

»Du machst jetzt ja ohnehin Karriere und verdienst gutes Geld. Du leitest deine eigene Filiale, bist deine eigene Herrin.«

»Du meinst, wir Frauen ersetzen die Männer in allen Lebensbereichen?«

»Hat im Krieg ja auch funktioniert.« Alma zuckte beiläufig mit den Schultern.

Wölkchen legte den Kopf schräg und nahm den ersten Zug. Ihre Zigarette hatte sie mittlerweile selbst angezündet. »Eine Welt ohne Männer«, sinnierte sie. »Wie nennt man das? Eine Utopie? Stell dir das mal vor. Niemals Liebeskummer, aber meinen Schmuck müsste ich mir selber kaufen.«

»Nur noch praktische Unterwäsche.«

»Dann doch keine Utopie«, stellte Emmi fest. Sie klopfte die Asche auf einen kleinen Unterteller, dann sagte sie: »Du bist jedenfalls besser als die Männer der Kriminalpolizei. Glaub ja nicht, dass die sich die Mühe gemacht haben, hier aufzutauchen.«

Das konnte Alma sich ebenfalls schlecht vorstellen. »Wenn sie die Libelle überhaupt hätten ausfindig machen können. Schließlich haben sie nicht deine Quellen.«

Wölkchen lehnte sich zufrieden in ihrem Stuhl zurück. »Der da vorn, der tät mir aber schon gefallen«, sagte sie plötzlich und nickte in Richtung eines jungen Mannes mit kantigem Kinn, den Alma bisher nicht bemerkt hatte. »Vielleicht kriege ich noch seinen Namen heraus.«

Mittlerweile war die Kneipe so voll, dass sie längst die Übersicht über die Gäste verloren hatte. Alma wollte gerade erwidern, dass Emmis Jüngling trotz der schummrigen Kellerbeleuchtung etwas arg blass wirkte, als ihr Blick auf die schräg hinter ihm stehende Person mit einer ausgeprägten Stupsnase fiel. Das war doch Käthe, Gertrudes Kollegin! Herausgeputzt wie für ein eleganteres Lokal als diese Kaschemme, war sie dennoch offensichtlich auf einen Abend im Nachtbetrieb der Kurstadt eingestellt. Und da an ihrer Seite, in einem paillettenbestickten Kleid, das konnte doch nicht sein, das war ...

»Vicky!«, stieß Alma hervor.

Emmis Kopf fuhr herum.

»Vicky?« Sie brauchte einige Augenblicke, um sich zu erinnern. »Die kokainabhängige Prostituierte?«, fragte sie schließlich im Flüsterton.

Alma nickte. Sie hatte die junge Frau bei ihrem ersten Fall kennengelernt. Sie hatte ihr leidgetan, und Alma hatte gehofft, dass sie irgendwann den Absprung schaffen würde. Aber ob die Libelle besser war als die Whiskeyhöhle von damals? Zumindest wirkte es nicht so, als würden Frauen hier Kunden empfangen.

Almas Anspannung wuchs. Es war reiner Zufall, sagte sie sich, dass Gertrudes Kollegin heute Abend hier war. Und Vicky zu kennen, war kein Verbrechen. Dennoch konnte Alma den Blick nicht von den beiden Frauen lösen, die dort die Köpfe zusammensteckten und tuschelten. Als Alma überlegte, wie sie es anstellen konnte, Mäuschen zu spielen, setzten die zwei sich plötzlich Richtung Ausgang in Bewegung. Sie wollten offensichtlich schon wieder gehen.

»Trink deinen Manhattan aus, wir brechen auf«, befahl Alma hastig und stand auf.

»Aber ...«, widersprach Emmi irritiert.

Käthe und Vicky verschwanden durch den Vorhang nach draußen. Sie durfte die beiden nicht aus den Augen verlieren. Es gab keine vernünftige Erklärung dafür, aber Alma hatte das Gefühl, die beiden Frauen würden ihr eine liefern, eine, die Käthe ihr am Vormittag in der Wäscherei verschwiegen hatte.

»Los!«, flüsterte sie Emmi zu. »Du wolltest doch ein Abenteuer ohne Männer. Schwing deine feschen Beine, Wölkchen.«

Als sie Vicky und Käthe in die kühle Nachtluft folgten, fragte Alma sich, ob das eine kluge Entscheidung gewesen war. Ob sie nicht besser auf Paul gewartet hätten. Carpe diem, zitierte sie in Gedanken einen Lieblingsspruch ihres Vaters. Nutze eine günstige Gelegenheit, wer weiß, wann sie wiederkommt, sagte er immer, und genauso hatte Alma gerade gehandelt. Es konnte kein Zufall sein, dass Gertrudes Kollegin Käthe ebenfalls die Libelle frequentierte. Wie Vicky dort hineinpasste, vermochte Alma noch nicht zu sagen, aber wenn Gertrude Paul tatsächlich über Verbindungen ins Milieu kennengelernt hatte …

»Glaubst du, er ist ein Kommunist?«, flüsterte Emmi in dem Moment, in dem die beiden Frauen um eine Ecke in die Lange Straße bogen. Tief in ein Gespräch verwickelt, schienen sie ihre Verfolgerinnen nicht einmal wahrzunehmen, aber das konnte sich schnell ändern. Alma hatte versucht, genügend Abstand zwischen ihnen beiden und Vicky und Käthe zu lassen, da sie die Frauen jedoch auch nicht aus den Augen verlieren durften, war es ein ganz schöner Balanceakt, das richtige Tempo zu finden. Sie durften nicht zu zielstrebig wirken, doch wenn sie zu sehr bummelten, konnte ihnen jede Ecke zum Verhängnis werden. Zu ihrem Glück war die Lange Straße noch von zahlreichen Flaneuren bevölkert, die von oder zu Lokalitäten strebten, und die beiden Frauen konnten so in der Menge der schlendernden Passanten untertauchen.

Alma merkte, wie ihr Herz vor Aufregung bis zum Hals schlug. Wie immer in diesen Situationen versuchte sie, den Gedanken zu verdrängen, wie lebendig sie sich dabei fühlte, wie glücklich. Es war nicht richtig, ganz sicher nicht für eine junge Frau, aber bisher hatte sie die kleine Stimme in ihrem Hinterkopf, die sie nachts hin und wieder daran erinnerte, wie aufregend sie ihre Ermittlungen fand, noch nicht vollständig zum Schweigen bringen können. Manchmal, wenn Ludwig müde zu ihr ins Bett kroch, wenn er niedergeschlagen und lustlos versuchte, in einem Roman zu lesen, fühlte sie sich noch abnormer. Doch diejenigen Male, wenn er mit leuchtenden Augen von der Arbeit kam, sie um die Hüfte fasste und herumwirbelte, dann dachte sie, dass er das Gefühl ebenso kannte.

Da, Vicky und Käthe blieben stehen. »Verhalt dich ganz normal, Wölkchen«, sagte Alma jetzt und hakte ihre Freundin unter. Zwei Frauen abends allein auf der Straße waren kein ungewöhnliches Bild mehr. Aber wenn sich diese Frauen Dinge zuflüsterten und auffällig hinter zwei weiteren Frauen herschlichen …

»Glaubst du, er ist ein Kommunist?«, wiederholte Emmi nun fröhlich trällernd und nahm die nächsten zwei Schritte mit so viel Schwung, dass der Rock ihr nur so um die Beine flog und zwei ihnen entgegenkommende Herren perplex stehen blieben.

Vielleicht nicht ganz so normal, dachte Alma amüsiert. »Wenn Gertrude ihn in der Libelle kennengelernt hat, ist das durchaus möglich.« Es schien ein Treffpunkt für Mitglieder der KPD zu sein. Sie verlangsamte ihren Schritt, hielt auch Emmi an ihrem Arm zurück, als Vicky und Käthe nun in die Luisenstraße einbogen und dort das Hotel Einhorn betraten, schon von weitem erkennbar durch eine große Skulptur des Fabeltiers, das golden strahlend den Eingang bewachte.

»Und jetzt?«, fragte Emmi.

»Wir warten«, beschloss Alma.

»Bis sie wieder herauskommen?« Emmi war konsterniert. »Dann erfahren wir vielleicht nie, was sie hier gewollt haben!« Natürlich hatte Emmi, die jeden Hoteltratsch Baden-Badens kannte, jedes Hollywood-Gerücht aufsog wie ein Schwamm, Gefallen gefunden an ihrer Heimlichtuerei. Sie wagte sich vor, bis sie einen Blick durch den Eingang erhaschen konnte. Atemlos zog sie sich zurück. »Sie sind an die Bar gegangen!«, flüsterte sie.

»Verhalt dich ganz normal«, wiederholte Alma und lächelte ein entgegenkommendes junges Paar an; die Tatsache, dass es zwei Männer waren, registrierte sie erst im Nachhinein. »Ich frage mich nur, wie Gertrude, ein junges Mädchen vom Land, überhaupt in solch eine Kaschemme wie die Libelle gekommen ist«, nahm sie ihren vorherigen Gesprächsfaden wieder auf.

»Ooohhh, unser Paul ist ein Verführer, er hat sie dorthin mitgenommen«, hatte Emmi gleich eine Erklärung parat.

»Und kennengelernt hat sie ihn wo? In der Wäscherei?«

»Vielleicht im Hausflur.« Wölkchen zuckte mit den Schultern. »Apropos, kennst du den Neffen der Meier? War neulich zu Besuch, heißt auch Meier, aber soooo schöne Augen!«

»Was …«, begann Alma, wurde jedoch davon unterbrochen, dass Emmi erneut ins Einhorn spähte. »Normal wäre, jetzt dort hineinzugehen und mir von einem gut aussehenden Mann ein Getränk spendieren zu lassen«, sagte sie und setzte sich in Bewegung. »Aber heute mache ich mal eine Ausnahme.«

»Welche?«

Grinsend drehte Emmi sich zu ihr um: »Er muss nicht gut aussehen. Hauptsache, der Cocktail ist stark und der Tisch in der Nähe von Vicky und Käthe.«

Kopfschüttelnd folgte Alma ihrer Freundin. Die Bar befand sich gleich rechts der Rezeption, ein sehr schmaler, sehr gerader Mann mit Weste stand hinter der voll besetzten Theke. Und auch an den Tischen ringsum tummelten sich bei weitem nicht nur Hotelgäste, wenn Alma richtiglag. Es dauerte einen Moment, bis sie Vicky entdeckte. Sie saß auf einem Hocker an der Bar und poussierte mit einem glatzköpfigen Mann im Nadelstreifenanzug.

»Er ist zwar klein, aber dafür dick«, wisperte Emmi in Almas Ohr. Sie lächelte, wurde jedoch schnell wieder ernst. Sie wusste, womit Vicky ihr Geld verdient hatte.

Käthe war nirgends zu sehen, und Alma überlegte noch, ob sie die Wäscherin suchen sollte, als sie sah, wie Käthes dunkler Rock um die Ecke verschwand – der Weg, der zu den Waschräumen führte.

Emmi zog Alma zu einem gerade frei gewordenen Stehtischchen. »Also, glaubst du, dieser Paul ist Kommunist?«, nahm sie dann ihren vorherigen Gesprächsfaden zum dritten Mal wieder auf. »Auch wenn dieses Etablissement alles andere als kommunistisch wirkt.« Mit kritischem Blick betrachtete sie das goldverzierte Interieur.

»Vielleicht«, beantwortete Alma ihre Frage, bevor sie das Portemonnaie aufschnappen ließ. »Emmi, es reicht nur noch für ein Getränk«, ließ sie ihre Freundin wissen.

»Hast du den wie auch immer aussehenden Herrn vergessen?«, fragte Wölkchen zurück und lächelte bezaubernd in eine Richtung irgendwo links oberhalb von Almas Schulter.

»Emmi«, zischte Alma. »Wir sind aus einem bestimmten Grund hier.«

Doch Emmi war in ihrem Element. Es dauerte nicht lang, und ein Herr, dessen Geheimratsecken ihn älter aussehen ließen, als er war, gesellte sich mit zwei Gläsern Champagner zu ihnen an den Tisch, die Emmi ihm dankbar abnahm.

»Sie machen uns die größte Freude«, flötete sie, dann legte sie ihm eine Hand auf den Unterarm. »Jetzt muss ich Sie jedoch bitten, uns für einige Augenblicke allein zu lassen. Meine Freundin ist untröstlich, sie hat Kummer in Herzensangelegenheiten, in solch einer Notlage kann ich sie nicht im Stich lassen, das verstehen Sie doch sicher.«

Er verstand.

Nachdem er Emmi das Versprechen abgerungen hatte, sie am Sonntag erneut hier treffen zu dürfen, verließ er ihren Tisch.

Alma schüttelte den Kopf, als Wölkchen ihr fröhlich zuprostete. »Schau mal, so haben wir uns gleich viel besser in unsere zwei Damen hineinversetzt.« Sie nickte mit dem Kopf in Richtung Bar, wo Käthe sich gerade zu Vicky gesellte.

Sie hatten das Mädchen also nicht aus den Augen verloren. Vicky umgarnte immer noch den kleinen Dicken, der sie mit hungrigem Blick ansah und förmlich an ihrem rot geschminkten Mund klebte. Jetzt nahm sie seine Hand, strich über deren Rücken, ihre Finger wanderten Richtung Manschettenknöpfe hinauf. Sie zwang ihn förmlich, sie dabei anzusehen. Dann ... löste sie seine Uhr vom Handgelenk und reichte sie in einer fließenden Bewegung an Käthe weiter, die sie wiederum in ihrer Handtasche verschwinden ließ und anschließend erneut auf die Waschräume zuhielt.

»Hast du das gesehen?«, wandte Alma sich entgeistert an Emmi.

»Was denn?« Wölkchen nuckelte an ihrem Drink und schaute mit großen Augen zurück. »Das junge Ding scheint eine Blasenentzündung zu haben.«

»Nein. Ich meine ...« Alma beugte sich vor und flüsterte

Emmi, die offenbar keine Augen im Kopf hatte, zu, was sich gerade zugetragen hatte. Kein Blick für die wichtigen Ereignisse, dachte Alma dann bei sich, als sie Emmis Wimpernschlag in Richtung des großzügigen jungen Herrn mit dem Champagner beobachtete.

Wölkchens Augen wurden noch größer.

»Diebstahl! Das ist ja 'n Ding«, sagte sie beeindruckt. »Mensch, Alma, du bist einfach fabelhaft! Dass dir das aufgefallen ist. Außer dir hätte das niemand gesehen.«

»Na ja.« Ein bisschen verlegen strich Alma sich eine Strähne hinters Ohr. »Dafür bist du dir inzwischen über den ehelichen Status sämtlicher Männer unter fünfzig hier im Raum im Klaren.«

»Nur der gut aussehenden.« Emmi zwinkerte ihr zu. »Was machen wir denn jetzt?«, fragte sie aufgeregt.

Tja. Wenn Alma das wüsste.

Erneut kam Käthe zurück, blieb etwas abseits stehen, und als Vicky sie entdeckte, verabschiedete sie sich von ihrem nun uhrenlosen Galan, indem sie ihre Lippen nah an sein Ohr brachte. Wenn Alma den leicht geöffneten Mund und die rot gefärbten Wangen des Mannes und das Augenzwinkern von Vicky richtig deutete, konnte es sich bei der Botschaft bloß um so etwas handeln wie: »Nur für einen Moment, mein Teuerster.« Dann ging sie auf ihre Freundin zu. Die beiden Frauen steckten die Köpfe zusammen, und untergehakt und mit schnellen Schritten verschwanden sie nach draußen.

»Na, was wohl?«, fragte Alma an Emmi gewandt. Ihr war, als hätte sie ein Déjà-vu. »Hinterher.«

»Glaubst du, das hat etwas mit Gertrudes Tod zu tun?«, flüsterte Emmi, während sie die Straße hinunterhasteten. Das Einhorn lag in der Luisenstraße, unweit vom Leopoldsplatz, und

Alma wollte vermeiden, dass die beiden Frauen ihnen im dortigen Treiben entwischten. Sie hoffte nur, sie würden keine Taxameter-Droschke anhalten.

»Ich weiß es nicht«, beantwortete Alma Emmis Frage. »Schnell!«

»Was hast du überhaupt vor?«, keuchte Emmi und versuchte, Schritt zu halten.

Wenn sie das wüsste! Sie war Zeugin eines Diebstahls geworden, ob und wie das mit Gertrude zusammenhing, vor allem ihrem Tod, wusste sie nicht. Aber dass sie noch einmal mit Käthe sprechen musste, war offensichtlich, das Mädchen hatte es faustdick hinter den Ohren und war alles andere als nur die unschuldige junge Wäscherin. Die Gelegenheit, die sich ihr jetzt bot, musste Alma ergreifen.

»Meinst du, die zwei sind gefährlich?«, fragte Emmi zwischen zwei Atemstößen. »Was, wenn Gertrude etwas Ähnliches beobachtet hat wie wir heute, und die beiden haben sie kurzerhand …« Sie machte eine eindeutige Geste. Um ehrlich zu sein, hatte Alma darüber gar nicht nachgedacht. Ihr fehlte die Zeit. Sie musste die beiden Frauen einholen, die jetzt nach links in die Sophienstraße einbogen.

»Wir …«, keuchte Alma, mittlerweile ebenfalls außer Atem, doch weiter kam sie nicht.

Denn hinter der nächsten Ecke wurden sie abrupt gestoppt. Emmi stolperte über Käthes ausgestelltes Bein und wäre fast gestürzt, hätte sie nicht im letzten Augenblick noch nach Almas Arm gegriffen.

»Was wollt ihr von uns?«, rief Vicky schrill. Eine ältere Dame blieb mit vorwurfsvoller Miene stehen, setzte sich angesichts Vickys Drohgebärden aber erstaunlich schnell wieder in Bewegung.

Alma brauchte einen kleinen Moment, um Emmi körperlich und sich selbst seelisch zu stabilisieren. »Antworten«, sagte sie dann. Auffordernd blickte sie die beiden Diebinnen an.

Doch deren Gesichter blieben verschlossen. Sie dachten nicht daran, Alma irgendetwas zu verraten.

»Wir haben euch nichts getan!«, kreischte Vicky so laut, dass weitere Passanten auf sie aufmerksam wurden. Ihre geschminkten Lippen bebten, und die großen müden Augen füllten sich mit Tränen.

Alma hob beruhigend die Hände. »Vicky, beruhige dich. Ich habe nur ein paar Fragen.«

»Lasst uns in Ruhe!«

»Herrgott nochmal, wir haben beobachtet, wir ihr gerade im Einhorn eine Uhr geklaut habt, das Mindeste, was ihr tun könntet …«, begann Emmi unwirsch.

»Hilfe!«, versuchte Käthe es mit einem Blick in Richtung eines älteren Herrn mit Schirm, der ihnen entgegenkam. Aber es kam nicht von Herzen. Wahrscheinlich hatten die beiden Frauen ihre Reaktionen einstudiert, hundertmal geprobt für den Fall, dass sie aufflogen: Vicky, nervös und zitternd, krakeelte, Käthe spielte die besorgte Freundin. Bei Männern mochte das funktionieren. Dass es nun jedoch zwei andere Frauen waren, die sie konfrontierten, noch dazu Alma, die sowohl Vicky als auch Käthe kannten, schien sie aus dem Konzept zu bringen.

»Hilfe«, äffte Emmi Käthe nun nach. »Wollt ihr nicht gleich noch die grüne Minna rufen? Also, der werden wir schön was zu erzählen haben. ›Na, Herr Oberwachtmeister, wollen Sie nicht einmal einen Blick in die Handtasche von Fräulein Stupsnase werfen?‹«

Käthe blickte zur Seite.

»Hört mal«, begann Alma. »Es geht mir überhaupt nicht um diese Uhr und auch nicht um das Portefeuille eines anderen Geschäftsmanns. Ich will nur mit euch reden.«

Vicky schnaubte, wandte sich dann aber an Käthe. »Sie will immer reden.«

»Du kennst sie?«

»Steckt ihre Nase in die Angelegenheiten wildfremder Leute. Will alles wissen und dann ...«

»Es geht um Gertrude«, unterbrach Alma schnell, bevor ihr das Gespräch entglitt. »Gertrude ist tot. Es war kein Selbstmord, und ein Unfall kann es auch nicht gewesen sein, das hast du selbst gesagt, Käthe.«

Das junge Mädchen nickte, unsicher jetzt, und ignorierte dabei, dass Vicky empört nach Luft schnappte. Dass Käthe Alma ebenfalls kannte, damit hatte sie nicht gerechnet.

»Willst du nicht, dass jemand ihren Mörder findet?«

»Du suchst ihren Mörder?«, fragte Käthe verblüfft.

»Sie mischt sich ein!« Unzufrieden schürzte Vicky die Lippen. Sie schien Alma etwas nachzutragen. Nur was? Alma hatte eine Auskunft von ihr erhalten, damals, als sie zum ersten Mal Nachforschungen in einem Mordfall angestellt hatte. »Sie lässt nicht locker, fragt und fragt und ...« Verärgert brach Vicky ab, während Käthe nickte.

»Ich kann dir nichts weiter sagen«, sagte sie an Alma gewandt, die meinte, in der Stimme des jungen Mädchens Bedauern herauszuhören. »Ich habe dir schon alles erzählt, was ich weiß.«

»Gertrude hat jemanden in der Libelle getroffen«, sagte Alma schnell, ein Schuss ins Blaue. »Paul. Er hat ...« Weiter kam sie nicht, denn Käthes Gesicht verschloss sich.

»Darüber weiß ich nichts«, sagte die junge Wäscherin.

Vicky schüttelte wie zur Bestätigung heftig den Kopf.

»Ich will doch nur ...«, begann Alma erneut, brach aber erneut ab.

Eine schwarze Limousine hielt am Straßenrand. Ohne nach dem Fahrer zu schauen, riss Vicky die Tür zum Fond auf, und schon waren die beiden Frauen eingestiegen und das Automobil davongefahren.

Fassungslos starrte Alma der Limousine hinterher. Wer war das gewesen? Und hatte er mit Vicky und Käthe eine Verabredung gehabt? Die Schlussfolgerungen, die sich daraus ergaben, musste Alma noch einmal in Ruhe überdenken, in diesem Augenblick wirbelte in ihrem Kopf alles durcheinander.

»IV B 39785«, murmelte sie. Ein Badener Nummernschild, der Fahrer der Limousine musste also zumindest in der Region wohnen.

Emmi, die dem Gespräch zuletzt stumm gefolgt war, zog eine Zigarette aus ihrem schmalen Etui. »Was wirst du jetzt tun?«, fragte sie.

Alma blickte in den sternenklaren Nachthimmel. Es war kühl geworden, ihr Mantel zu dünn und die Strümpfe, die sie unter ihrem Rock trug, wärmten kein bisschen. »Einen Tee trinken«, sagte sie. »Und dann ausschlafen.«

»Rum.« Emmi zielte mit ihrer Zigarettenspitze direkt auf Almas Nase. »Der wärmt besser als ein Tee.«

Alma lächelte. »Was hältst du von einem Kompromiss? Tee mit Rum.«

6

Alma brauchte einen neuen Plan, um Gertrudes Mörder zu finden. Bisher steckte sie in einer Sackgasse nach der anderen fest. Sollte sie noch einmal mit Friederike sprechen? Mit Käthe? Oder erneut in der Libelle ihr Glück versuchen? Keine dieser Möglichkeiten schien ihr vielversprechend zu sein.

»Was du brauchst, ist ein Tapetenwechsel«, sagte Emmi und stupste ihr mit dem Zeigefinger auf die Nase. Die Gelegenheit dazu ergriffen die beiden Freundinnen am darauffolgenden Samstagabend.

Die vor acht Jahren eröffnete Standseilbahn transportierte täglich zahlreiche Ausflügler, Wanderer und Naturliebhaber trotz der kolossalen Steigung im Nu auf den Gipfel des Baden-Badener Hausbergs, den Merkur. Oben angekommen, rief nicht nur die Landschaft den Besuchern zu, sich am göttlichen Rundumblick – eines Merkurs würdig – zu erfreuen. Auch ein Restaurant lud dazu ein, unter freiem Himmel bei Getränk und Mahlzeit die Seele baumeln zu lassen. Von dort hatte man nicht nur einen wunderbaren Blick auf die Anhöhen des Nordschwarzwalds oder hinunter auf die Kurstadt, sondern auch hinüber zu den benachbarten Bergkegeln: Friesenberg, Fremersberg, Kleiner Staufenberg, Friedrichshöhe und wie sie nicht alle hießen.

Alma und Emmi interessierte an diesem Abend jedoch weder die eine noch die andere Aussicht; auch wenn sie den Erholungseffekt des Hausbergs durchaus schätzten. Nein, heute bewog sie etwas ganz Besonderes, sich auf die fast siebenhundert Meter hohe Erhebung zu begeben. Denn in der Ausflugsgaststätte wurden Jazzkonzerte mittels eines Rundfunkempfangsgeräts übertragen, sie hatte sich aus diesem Grund zur Pilgerstätte der Tanzwütigen etabliert. Irgendwann, so betonte Almas Vater immer wieder, würden die Geräte preiswerter und ausgefeilter werden und in jedem Haushalt stehen. Und Alma und Emmi fieberten diesem Moment regelrecht entgegen. Schon oft hatte Alma ihren Vater bekniet, ihr eines zusammenzubauen, aber bis jetzt hatte er dazu nicht die Zeit gefunden. Bis dahin nutzten die Freundinnen jede Gelegenheit, die sich ihnen bot, zur Radiomusik auf dem Merkur zu tanzen.

»Auf was muss ich mich gefasst machen?«, fragte Walter mit erhobener Stimme über das Rattern der Seilbahn hinweg, die sich in erstaunlichem Tempo über die Schienen durch den Wald in Richtung Bergkuppe bewegte. »Die körperliche Entladung von Hochspannung?«

»Ich würde es als salonfähigen Charleston beschreiben«, gab Alma zurück. »Obwohl Emmi nicht selten in wilde Variationen ausbricht. Nicht wahr, Wölkchen?«

Emmi hob vielsagend eine Augenbraue. »Wir wollen deinem Cousin ja auch was bieten, oder nicht?«

Die Idee, Walter an diesem Samstag mitzunehmen, war Alma gekommen, als sie mit Emmi tags zuvor nach der zweiten Tasse Tee auf dem Küchensofa gesessen und die Ereignisse im Einhorn hatte Revue passieren lassen. Womöglich war auch der Rum daran schuld gewesen, dass sie mit einem Mal den Drang verspürte, ihren Ermittlungen etwas Lebensbejahendes entgegenzusetzen und damit die Gedanken an die dreiste Diebstahlnummer und den Tod Gertrudes zu vertreiben. Und vor allem die Frage, ob das alles zusammenhing? Oder ob Alma mit Emmi den Falschen hinterherspioniert hatte, während der wahre Schuldige, Paul, später noch in der Libelle aufgetaucht war.

Jetzt also saßen sie im Waggon der ruckelnden Drahtseilbahn, und Walter hatte sich noch nicht nach den Geschehnissen in der Libelle erkundigt. Entweder er wollte mit seinen Nachfragen warten oder er war mit den Gedanken woanders. Alma hatte den Eindruck, Letzteres traf zu, was ihr durchaus zupasskam. War sie selbst doch hier, um für ein paar Stunden Abstand zu gewinnen.

Plötzlich brachte Walter das Gespräch auf seinen Vater. Alma hatte Onkel Georg schon lange nicht mehr gesehen und hörte aufmerksam zu. Der kritische Tonfall in der Stimme ihres Cousins war nicht zu überhören. Offenbar kam Walter nur schwer damit zurecht, dass sein engster Familienkreis um eine Frau erweitert worden war.

»Ich habe sie in einer innigen Umarmung erwischt«, meinte Walter jetzt und sah dabei angestrengt an die Decke. »Ich meine ... ja, natürlich gönne ich ihm eine neue Liebe in seinem Alter. Und seit Mutters Tod ... Natürlich. Sicher.«

»Aber?«, fragte Alma. »Außerdem soll er sie uns endlich vorstellen. Schlag ihm das doch einmal vor.«

»Ich glaube, er hat Angst vor Großmaman.«

Alma lachte. »Die gibt sich in letzter Zeit außerordentlich modern und aufgeschlossen. Du bist derjenige, der in dieser Angelegenheit ein wenig der Zeit hinterherzuhinken scheint. Ausgerechnet du!«

»Ach, ich weiß auch nicht.« Er zuckte hilflos mit den Schultern. »Muss ich jetzt immer anklopfen? Stell dir vor, ich ertappe sie mal auf dem Sofa, wenn ...«

»Solange das Sofa breit genug ist«, verkündete Wölkchen fröhlich. »Walter, wo ist das Problem? Ich glaube, das siehst nur du. Gönne deinem Gevatter doch seine Buhle und gerate nicht in Chagrin.«

Walter schaute sie entgeistert an, und Alma prustete. »Was für einen Roman liest du denn gerade?«, fragte sie, nachdem sie sich wieder gefasst hatte. »Großmaman wäre begeistert!«

Mit einem Ruck hielt die Bahn an der Bergstation, und die Tür wurde geöffnet. Walter deutete scherzhaft einen Diener an, bevor er die Freundinnen von der Sitzbank zog. »Warum heißt der Berg Merkur?«, wollte er wissen.

»Ach, die haben nen fadenscheinigen Steinbrocken gefunden oder so was. Da ist das Gesicht drauf. Von dem Götterboten. Merkur ist doch so was, oder? Alma, du bist Postbeamtin, du musst das wissen. Stimmt doch, oder?«

Gemeinsam mit den anderen Vergnügungshungrigen verließen sie den Waggon und strebten der frischen Luft, der Bergkuppe und der illuminierten Aussichtsterrasse vor dem Restaurant zu, aus dem die gedämpften Klänge eines Saxophons ins Freie drangen. Alma blieb kurz stehen und sah von der Terrasse ins Tal. Die Nachtbeleuchtung der Kurstadt flimmerte wie ein Meer aus Glühwürmchen. Der in rötliches Dämmerlicht getauchte Himmel erhob sich wie ein Bühnenvorhang darüber. Normalerweise wäre Alma erst mit dem Personenaufzug hinauf in den Aussichtsturm gefahren, um den Sonnenuntergang zu betrachten, aber sie wusste, dass Wölkchen es gar nicht abwarten konnte zu tanzen. Und: Ihr ging es ja genauso. Alles abschütteln. Es würde ihr so guttun!

Walter und Emmi hatten sich dazugesellt. Ihr Cousin stieß einen beeindruckten Laut aus. »Alle Wetter. Ihr habt nicht zu viel versprochen.«

»Warte, bis Emmi ihre wohlgeformten Beine in die Luft schmeißt«, meinte Alma.

Wie beiläufig winkte er ab. »Ach, die Stelzen kenne ich doch schon«, erwiderte er und kommentierte Emmis wie vom Donner gerührte Miene mit einem kurzen Lacher. Dann rieb er sich verlegen das Kinn. »Ich muss euch übrigens was beichten. Mit der nächsten Bahn ...«

»Ich hab' dir schon verziehen!« Wölkchen ließ ihn nicht ausreden und hakte sich schon wieder gut gelaunt bei ihm unter. »Alma, jetzt lös' deine Glubscher endlich von dem ollen Baden!«

»Ludwig kommt nach. Ich würde gerne hier auf ihn warten.«

»Unsinn, der findet uns doch!« Emmi ging mit Walter im Schlepptau bereits resolut auf den Eingang des Cafés zu. »Der ist Polizeibeamter, der hat den richtigen Riecher!«, rief sie über die Schulter.

»Apropos ›nachkommen‹ ...«, begann Walter, der jetzt stehen blieb und sich bemühte, Emmis Klammergriff zu entkommen. Aber Wölkchen zog ihn mit dem Ruf: »Folge mir und dem flotten Rhythmus, mein feuriger Torero. Ich brauch einen Tanzpartner!« unerbittlich weiter Richtung Ausflugsrestaurant.

Grinsend folgte Alma den beiden, und nur wenig später fand sie sich mit schwingenden Armen, drehenden Knie und pendelnder Hüfte auf der kleinen Tanzfläche wieder – und das ganz ohne Partner, denn der Charleston konnte durchaus auch alleine gehopst werden. Die Bewegungen waren neu. Frech. Und ein Skandal. Aber Alma und Emmi hatten sie in Windeseile erlernt und in der Küche zu den Klängen des Grammophons ausprobiert, bis sie den »Scheibenwischerfuß«, den »Knieknicker« und die »Schleuderbeine« aus dem Effeff beherrschten.

Die Musik aus dem Radio wurde hin und wieder von statischem Rauschen unterbrochen oder von einem anderen Sender überlagert, was der Freude der Tanzenden jedoch keinen Abbruch tat.

Als Alma erhitzt und außer Atem etwa eine halbe Stunde später neben Walter vor der Haltestelle der Drahtseilbahn darauf wartete, dass sich deren Tür öffnete und Ludwig aussteigen würde, begriff sie mit einem Mal, was ihr Cousin vorhin mehrere Male versucht hatte zu sagen. Denn es kam nicht nur Ludwig in Sicht, sondern auch eine beglückt strahlende junge Frau, die Walter erst ausgelassen zuwinkte und ihm dann um den Hals fiel. Ihre Figur war von einer ungekünstelten Natürlichkeit, ihr Kleid warf an den falschen Stellen Falten, und um sich trug sie eine unsichtbare Glorie aus Liebenswürdigkeit und Frohsinn.

Emmi wird sich heute eingeschnappt in den Schlaf weinen, schoss es Alma durch den Kopf, als sie Ludwig umarmte.

»Du bist nicht recht bei der Sache«, flüsterte er in ihr Ohr, nachdem er ihrem Blick gefolgt war. Er nahm ihr Gesicht in beide Hände und küsste sie. »Lass mich raten«, sagte er dann. »Wölkchen wird dir eine anstrengende Nacht bereiten?« Mit dem Kinn deutete er auf Walter und die junge Frau. »Hat sie denn überhaupt ... also, ich meine Walter und Emmi ... haben sie ...?

Alma schmiegte sich an ihn. »Du weißt doch, wie Emmi ist«, flüsterte sie ihm zu und dachte an den einen Morgen, an dem sie Walter in einem derart derangierten Zustand in der Küche gefunden hatte, als habe ihn nachts ein Zug überrollt. Oder eben Emmi. »Mit Elan bei der Sache, dann braucht sie Zeit für sich, und danach ist sie möglicherweise mit weniger Elan bei der Sache.«

»Armer Walter«, brummte Ludwig mit einem Grinsen. »Aber er ist ja darüber hinweggekommen, wie man sieht. Und die junge Dame macht einen sehr netten Eindruck.«

Alma musste ihm zustimmen. »Am besten spendiere ich Wölkchen ein paar Drinks zur Beruhigung.«

»Das ist wahres Miteinander. Ertränke deine beste Freundin in Alkohol. Als Polizeibeamter kann ich das nicht gutheißen.«

»So meine ich das nicht.«

»Wie denn dann?«, fragte Ludwig und zog eine Augenbraue hoch.

In diesem Moment kam Walter auf sie zu. Die junge Frau zögerte zuerst, folgte ihm dann jedoch.

»Betty«, sagte Walter an sie gewandt. »Darf ich vorstellen: meine Cousine Alma, und das ist Ludwig Schiller.«

Bettys Hand war warm und weich, der Druck ihrer Finger bestimmt, aber nicht zu fest. Mit einem offenen freundlichen Lächeln sah sie Alma ins Gesicht, und Alma schloss sie sofort ins Herz. Das passierte ihr selten.

Betty arbeitete als Sekretärin im Sanatorium, und während sie gemeinsam zurück zum Aussichtsgasthof schlenderten, berichtete Walter heiter über ihre erste Begegnung im Vorzimmer des Ärztlichen Leiters, bei der sie sich über das Klappern der Schreibmaschine hinweg angeschrien hatten.

»Wie ein nimmermüder Specht hackte sie auf die Tastatur ein«, beschrieb Walter poetisch. »Ohne Pause. Keine klitzekleine Sekunde widmete sie sich meinem dringenden Anliegen. Sie hat mich ignoriert! Schlichtweg ignoriert!«

»Dringendes Anliegen?« Bettys Augen blitzten amüsiert. »Du hast nach einer Bettpfanne gefragt!«

»Ich dachte eben, so was steht bei dir unter dem Schreibtisch.«

Lachend betraten sie das Restaurant, und Walter zog seine neue Flamme stante pede auf die Tanzfläche, auf der Wölkchen wie wild in Begleitung eines schlaksigen Beaus zuckte, ohne ihre zurückgekehrten Freunde überhaupt zu bemerken.

Karenzzeit, dachte Alma erleichtert beim Anblick ihrer selbstvergessenen Freundin. Bis die Musik verklingen, die Paare an die Bar strömen und Emmi Betty entdecken würde.

Aber Wölkchen überraschte alle. Gekonnt freundlich stieß sie wenig später mit Betty an, und Alma ahnte, wie viel Kraft es sie kosten musste, die Lippen dabei nicht aufeinanderzupressen, abschätzig zu schürzen oder statt »Auf dein Wohl« keine scharfzüngige Bemerkung auszustoßen. Walter strahlte wie ein ganzes Elektrizitätswerk, glücklich darüber, dass die zwei Frauen miteinander auszukommen schienen.

Doch rund zwei Stunden später, nachdem die Musik verklungen war und das frisch verliebte Paar den Heimweg hinunter ins Tal angetreten hatte, zu Fuß über die gut ausgewiesenen Wanderwege, konnte Emmi nicht mehr an sich halten.

»Was findet er nur an ihr? Sie ist ... sie ist ...«, stieß sie in der Kabine der Drahtseilbahn leise hervor, nicht imstande, den Satz zu Ende zu bringen.

»Gönne meinem Vetter doch seine Buhle und gerate nicht in Chagrin.« Diese kleine Spitze konnte sich Alma nicht verkneifen.

Jetzt schaute Ludwig Alma fragend an, als zweifle er an ihrem Verstand. »Sie mag nicht deinem Schönheitsideal entsprechen, aber das tut nichts zur Sache«, meinte er dann, der Emmi inzwischen gut genug kannte, um zu wissen, was in ihrem Kopf vorging. »Es ist völlig gleichgültig. Sie hat ein liebenswertes Wesen.« Sein Tonfall war, als würde er mit einem ungezogenen Kind sprechen, mit dem – so musste Alma zugeben – Wölkchen in diesem Moment große Ähnlichkeiten hatte. »Sie sprüht vor Frische. Eine sehr angenehme Person.«

Almas Herz hüpfte voller Liebe für den Mann neben ihr. Emmi hingegen stieß eine Art Knurren aus, entgegnete aber nichts.

»Du wirst darüber hinwegkommen«, meinte Alma.

Wieder ein Knurren.

»Und brav sein. Nett zu Betty.«

»Netti zu Betty?«

»Wölkchen ...«

»Ist ja gut.«

»Du wirst sie mögen.«

»Hm.«

»Gib's zu, du magst sie eigentlich schon jetzt.« Alma grinste.

»Ach, jetzt seid doch still. Alle beide!«

Eine Weile lauschten sie dem Knirschen und Knarzen der Bahn, beobachteten die Schatten der Tannen, die an den Fenstern vorüberzogen.

»Die werden sich verlaufen«, meinte Emmi plötzlich. »Es ist stockdunkel.«

»Die Wanderwege sind breit, die gehen uns schon nicht verloren. Es hat sich ja ein ganzer Pulk von Nachtschwärmern zu Fuß ins Tal aufgemacht.« Tatsächlich war außer ihnen niemand in die Drahtseilbahn eingestiegen.

»Apropos verlaufen«, schaltete sich Ludwig ein. »Walter erzählte mir vorhin, dass ihr vorhabt, die Libelle aufzusuchen.«

Alma konnte ihm ansehen, dass ihm das nicht gefiel, dass er sich wie üblich um sie sorgte, aber bevor sie etwas sagen konnte, schmetterte Emmi triumphierend »Haben wir schon!« über ein in dem Moment sehr lautes Rattern hinweg. »Ziemlich heruntergekommenes Insekt, wenn du mich fragst. Aber trotzdem ... faszinierend.«

»Wir sind nur einem Hinweis nachgegangen«, nahm Alma beschwichtigend Ludwig den Wind aus den Segeln. Sie lehnte sich in seinen Arm und spürte sofort, wie der Duft seines Rasierwassers nach Nadelholz und Menthol etwas äußerst Angenehmes in ihr auslöste. »Und waren zu keinem Zeitpunkt in Gefahr.« Nebenbei versuchte sie, Wölkchens Blick aufzufangen. Ludwig von Vicky und Käthe zu berichten, von deren Diebstahlnummer und dem davonbrausenden Automobil, dazu war später immer noch Zeit. Irgendwann in den nächsten Tagen oder Wochen.

»Die Libelle ist ein KPD-Treffpunkt«, sagte Ludwig nachdenklich, dem der Blickkontakt der Frauen offenbar nicht aufgefallen war.

»Hammer und Sichel haben wir nirgends entdeckt. Die essen auch nur mit Besteck«, flötete Wölkchen, und Alma musste kichern.

Auch Ludwigs Mundwinkel zuckten.

»Aber vielleicht kannst du uns ja bei einer Sache helfen, dann müssen wir nicht noch einmal in die Höhle des Spartakus-Löwen«, fuhr Emmi fort.

Ludwig seufzte. »Was braucht ihr? Wenn ich damit verhindern kann, dass ihr Dummheiten anstellt, dann erkläre ich mich bereit, euch unter die Arme zu greifen. Inoffiziell«, ergänzte er dann. »Das tue ich nicht leichtfertig.«

»Nein, vergiss das. Du musst nichts tun, was dir Probleme bereiten könnte.« Alma änderte ihre Sitzposition, um ihm in die Augen zu sehen. »Ich möchte auf keinen Fall ...«

»Papperlapapp. Wir suchen einen Paul«, fiel Emmi ihr ungeduldig ins Wort. »Und da die Polizei sicherlich über ein Bolschewiken-Register verfügt, könntest du in einer ruhigen Minute da einmal deine wohlgeformte Nase hineinstecken, Ludwig.« Sie zwinkerte ihm zu. »Nur kurz. So für den Bruchteil einer Sekunde.«

»Paul.« Ludwig runzelte die Stirn. »Und weiter?«

Wölkchen zuckte mit den Schultern. »Such eben mal alle Pauls raus, die das falsche Parteibuch haben«, befahl sie dem fassungslos dreinblickenden Kommissar.

Die Drahtseilbahn hielt, das sanfte Licht der Station fiel durch die Scheiben, und sie stiegen aus.

Emmi sah hinauf in den Nachthimmel. »Puh, jetzt bin ich aber wirklich müde.« Wie zur Bestätigung hielt sie sich die Hand vor den Mund und gähnte. »Bewegung und die frische Luft. Es reicht für heute.«

Alma sah auf ihre schmale Armbanduhr. »Du meine Güte, es ist wirklich spät. Oder eher gesagt, früh.« Sie straffte die Schultern und sah sich um. »Wo steht der Wagen, Ludwig?« Beide Straßenseiten vor der Seilbahnstation waren leer, nur zwei Krafträder und ein paar Fahrräder standen vor der Waldschranke.

Verdutzt sah er sie an. »Und was für ein Wagen soll das sein?«

»Na, irgendein Polizeiauto.«

»Ich habe den Bus hierher genommen.«

»O mein Gott.« Aus Emmis Tonfall troff die Verzweiflung. »Wir müssen laufen?« Sie riss entsetzt die Arme hoch.

»Wie die anderen auch.« Ludwig zeigte auf die ersten Paare, die laut schwatzend und singend Hand in Hand vom Waldweg auf den Gehweg traten. »Es geht nur bergab. Immer nur hinunter. Und wenn du dann zu Hause bist, Emmi, dann wirst du dich auf deinem weichen Bett zusammenrollen und schlafen wie ein Murmeltier.«

Wölkchen schnaubte. »Zusammenrollen. Ja, genau, und zwar vor der Tür der Meier. Ganz famos. Weil ich es nicht mehr die Treppenstufen hoch schaffe.« Sie verzog die Lippen zu einem dünnen Lächeln und machte eine Geste, um Ludwig den Vortritt zu lassen. »Dann bildet mal die Vorhut, ihr beiden. Ich taumele hinterher. Und, Herr Polizeikommissar ...«

»Ja, Fräulein Wolke?« Ludwig deutete einen militärischen Gruß an, der Alma schmunzeln ließ.

Kurz zuckten Emmis Mundwinkel, und es schien so, als würde sie aus ihrer Rolle der beleidigten Leberwurst fallen, dann aber stemmte sie die Hände in die Seiten. »Die Sache mit Paul ist dringend. Das bist du uns nach dieser Schande hier schuldig. Dringend. Verstehst du?«

7

Tags darauf hatte Alma noch über den ominösen Paul nachgedacht, und die Frage, ob Ludwig etwas Brauchbares über den Mann aus den Akten herauskitzeln konnte, war ihr ebenfalls nicht aus dem Kopf gegangen.

Doch Wölkchen hatte ein völlig anderes Thema beschäftigt: Und das hieß Betty. Durch Emmis wilde Spekulationen über die Art von Bettys Beziehung zu Walter, über Leidenschaft, Anziehung und womöglich »wahre Liebe« war Alma bald ebenfalls auf andere Gedanken gekommen, und so hatten sie einen heiteren Nachmittag vor dem Grammophon verbracht, wobei sie die Schlagerplatten so lauthals mitgesungen hatten, dass ein Passant unten vor dem offenen Fenster stehen geblieben war und miteingestimmt hatte.

Doch am heutigen Montagmorgen war Alma in Gedanken wieder bei dem, was sie im Einhorn beobachtet hatte. Dem Geplänkel der anderen Fräulein hörte sie daher nur mit halbem Ohr zu.

»Habt ihr gehört, die Sophia Grand ist in der Stadt«, raunte Minna. »Die Schachspielerin aus Schweden.«

»Spielen Frauen denn jetzt auch mit?« Für einen Moment hob Ida, die bisher keinen Deut Interesse am Schach gezeigt hatte, die Augenbrauen.

»Im hochherrschaftlichen Männerturnier doch nicht.« Ernas Lippen kräuselten sich spöttisch. »Stell dir vor, Aljechin würde gegen eine Frau verlieren. Welche Schmach. Nein, nein, das muss schön getrennt bleiben, damit nicht erst die Gefahr besteht.« Sie schüttelte den Kopf, dass selbst ihre sonst so störrischen Locken flogen.

Doch Alma dachte unablässig an Gertrude. Was verbarg Käthe, und welche Rolle spielte sie in den Umständen von Gertrudes Tod? Auch diese Frage hatte Alma nicht losgelassen. Der Abend in der Libelle, Vickys und Käthes Diebstahl im Einhorn und die anschließende, sehr koordiniert wirkende Flucht – gab es hier einen Zusammenhang? Keine der beiden Frauen hatte mit ihr sprechen wollen. War Gertrude ihrer Kollegin auf die Schliche gekommen? Hatte sie gedroht, zur Polizei zu gehen, und musste deshalb sterben? Käthes sommersprossiges Gesicht, noch kindlich rund, dieses Mädchen sollte eine Mörderin sein? Aber etwas war vorgefallen, und Alma musste wissen, was.

»Meinst du nicht auch, Alma?« Ida stieß ihr einen spitzen Ellenbogen in die Rippen, und Alma schreckte auf.

»Hm?«

»Schade, dass noch keine Frauen bei der Kriminalpolizei zugelassen sind. Du würdest sie alle arbeitslos machen. Über was brütest du denn jetzt schon wieder? Hat man die Klinger mit einem blutbesudelten Messer in der Hand über der Leiche vom Postdirektor gefunden?«

In das darauffolgende Gelächter ihrer Kolleginnen musste Alma glücklicherweise nicht mehr miteinstimmen, denn das besagte Fräulein Klinger hob schon drohend ihren Kopf, und statt Gekicher erklangen die glockenhellen Stimmen jetzt im Chor: »Hier Amt, was beliebt?«

Auch Alma begrüßte den nächsten Teilnehmer, einen stotternden Jüngling offenbar auf der Suche nach seinem Rendezvous, und steckte die Verbindung.

Paul. Wer war dieser ominöse Paul? Sie hoffte sehr, dass Ludwig einen aktenkundigen Kommunisten gefunden hatte. Gleich nach der Arbeit würde sie den kurzen Weg zum Polizeirevier nehmen, um ihn zu fragen. Vielleicht konnte sie bei der Gelegenheit auch unauffällig herausfinden, ob Kollege Franck weiterhin glaubte, Gertrude habe Selbstmord begangen oder ob er womöglich doch in einem ungewohnten Anfall von Arbeitseifer beschlossen hatte, Untersuchungen durchzuführen.

»Fräulein?«, klang es da aufgebracht aus der Leitung. »Fräulein, hören Sie mich noch?«

»Verzeihung!« Hastig stellte Alma die Verbindung her.

»Wir Frauen wären auch die besseren Politiker«, raunte Ida in diesem Moment. »Das Kasperletheater, das die Herren in Berlin veranstalten, da würde ich aber ordentlich aufräumen.«

»Eine Rosa Luxemburg hätte das zehnmal besser hinbekommen als die jetzigen Politiker«, warf Erna ein.

Alma räusperte sich und fragte schnell laut nach dem nächsten Teilnehmer, bevor Ida noch den schrecklichen Gassenhauer »Es schwimmt eine Leiche im Landwehrkanal« anstimmen konnte.

Als sie das Mikrophon an ihrer Brust richtete, stockte Alma plötzlich. Meinte Erna das alles ernst? Ihre Bemerkungen hin und wieder, über Rosa Luxemburg, über die Russische Revolution, über den Kommunismus.

Vielleicht brauche ich Ludwig gar nicht, dachte Alma amüsiert bei sich. Vielleicht brauchen die Frauen hier tatsächlich gar keinen Mann.

Und so hastete Alma keine zwei Stunden später nach Schichtende ihrer Kollegin hinterher, die mit großen Schritten und hüpfenden Löckchen vom Leopoldsplatz die Lichtentaler Straße hinunter in Richtung Augustaplatz strebte.

»Erna!«, rief Alma, doch die Kollegin hörte sie nicht. Sie war ein ganzes Stück größer als sie, ihre Schritte länger, und sie bewegte sich zielgerichtet – am Augustaplatz vorbei, weiter die Straße hinunter. Erna wohnte in der entgegengesetzten Richtung, wo wollte sie hin?

Zügig nahm Alma die Verfolgung auf, zwar hüpfte sie keine täglichen Hampelmänner wie Emmi, jedoch ging sie die Strecke von der Arbeit nach Lichtental oftmals und das auch noch zügig zu Fuß. Sie hatte keinen Zweifel, dass sie Erna gleich eingeholt hätte.

Doch an der nächsten Abzweigung, vor der Bertholdstraße, wurde Alma plötzlich der Weg abgeschnitten. Ein dunkles Automobil, schwungvoll um die Ecke gelenkt, kam mit quietschenden Reifen vor ihr zum Stehen, und bevor Alma noch einen Schritt zur Seite treten, bevor sie noch überhaupt verstand, was vor sich ging, waren zwei Männer ausgestiegen und näherten sich ihr. Verwirrt sah sich Alma um, suchte nach einer Person hinter sich, der die zielgerichteten Schritte der beiden gelten konnten. Aber da war niemand. Erst als sie wieder nach vorn sah, bemerkte sie das grobe Tuch in den Händen des einen. Ein Jutesack, was wollte er mit einem ... Sie kam nicht dazu, den Satz zu Ende zu denken, kam nicht dazu, zu schreien oder sich zu wehren, so schnell hatte der Mann ihr den Kartoffelsack über den Kopf geworfen. Ihre Arme wurden ihr auf den Rücken gedreht, sie spürte, wie sie hochgehoben wurde, und dann schlug sie unsanft gegen kaltes Metall, bevor man sie auf das Polster der Sitzbank drückte. Mit einem Knall fiel die Wagentür zu.

Eiskalt fuhr ihr die Angst in die Glieder. Viel zu schnell startete das Automobil, dumpf konnte Alma Stimmen hören. Ihr Atem ging schnell, ihr Herz schlug spürbar gegen die Rippen. Der muffige Geruch der groben Sackfaser drehte ihr den Magen um. Fäulnis, Schimmel. Bei der nächsten Kurve wurde ihr Kopf gegen die Scheibe geschleudert, ein höllischer Schmerz durchzuckte sie.

Und plötzlich konnte sie gar nicht mehr atmen. Eine Hand vor ihrem Mund, vor ihrer Nase, ein süßlicher Geruch, der den muffigen übertönte, und sie bekam ... kaum Luft, wenig Luft, konnte nicht mehr ... konnte nicht ... Sie dachte an Gertrude, Gertrude in der Trommel. Und an Walters Worte am Telefon, damals, als Alma ihn angerufen hatte: Todesangst, Unruhe, Panik. Die Anzeichen von Ersticken.

Das alles prasselte in diesem Moment auf sie ein. In diesem Augenblick spürte sie alles zugleich. Und dann spürte sie gar nichts mehr.

Dunkelheit. Tiefste Dunkelheit. Das war das Erste, das Alma wahrnahm, als sie wieder zu sich kam. Wie lange war sie bewusstlos gewesen? Wohin hatte man sie gebracht? Und warum? Alma versuchte, sich zu konzentrieren, aber stechende Kopfschmerzen und dumpfe Übelkeit ließen sie nur mühsam einen klaren Gedanken fassen. Nacheinander versuchte sie, ihre Finger zu bewegen, die Hände, Füße und Beine. Ja, sie konnte sich bewegen – in bescheidenem Umfang. Denn man schien sie an den Stuhl, auf dem sie saß, gefesselt zu haben.

Alma stöhnte, als ihr Magen erneut rebellierte. Bloß nicht übergeben, flehte sie innerlich, bloß nicht übergeben. Mühsam kämpfte sie die Übelkeit herunter, dann holte sie tief Luft. Immer noch diese furchtbare Dunkelheit. Der Sack über ihrem

Kopf war zwar verschwunden, und eine modrige Feuchtigkeit hatte den abgestandenen Jutegeruch abgelöst, dennoch war es tiefschwarz vor ihren Augen. Eine feuchte Dunkelheit. Alma lief ein Schauer über den Rücken. Sie meinte, entfernt ein leises Schaben hören zu können, ein Kratzen, und dann Getrappel wie von kleinen Pfoten. Hatte man sie in die Kanalisation verschleppt? Wollte man sie hier sterben lassen? Sie versuchte, die Angst zurückzudrängen, die ihr in den Nacken kroch, leise und hartnäckig. Warum wollte man sie töten? Eine kleine Silhouette schälte sich aus dem Schwarz, huschte an Alma vorbei und streifte ihr Bein. Sie unterdrückte einen Schrei. Ratten!

Es schien ihnen egal zu sein, ob sie schrie, denn man hatte sie nicht geknebelt. Vermutlich, weil sie ohnehin niemand hören würde, hier unten. Die Kälte ließ ihren Kopf wieder klarer werden, sie versuchte, die Angst wegzuschieben, denn sie brauchte all ihre Kraft, um sich zu befreien. Sollte sie um Hilfe rufen? Nein, jetzt noch nicht. Vielleicht waren sie noch in der Nähe, was auch immer »sie« bedeutete.

Während sie sich vorsichtig bewegte, die Fesseln um ihre Handgelenke mit den Fingern ertastete, aber leider spüren musste, dass sie so gut wie keinen Bewegungsspielraum hatte, überlegte sie fieberhaft. Sie musste bei ihren Ermittlungen jemandem auf die Füße getreten sein, jemandem, der vor nichts zurückschreckte, auch nicht vor einem Mord. Oder zwei, dachte Alma finster und zerrte an den Stricken. Es tat sich nichts. Dann riss sie heftiger daran, aber außer dass ihr die Fesseln schmerzhaft ins Fleisch schnitten, erreichte sie auch jetzt nichts. Erneutes Getrippel. Alma versuchte, nicht nach unten zu sehen.

Hatte jemand ihre Entführung beobachtet? Irgendjemand musste doch etwas gesehen haben. Es war alles so schnell gegangen ... Die Polizei, hatte man die Polizei benachrichtigt? Was war mit Erna, hatte sie bemerkt, dass Alma ihr hinterhergegangen war? Mit ein wenig Glück hatte Erna zur rechten Zeit den Kopf gedreht, das Auto und die zwei Männer gesehen, und die Polizei wusste inzwischen, dass sie entführt worden war. Aber finden würden sie sie nicht. Nicht hier unten.

Alma zitterte. Die Kälte zog ihr an den Beinen hoch, kroch hinein in den Mantel, der unten leicht offen stand.

Warum hast du den letzten Knopf nicht geschlossen, schoss es ihr durch den Kopf. Jetzt hast du nicht nur Probleme mit dem Atmen, sondern kämpfst auch gegen die Kälte. Ihre Zähne schlugen aufeinander, sie konnte nichts dagegen tun.

Plötzlich ein Krachen. Alma zuckte zusammen. Eine Tür musste aufgegangen, an eine Wand geschlagen sein. In den darauffolgenden Sekunden wurde sich Alma ganz deutlich zwei Dingen gleichzeitig bewusst: Der Raum, in dem sie sich befand, war nicht die Kanalisation. Unterirdisch zwar, und ganz sicher zur Kanalisation zugehörig, aber aus Ziegelsteinen gemauert. Mit einem Waschbecken und einer Verzierung an der Decke, von der einmal ein Kronleuchter gehangen haben musste, wirkte es viel zu elegant für ein unterirdisches Gebäude – in den Mauernischen schien sogar Platz für Statuen zu sein, die jetzt aber nicht mehr dort standen. Und das zweite war die Tatsache, dass ihre Entführer, die sie für Männer gehalten hatte, in Wirklichkeit Frauen waren. Im Garçonne-Stil gekleidet, in Anzügen und mit Waffen in den Händen, die Alma erstarren ließen, postierten sie sich wie Leibwächter rechts und links der Tür und stellten zwei Öllampen neben sich auf den Boden.

»Was ...?«, keuchte Alma, kam jedoch nicht weiter, da in diesem Augenblick eine dritte Frau den Raum betrat. Ganz in Rot gekleidet, mit langen dunklen Locken, knalligem Lippenstift und einem Ausschnitt, den man sonst nur zu später Stunde in Tanzdielen bewundern konnte, bildete sie einen Kontrast zu ihren beiden Begleiterinnen, der größer nicht hätte sein können.

»Was?«, fragte Alma erneut, mehr als ein Flüstern brachte sie vor Überraschung diesmal jedoch nicht heraus.

»Alma Täuber. Die Telefonistin.« Die Dunkelhaarige – Alma schätzte sie auf etwa Mitte dreißig – trat auf sie zu und musterte ihr Gesicht.

»Sie wissen, wer ich bin«, sagte Alma sachlich und versuchte, jegliches Zittern aus ihrer Stimme herauszuhalten. Da sie davon ausgegangen war, nicht willkürlich betäubt und von der Straße entführt worden zu sein, war diese Tatsache allein keine Überraschung. »Woher?«, wollte sie deshalb wissen.

»Dazu kommen wir noch.« Die Brünette beugte sich etwas herunter, so dass sie Alma direkt in die Augen blicken konnte. Ein perfekt gerundetes Muttermal saß direkt auf ihrem linken Wangenknochen. »Zuerst haben wir eine Bitte an dich. Oder vielleicht keine Bitte, mehr eine Aufforderung.« Sie nickte in Richtung der beiden Garçonnes, die sofort einen Schritt näher kamen. Es sollte bedrohlich wirken, dessen war Alma sich bewusst, konnte jedoch nicht verhindern, dass bei ihr genau diese Wirkung einsetzte: Immer noch gefesselt hatte sie keine Chance. Sie war den drei Frauen ausgeliefert.

Bevor sie fragen konnte, worum sich die Bitte – oder eher der Befehl – handelte, sprach die Dunkelhaarige schon weiter.

»Wir wollen, dass du dich heraushältst.«

Wo heraus?, hätte Alma beinahe gefragt, aber es gab nur eine Sache, in die sie gerade ihre Nase steckte, und das war der Mord an Gertrude Weber.

»Wer ist ›wir‹?«, fragte sie also stattdessen.

Ein sachtes Lächeln kräuselte sich auf den Lippen der Dunkelhaarigen. »Du bist einfach zu neugierig«, sagte sie. »Ich vermute, es ist nicht das erste Mal, dass du deshalb in Schwierigkeiten steckst.«

Alma verzichtete auf eine Antwort.

Die Frau mit dem Muttermal richtete sich auf, und mit einer Handbewegung in Richtung Eingang betraten zwei weitere Frauen den Raum. Dieses Mal wusste Alma genau, um wen es sich handelte.

»Vicky. Käthe.« Und plötzlich wurde ihr kalt. »Ihr habt Gertrude ermordet?« Zuerst die Wäscherin, nun sie.

»Wir haben damit nichts zu tun.« Käthe schob entschlossen ihr Kinn vor und verschränkte die Arme vor der Brust. Allein der Verdacht schien sie zu kränken, ihre Augen schossen Blitze in Almas Richtung. »Ja, das ist die Richtige«, sagte sie dann an die Dunkelhaarige gewandt.

»Was hat Gertrude in der Libelle gemacht?«, fragte Alma schnell. »Wen hat sie getroffen? Mit wem gesprochen? Paul?«

»Alma Täuber, Telefonistin. Die Neugier liegt am Beruf, hm?«

In allen Kriminalsachen, Zivil- und Strafprozessen mit nachweisbar stetem Erfolg, dachte Alma. Vielleicht hatte sie sich wirklich einmal zu oft in Dinge eingemischt, die sie nichts angingen, vielleicht fiel ihr das nun wirklich auf die Füße.

»Du lässt dich nicht mehr in der Libelle blicken.« Der Tonfall der Dunkelhaarigen war nun scharf, hallte wie ein Peitschenknall durch das Gewölbe.

Vicky, mager und bleich, nickte nachdrücklich, Käthe blickte verächtlich, offenkundig sollte es hochmütig wirken.

»Und wenn doch?«, fragte Alma, als die Dunkelhaarige keine Anstalten machte, ihrer Aufforderung etwas hinzuzufügen.

»Dann ...« Die Hände in die Seiten gestützt, blickte die Brünette sich vielsagend um.

Almas Magen, der sich während des Gesprächs langsam entkrampft hatte, zog sich erneut zusammen. »Wenn ich euch verspreche, nicht mehr in die Libelle zu gehen, lasst ihr mich laufen?«

»Käthe und Vicky werden nichts mehr von dir hören oder sehen. Du betrittst die Libelle nie wieder.«

Alma blickte die Frau mit dem Muttermal schweigend an. Sie war eindeutig die Person, die hier das Sagen hatte. Nicht nur ihre beiden Leibwächterinnen, auch Vicky und Käthe schienen ihr aufs Wort zu gehorchen. Sie hatte Macht. Die Macht, über Almas Leben zu entscheiden.

»Das kann ich nicht«, sagte Alma schließlich leise, aber entschlossen. »Gertrude ist tot, ein sechzehnjähriges Mädchen, und ihr Mörder läuft dort draußen frei herum. Wenn ihr es nicht wart.«

»Wir waren es nicht, das habe ich dir doch schon mal gesagt!«, rief Käthe hitzig und kassierte dafür einen unwirschen Blick der Dunkelhaarigen.

»Ich kann die Sache nicht auf sich beruhen lassen, es ist zu wichtig.« Beinahe flehend sah Alma zu der Frau auf. Die schien zu überlegen, abzuwägen, bis sie schließlich erneut den Mund öffnete.

»Wie wäre es mit einem kleinen Handel?«, fragte sie. »Ich versichere dir, dass wir nichts mit Gertrudes Tod zu tun haben. Du darfst mir eine Frage stellen, die ich beantworten werde. Danach lässt du uns für immer in Ruhe.«

»Du lässt dich doch wohl nicht von ihr um den Finger wickeln?«, schnaubte Käthe.

»Lassen wir sie einfach hier unten«, mischte sich eine der Leibwächterinnen ein. »Dann kann sie nicht mehr rumschnüffeln.«

»Eine Frage«, wiederholte die Dunkelhaarige bestimmt.

Nun war es an Alma abzuwägen. Forschend musterte sie die Gesichter der Frauen vor ihr, in denen Feindseligkeit, aber auch Entschlossenheit stand. Nein, die Brünette würde ihr nicht mehr verraten. Eine Frage durfte sie stellen, sie musste gut überlegen, wie sie lauten sollte.

»Ihr gehört zusammen«, reimte sie sich langsam zusammen. »Seid eine Organisation. Die Anführerin bist du.« Sie nickte mit dem Kinn zur Dunkelhaarigen. »Vicky und Käthe arbeiten für dich, auch Gertrude hat das getan.«

»Woher willst du das wissen?« Die Frage kam viel zu schnell.

Fast musste Alma lächeln. »Du hättest sonst kein Interesse daran, mir die Nachforschungen zu Gertrudes Tod zu erschweren.«

Die Dunkelhaarige nickte mit zusammengekniffenen Augen.

»Die Libelle ... euer Verbot, dass ich die Libelle betreten darf. Das Lokal ...«, überlegte Alma weiter. »Wahrscheinlich ist dort euer Treffpunkt, man kennt euch, kann einen Zusammenhang herstellen.«

»Nicht auf den Kopf gefallen, die Alma Täuber.«

»Ihr seid keine Kommunistinnen, keine politische Vereinigung. Ihr seid Diebinnen.«

Bei ihrem letzten Wort merkte Alma, wie Käthe und Vicky unruhig wurden, die Dunkelhaarige jedoch zuckte gleichgültig mit den Schultern.

»Ihr seid Frauen auf Diebestour.« Sonst wären es Männer gewesen, die dort als Leibwächter ständen, Männer, die Alma entführt hätten. »Und ihr seid gut organisiert.« Ein Ring, eine kriminelle Organisation, einzig und allein aus Frauen bestehend. Alma hatte von den Berliner Ringvereinen gehört, von Großstädten in Amerika, in denen ganze Verbrecherbanden Angst und Schrecken verbreiteten. Diebstahl und Erpressung als Geschäftsmodell. Deshalb also war Vickys und Käthes Streifzug so reibungslos verlaufen: Er war perfekt vorbereitet und geplant worden, die Rädchen griffen ineinander, zwei Frauen begingen gemeinsam die Diebstähle, eine dritte fuhr den Wagen – Alma war sich jetzt sicher, dass in der schwarzen Limousine mit dem Badener Kennzeichen, die urplötzlich in der Nähe des Einhorn aufgetaucht war, ebenfalls eine Garçonne gesessen hatte. Alma bezweifelte nicht, dass mindestens eine weitere Frau bereitgestanden hatte, um bei anderen Schwierigkeiten einzugreifen.

»Hör dir an, was sie alles weiß.« Mit großen Augen drehte Vicky sich zur Dunkelhaarigen. »Sie kann uns alle ins Kittchen bringen. Wenn wir sie laufenlassen …«

»Ich glaube euch«, unterbrach Alma laut und deutlich. »Ich glaube euch, dass ihr Gertrude nicht getötet habt.« Sie konnte es nicht erklären. So geheimnisvoll sich die Dunkelhaarige gab, so gnadenlos und verbrecherisch, so war Alma sich doch absolut sicher, dass sie ihr jedes Wort glauben konnte. Und Vicky … die hatte Alma ganz anders kennengelernt, verzweifelt, abhängig von Rauschmitteln, benebelt und unsicher. Eine Kehrtwende um 180 Grad traute Alma ihr nicht zu, auch wenn Vicky jetzt vom Absinth die Finger zu lassen schien. »Wärt ihr es gewesen, würdet ihr euch hier nicht herumstreiten«, beantwortete sie Käthes stumme Frage, die Alma mit offenem Mund anblickte.

»Dann würde ich längst in einem Abwasserkanal liegen.« Oder weiterhin allein in der Dunkelheit ausharren. Es musste ein anderer Grund dahinterstecken, weshalb die Frauen sie entführt hatten und nun mit ihr redeten. Plötzlich lächelte Alma. Sie wusste, welche Frage sie stellen musste. »Du willst genauso sehr wissen, wer Gertrude ermordet hat«, sagte sie zur Brünetten. »Ich darf, nein, ich soll weiterforschen. Nur nicht in eure Richtung.«

Für einen winzigen Augenblick wirkte die Dunkelhaarige weder selbstsicher noch undurchschaubar. Für einen winzigen Augenblick wirkte sie unendlich traurig. »Sie war so jung«, sagte sie. »Sie hat für uns Botengänge erledigt, das war alles. Neu in der Stadt und grün hinter den Ohren, aber zielstrebig und mutig und wissbegierig. Sie wollte mehr, ich wollte sie schützen. Bis sie Erfahrung gesammelt hätte, älter wäre. Doch jemand hat ihrem Leben ein jähes Ende bereitet.«

»Ich gebe mein Bestes, ihn zu finden.«

»Deine Frage?«, forderte die Brünette Alma auf, jetzt wieder entschlossener denn je.

Alma zögerte keine Sekunde. »Wen habt ihr in Verdacht?«

An den karmesinroten Lippen, die sich zu einem Lächeln öffneten, erkannte sie, dass sie die passenden Worte gewählt hatte. Sie würde Antworten bekommen, womöglich mehr, als sie sich erhofft hatte.

»Du hast von den Diebstählen bei den Schachspielen gehört?«, wollte die Dunkelhaarige nun wissen.

»Wie jeder in der Stadt.«

»Die Polizei tappt im Dunkeln, hat keinen Schimmer. Wir ebenso wenig.«

Also hatten nicht die Frauen und ihr Ring, die »Libelle«, wie Alma sie im Geiste nannte, diese Diebstahlreihe begangen.

»Und das macht uns Sorgen.«

»Es gibt noch andere Diebe in der Stadt«, sagte Alma.

»Nicht irgendwelche andere«, präzisierte die Dunkelhaarige. »Sie sind organisiert wie ... wie unser Betrieb.«

Betrieb, soso, dachte Alma amüsiert. Laut sagte sie: »Ihr vermutet Nachahmer?«

Die Dunkelhaarige nickte. »Nicht direkt Nachahmer, aber eine neue Organisation. Konkurrenz, die uns ausschalten will. Wir hatten in letzter Zeit häufiger mit Schwierigkeiten zu rechnen, auf unseren Beutezügen.« Sie warf Käthe und Vicky einen vielsagenden Blick zu. »Es wird in unserem Territorium gewildert. Das können wir nicht hinnehmen. Das Einhorn verzeichnete am Samstag und am Sonntag weitere Diebstähle, und dann das Schachturnier ... Es wird schwieriger für uns. Die Hoteliers, selbst die Gäste sind aufmerksamer.« Sie presste die Lippen aufeinander, bevor sie fortfuhr: »Jemand will uns zerstören.«

»Jemand, der auch vor Mord nicht zurückschreckt«, schlussfolgerte Alma. Sie dachte über das nach, was die Dunkelhaarige gesagt hatte, und über das, was sie ihr nicht gesagt hatte. »Weshalb dann Gertrude?«, überlegte sie laut. »Du hast gesagt, sie übernahm Botengänge für euch. Es wäre doch deutlich sinnvoller, Käthe aus dem Weg zu räumen. Oder Vicky.« Oder gleich dich.

»Sinnvoller«, stimmte die Dunkelhaarige ihr zu. »Aber auch deutlich riskanter.«

Damit mochte sie recht haben. Vielleicht war Gertrude aber auch zur falschen Zeit am falschen Ort gewesen, war über etwas gestolpert, das sie nicht hatte sehen – oder hören – dürfen. Eines war jedoch sicher: Das Mädchen war nicht ganz so ein Mauerblümchen gewesen, wie ihre Cousine Friederike meinte.

Aber was wissen eigentlich meine Eltern über mich?, dachte Alma. Onkel Georg und Großmaman? Sicher nicht, dass ich in der Vergangenheit in ein Leichenschauhaus spazierte, um tote Prostituierte zu sehen, dass ich mich geprügelt habe oder entführt wurde.

Sie blickte auf, der Dunkelhaarigen geradewegs in die Augen. »Ich werde euch nicht verraten«, sagte sie. »Und ich gebe mein Bestes, um Gertrudes Mörder zu finden.«

»Danke.« Es war Käthe, aus der dieses Wort schließlich herausbrach, ungestüm und bockig und immer noch misstrauisch, aber dennoch aus tiefstem Herzen ehrlich. Dann bemühte sie sich schnell wieder um eine finstere Miene. »Falls du dein Wort nicht hältst: Die Queen wird dich finden. Wir werden dich finden.«

Die Königin der Unterwelt. Alma nickte.

»Mein Versprechen löse ich ein«, sagte die Queen. »Du wirst gleich von deinen Fesseln befreit.« Ein Fingerschnippen in Richtung der Leibwächterinnen. »Leider können wir dir den Sack über dem Kopf und eine weitere Autofahrt nicht ersparen. Aber wir können nicht riskieren, dass du diesen Ort wiederfindest.«

Vicky und Käthe gingen voraus, die Brünette folgte ihnen mit schwingenden Hüften.

Bevor sie das Gewölbe verließ, drehte sie sich noch einmal um.

»Wie heißt du wirklich?«, fragte Alma.

»*Eine* Frage«, sagte die Dunkelhaarige und hob spöttisch den Kopf. »Ich habe versprochen, dir eine Frage zu beantworten.«

Und dann war sie verschwunden.

8

Als Alma erwachte, dachte sie zunächst, sie hätte schlecht geträumt. Dann lag plötzlich ein modriger Geruch in der Luft, kroch durch das kleine Mansardenzimmer, stieg ihr in die Nase. Ihr Blick fiel auf den Stuhl, auf den sie am Abend zuvor ihre Kleidung geworfen hatte. Gepackt von den Erinnerungen richtete sich Alma ruckartig auf. Sie schien den kratzigen Stoff des Sacks wieder zu spüren, meinte, Hände auf ihrem Rücken zu fühlen. Die beiden Leibwächterinnen hatten sie eine Treppe emporgetrieben und dabei mehrmals davor bewahrt zu stürzen. Dann war ein wenig Tageslicht durch den groben Leinenstoff gedrungen, das mechanische Geräusch sich öffnender Türen erklungen, jemand hatte ihren Kopf hinuntergedrückt und sie auf eine Rückbank geschubst. Eine tiefe weibliche Stimme hatte gesagt: »Wenigstens haben wir sie jetzt nicht wieder tragen müssen.«

So sehr sich Alma angestrengt hatte, es war ihr nicht gelungen, die Fahrtrichtung des Automobils zu erahnen. Als der Wagen zum Stehen kam und man sie aus dem Fond zerrte, ihr die Fesseln durchschnitt und unsanft den Sack vom Kopf riss, stand sie in einem Hinterhof, von dem sie erst später herausfand, dass er zu einer Metzgerei gehörte, bei der sie und Emmi ab und zu einkauften. Jedoch hatte Alma die Geistesgegenwart besessen, die Fahrtdauer in Sekunden zu zählen. Nur – ob sie damit weiterkommen würde, stand in den Sternen.

Obwohl sie jetzt, ungefähr zwölf Stunden später, auf der Kante ihres Bettes saß, in ihrem eigenen Zimmer, gesund und ohne Verletzungen, ging Almas Atem schnell, und die Vorstellung von dem, was alles hätte passieren können, schnürte ihr die Kehle zu. Doch dann hörte sie ein Klappern in der Küche und ein hallendes Geräusch aus dem Treppenhaus. Ein Dengeln und Schlagen gegen das Geländer. Die Witwe Meier bei ihrer fleißigen Ausübung der großen Kehrwoche. Regen schlug an die Fensterscheibe. Die vertrauten Geräusche ließen Alma ruhiger werden. Ihr Herzschlag normalisierte sich, und sie stieg aus dem Bett, ging zum Waschtisch. Es war kühl in ihrem Zimmer, die Wärme des Küchenherds noch nicht den Flur entlang und in die kleine Kammer gekrochen. Fröstelnd rieb Alma sich die Unterarme.

Eine Viertelstunde später trat sie in die Küche, ganz so, als sei nichts geschehen. Es war Emmis Tag, Wölkchen würde heute den neuen Laden eröffnen und ihre Stelle als Filialleiterin antreten. Ein miserabler Zeitpunkt, um ihrer Freundin mitzuteilen, was gestern geschehen war. Emmi sollte ein Tag voller Unbeschwertheit vergönnt sein! Jede einzelne Sekunde davon sollte sie genießen.

Wölkchen saß vor dem liebevoll gedeckten Tisch und rührte geistesabwesend mit dem Löffel in der Kaffeetasse. Zwischen ihrem und Almas Teller stand eine kleine Vase mit Frühlingsblumen auf einem hellblauen Deckchen, das nur für enorm besondere Anlässe aus der Kommode im Flur genommen wurde. Auch die bestickten weißen Baumwollservietten hatte sie aus dem Schrank geholt. Kaffeeduft lag in der Luft, der Alma womöglich nie so göttlich vorgekommen war. Und plötzlich wurde ihr bewusst, dass es doch ihre Aufgabe hätte sein müssen, diesen so wichtigen Morgen für Emmi zu gestalten.

Doch bevor sie sich entschuldigen konnte, fragte Wölkchen: »Ich habe dich gestern gar nicht kommen hören. Ist es denn so spät geworden? Warst du mit Ludwig unterwegs?« Sie zupfte am Saum ihres Kleids mit tiefgesetzter Taille, wie es gerade in Mode war. Crêpe de Chine war für diese Jahreszeit ohne Frage zu luftig, insbesondere an einem bewölkten Tag wie heute. Zudem war es im Blumenladen immer etwas kühler, damit die Ware länger frisch blieb. Doch mit diesem Kleid würde Emmi zwischen den in allen Farben strahlenden Blüten selbst zu einer werden.

»Schau nicht so mütterlich. Ich werde eine leichte Jacke darüber tragen«, sagte Wölkchen, ohne Almas Antwort auf ihre vorherige Frage abzuwarten, was Alma selbst nur recht war.

»Du siehst bezaubernd aus, und wirst so viel zu tun haben, dass es dir schnell warm werden wird«, meinte sie betont fröhlich und hoffte, Emmi würde die Beklemmung nicht heraushören. Denn ab morgen würde ihre Freundin meist früher als Alma aus dem Haus gehen, um die Lieferungen selbst in Empfang zu nehmen. Heute hatte das Herr Baer noch für sie erledigt. Alma setzte sich auf den zweiten Stuhl und griff zur Kaffeekanne. »Bist du aufgeregt? Also ich bin's.«

»Meine Knie sind aus Gummi«, murmelte Wölkchen.

»Sieht man dir nicht an.«

»Schaffe ich das?«

Alma, die Kanne in der Hand, sah auf. »Natürlich! Die Leute kennen dich, sie kennen dein Gesicht, sie schätzen deine Arbeit.«

»Ich stehe da sicher und frage mich, warum sie mir nicht gleich den Laden auskaufen. Ich erwarte, dass sie mir die Bude einrennen.«

»Na, wenn du weißt, dass das möglicherweise übertriebene Erwartungen sind, ist doch alles gut.« Alma stellte die Kanne ab und nahm einen Schluck Kaffee, wobei sie Wölkchen über den Rand der Tasse hinweg betrachtete. In deren Miene kämpfte die Furcht vor dem Versagen mit dem ihr eigenen Tatendrang. »Bist du bereit anzufangen?« Alma wusste, dass sie damit streng genommen keine Frage stellte. Denn ihre Freundin war couragiert – o ja, das war sie.

»Übertrieben bereit!«, stieß Wölkchen hervor. »Aber meine Knie zittern trotzdem.«

»Du wirst es schaffen.«

Emmi wusste mit ihrer Kundschaft umzugehen. Wen man sanft einwickeln musste, wer einen zackigen, zeitsparenden Tonfall bevorzugte und bei welchen Kunden der Bohrer anzusetzen war, der ihn bearbeitete, bis er sich endlich entschieden hatte. Wölkchen würde wunderbar zurechtkommen.

»Du schaffst es«, wiederholte Alma und bemerkte mit einem Lächeln, wie Emmi wohlig seufzend ihre Beine mit den neuen Strümpfen ausstreckte. Beine, die die Kundschaft nur sehen konnte, wenn Wölkchen hinter dem Kassenbereich hervorkam. Was sie immer tat. Und was so einige männliche Kunden veranlasste, mehr Rosen als geplant zu bestellen.

»Begleitest du mich?«

Alma warf einen vorsichtigen Blick auf die Wanduhr, von dem sie hoffte, Emmi würde ihn nicht bemerken. Innerlich aufatmend stellte sie dann fest, dass einem Abstecher in das neue Geschäft vor der Schicht auf dem Amt nichts im Wege stand. Wölkchen enttäuschen zu müssen, wäre grauenvoll gewesen. »Natürlich.« Sie trank den letzten Rest Kaffee. »Was glaubst du denn?«

Direkt vor dem Laden in der Hirschstraße parkte ein kleiner weißer Lieferwagen, dessen Fahrertür offen stand. Mit schnellen Schritten kam ein untersetzter Mann in Sicht. Behände hüpfte er über eine Pfütze und zog im Sprung tänzerisch seine modische Weste zurecht, aus deren Brusttasche eine Nelkenknospe ragte. Albert Baer sah Alma und Emmi nicht kommen; er umrundete das Automobil, kletterte auf den Fahrersitz, schlug die Tür zu, startete den Motor und brauste holpernd über das Pflaster davon. Offenbar war der Blumenhändler spät dran gewesen und hatte die frische Ware auf den letzten Drücker geliefert.

»Puh.« Emmi, die ihre schon zum Gruß erhobene Hand wieder sinken ließ, stieß einen Laut der Erleichterung aus. »Glück gehabt. Auch gut, dass er uns nicht bemerkt hat, sonst wäre ich möglicherweise noch in den Genuss einiger seiner berühmten Ratschläge gekommen.«

»Mein liebes Wölkchen, kürzen Sie die Stängel nicht zu sehr ein und behalten Sie im Köpfchen, dass Sie das Vergissmeinnicht aus dem Sonnenlicht nehmen!«

»Du bist eine wirklich grässliche Schauspielerin!« Emmi grinste und wedelte mit dem Schlüsselbund, den sie aus der Handtasche gezogen hatte. Die aneinanderschlagenden Schlüssel klimperten atonal. »Höret das Lied der Freiheit!«, deklamierte sie.

Alma lachte. »Das klingt aber eher nach einem gräulichen Getöse.«

»Ach du.« Emmi hakte sich bei ihr unter und zog sie die ansteigende Hirschstraße hinauf. Vor der Ladentür angekommen, zögerte sie. Trat einen Schritt nach rechts und spähte durch die Schaufensterscheibe in ihren neuen Arbeitsbereich.

Aber auch ohne sich die Nase plattzudrücken, war nicht zu übersehen, dass Albert Baer der neuen Niederlassung – ebenso wie dem Stammgeschäft – seinen blendenden Geschmack aufgedrückt hatte. Alma meinte, die Rosen durch die Scheibe deutlich riechen zu können. Jede einzelne Blüte strahlte aufs Trottoir, schien eine persönliche Einladung an die Passanten auszusprechen. Die Blumen hatten ihre Kelche auf den Punkt geöffnet. Alma hatte sich schon immer gefragt, wie Baer das hinbekam.

»Soll ich?« Zögerlich betrachtete Wölkchen den Schlüssel in ihrer Hand.

»Wie lautet die Auswahlmöglichkeit?« Alma grinste.

»Das ist es nicht ...«

Alma verstand. Der Zeitpunkt war gekommen, um dem schnöden Drehen eines Schlüssels im Schloss etwas Feierliches zu verleihen.

»Einen schönen guten Tag, die Fräulein.«

Die beiden Freundinnen fuhren herum. Walter lehnte sich nonchalant ans Schaufenster, richtete zuerst die schief gestreifte Krawatte und zog anschließend den Hut. »Ich habe gehört, hier kann man verwelktes Kraut kaufen? Heu, Stroh, verfaultes, miefendes Gras?«

In diesem Augenblick hätte Emmis Gesicht in jedem Slapstickstreifen einen angemessenen Platz gefunden. »Du hast dir freigenommen?« Fassungslos wanderte ihr Blick zwischen Alma, Walter und dem Schlüssel in ihrer Hand hin und her. Dann kicherte sie. »Ist das eine Verschwörung?«

»Ich fange heute etwas später an. Feuerwerk und Champagner gibt es jetzt zwar nicht, aber wenn wir noch lange hier herumstehen, wird das mit dem verwelkten Kraut da drinnen Wirklichkeit.« Mit dem Daumen deutete Walter auf die Schaufensterscheibe. »Hast du vergessen, wie das mit dem Schlüssel funktioniert? Vielleicht hilft dir das auf die Sprünge.« Er trat ein paar Schritte vor, griff in die Jacketttasche und zog ein kleines

Päckchen hervor. »Frau Filialleiterin«, begann er und ließ das in buntes Papier eingehüllte Mitbringsel an einem Ende des roten Geschenkbands vor Emmis Gesicht hin und her schwingen wie ein Pendel. »Von meinem Cousinchen und mir.«

Augenblicklich füllten sich Emmis vor Überraschung aufgerissene Augen mit Tränen. »Aber ... Alma, Walter ... ihr könnt doch nicht ...«

Während sich Wölkchens Wangen vor Freude verfärbten, kaute Alma beschämt auf ihrer Unterlippe. Den Stich in ihrem Herzen konnte sie nicht ignorieren. Walter hatte an ein Geschenk gedacht, an etwas, was den heutigen Tag in seiner Besonderheit unterstrich. Etwas, was Emmi für immer an diesen erinnerte. Ungefragt hatte er die Aufgabe übernommen, die Alma, zerstreut und abgelenkt durch so vieles, vergessen hatte.

Du hast deine beste Freundin heute Morgen nicht gebührlich behandelt, und jetzt liest dir dein Cousin unwillentlich die Leviten, dachte sie und schlug die Augen nieder.

Als sie wieder aufsah, begegnete ihr Walters aufmunternder Blick. Ein Gräm-dich-nicht-Cousinchen-Ausdruck, der mit einem freundlichen Zwinkern einherging. Alma schluckte heftig und lächelte zurück.

Inzwischen hatte Emmi die Ladentür geöffnet und trat mit einem großen Schritt über die Schwelle. Geschwind lief sie hinter die Theke, ließ ratternd die Kassenlade aufschnappen, griff hinein und hielt kopfschüttelnd ein Bündel Geldscheine hoch. »Dieser alte Schelm! Hat er mir doch tatsächlich viel mehr Wechselgeld dagelassen als notwendig, damit die Kunden den Eindruck haben, das Geschäft brummt schon kurz nach Ladenöffnung!« Schwungvoll ließ sie die Lade wieder einrasten. »Der gute alte Baer.«

Während sie sich dann daran machte, das Einwickelpapier

von Walters Geschenk zu lösen, beugte sich ihr Vetter zu Alma. »Cousinchen, keine Schelte, bitte.«

Alma wandte ihm den Kopf zu. »Ich ...«

»Du hattest anderes im Oberstübchen. Du bist beschäftigt und ... nein«, er hob verhalten die Hände, so dass Emmi nichts mitbekam, »das ist richtig so. Es gibt keinen Grund, sich in irgendeiner Form zu grämen.«

»Das tue ich aber.«

»Musst du nicht. Hast du gesehen, wie sie vor Freude angelaufen ist wie ein frisch gesottener Krebs?« Er grinste breit, als Alma nickte.

»Du denkst mal wieder für alle«, gab sie seufzend zu. »Das ist nur einer der Gründe, weswegen du mein Lieblingscousin bist.«

»Keine Kunst, da du nur einen Cousin hast.«

»Dafür aber den besten.«

Walter beugte sich zu ihr und drückte ihr einen Kuss auf die Wange. »Es war nicht teuer«, sagte er anschließend mit gesenkter Stimme. »Modeschmuck. Nichts Echtes. Nur eine Kleinigkeit.«

Diese Kleinigkeit hielt Emmi zwischen »Ahs« und »Ohs« in der Hand, und Alma trat hinter die Ladentheke, um das Geschenk näher zu betrachten. Walter, ein Mann mit Geschmack, hatte eine Brosche in Form einer filigran gearbeiteten Lilienblüte ausgesucht. Ein schmales Blatt, dessen Adern durch fein facettierte Markasite betont wurde, schmiegte sich daran. Auch die Blüte trug einen Kranz dieser metallen glänzenden Kristalle, und in deren Mitte saß eine herrliche Schmuckperle.

»Steckst du sie mir an?«, flüsterte Wölkchen. »Sie ist so schön.«

»Walter hat sie herausgesucht. Eigentlich gebührt ihm die

Ehre.« Als ihr Cousin salopp abwinkte, befestigte Alma die Brosche vorsichtig am Ausschnitt von Emmis Kleid. Sie war nicht schwer genug, um den Stoff zu verziehen. »Sie ist perfekt.« Und das war sie auch.

Kaum glänzte die Lilienblüte neben Emmis Schlüsselbein, kündigte ein Klingeln den ersten Kunden an, einen älteren Herrn. Wenig später folgte der zweite, und dann betrat eine Dame den kleinen Laden, deren ausgestellte Hutfeder Walter nahezu die Augen ausgestochen hätte, wäre er nicht hinter einer hohen Vase mit Kunstblumen in Deckung gegangen. Während Emmi hin und her sprang, ihren Kunden mit Rat beiseitestand, Sträuße zusammenstellte und die Stängel anschließend in einem kleinen Hinterraum kürzte, hatte sich Alma hinter die Kasse gestellt und die erste Einnahme hineingetippt. Stolz gab sie das Wechselgeld heraus, wünschte dem älteren Herrn einen wunderschönen Tag, schwenkte fröhlich den eingenommenen Schein in Richtung Emmi und ließ die Kassenlade ebenso schwungvoll einrasten wie Wölkchen zuvor. Als sie sich umdrehte, um Emmi den frisch gebundenen Strauß für die Hutfederkundin aus der Hand zu nehmen, fiel ihr Blick auf die Schlagzeile der Badischen, mit der die Frühlingsblumen umwickelt waren.

Skandalöser Diebstahl bei Schmoller in Karlsruhe!, plärrte es in großen Lettern.

Alma, den Arm auf halbem Weg Richtung Kundin ausgestreckt, zögerte. Hermann Schmoller & Co. gehörte zum Knopf-Konzern. Die beiden Kaufhausgründer waren miteinander verschwägert.

»Gibt es ein Problem?«, fragte die Dame mit hochgezogenen Augenbrauen.

Alma schüttelte den Kopf. »Entschuldigen Sie, aber die Zeitung ist sehr schmutzig. Die Druckerschwärze ... Sie ruinieren sich Ihre wunderschönen Handschuhe.« Sie wich Walters fragendem Blick aus und ging nach hinten zu Emmi, zog eine andere Zeitungsseite aus dem Stapel, wickelte die Blumen aus und bedeckte die feuchten Stängel mit dem neuen Papier. Dann trat sie wieder in den vorderen Ladenbereich und überreichte der Dame, die über so viel Weitsicht freudig über beide runde Wangen strahlte, den Strauß.

»Was war denn das?«, fragte Emmi, nachdem eine weitere zufriedene Kundin den Laden verlassen hatte. »Die Zeitung ist von vorgestern. Da kann nichts mehr abfärben.«

»Unser Fräulein Holmes ermittelt wohl wieder.« Walter, die fragliche Zeitungsseite in der Hand, sah auf und deutete auf die Schlagzeile. »Diebstahl bei Schmoller in Karlsruhe. Schmuck und Armbanduhren. Es waren zwei jüngere Frauen, die über die Kaiserstraße in einem Automobil entkommen sind.« Stirnrunzelnd sah er zuerst Emmi und dann Alma an. »Ihr seht aus, als rumpelt es heftig bei euch im Denkapparat. Ihr wisst nicht zufällig etwas darüber?«

»Bist du denn weitergekommen?«, fragte Friederike später in der Mittagspause, ohne sie dabei anzusehen. Sie waren zum Gausplatz geschlendert und saßen dort auf einer Bank vor der englischen Kirche. Friederike löste den Blick von der Sandsteinfassade und betrachtete stattdessen das belegte Brot in ihrer Hand von allen Seiten, bevor sie fortfuhr: »Was ist jetzt mit diesem Paul?«

Alma reagierte nicht, denn sie dachte noch über Friederikes erste Frage nach. Wieder schoss ihr der modrige Tunnel durch den Kopf; kurz verspürte sie erneut diese tiefgreifende Angst.

Sie erinnerte sich an das Versprechen, das sie den Frauen hatte geben müssen, und an die Schlagzeilenseite der Badischen in ihrer Handtasche. Auf Walters Frage, ob sie denn etwas von diesem Kaufhausraub wüssten, hatten sich Emmi und Alma nicht angesehen, sondern Walter unverwandt angeblickt und verneint. Einen Teil des Artikels hatte Alma später im Amt vor Schichtbeginn kurz überflogen. Zwei Frauen hatten das Diebesgut in ihre Röcke gleiten lassen, die extra genähte und modisch geschickt versteckte Taschen besaßen. Dabei waren sie von einem Kaufhausdetektiv beobachtet worden, der sie mit Hilfe einer hinzueilenden Kundin festhalten konnte. Doch sie schlugen wild um sich und konnten schließlich mit dem Automobil fliehen, das vor Schmoller & Co. mit laufendem Motor auf sie gewartet hatte. Diese beiden Frauen ... waren es Käthe und Vicky gewesen? Eine genaue Beschreibung der Diebinnen fehlte. Hatte die Libelle ihren Einflussbereich in Baden ausgeweitet? Oder agierte in Karlsruhe womöglich die Konkurrenz, von der die Queen gesprochen hatte?

»... wollen wir jetzt tun?«, hörte Alma Friederike sagen, und sie brauchte einen Moment, um sich zu sammeln und die Gedanken aus ihrem Kopf zu verscheuchen.

Die Handtasche, erinnerte sie sich. »Gehen wir doch noch einmal den Inhalt von Gertrudes Tasche durch«, erwiderte sie.

Friederike runzelte die Stirn. »Das Gedicht. Paul. Es war von einem Paul die Rede. Was ist denn jetzt mit dem?«

»Da bin ich dran.« Ludwig hatte sich bis jetzt noch nicht bei ihr gemeldet, inzwischen befürchtete Alma, dass er nichts herausgefunden hatte.

Ein Sperling flatterte ihnen vor die Füße und pickte nach den Brotkrumen, die aus Friederikes Dose gefallen waren. Mit der Beute im Schnabel verschwand der Vogel so schnell, wie er gekommen war. Es hatte aufgeklart, ein leichter Wind hatte die Regenwolken vertrieben, und die Mittagssonne spiegelte sich in der Glasrosette des Kirchturms.

Alma zog ihr Notizbuch aus der Handtasche. »Lass uns doch noch einmal über das Gedicht nachdenken.« Rilke. Russland. Die Kommunisten. »Hat sich denn deine Cousine jemals irgendwie politisch geäußert?«

Kurz bevor Alma mit Friederike in die Mittagspause gegangen war, hatte sie Erna beiseitegenommen. An deren argloser Miene war deutlich abzulesen gewesen, dass sie den gestrigen Vorfall, den am Straßenrand haltenden Wagen, die beiden Frauen, die sich wie Männer gekleidet hatten, und die Sache mit dem Kartoffelsack nicht mitbekommen hatte. Also hatte sich Alma geschenkt, Erna darauf anzusprechen, und ihr stattdessen den Namen »Paul« hingeworfen. Almas Hoffnung, dass ihre an Politik interessierte Kollegin, die sich eindeutig auf die Seite der linken Parteien schlug, mit diesem Namen etwas verbinden konnte, waren enttäuscht worden. Ernas Augenbrauen waren nur verwundert nach oben geschossen.

»Was denn für ein Paul? Hat der dich sitzengelassen?«, hatte sie genüsslich nachgehakt und dann breit gegrinst.

Alma war hartnäckig geblieben. »Jetzt überleg' doch mal. Paul. Rilke-Liebhaber.«

»Meine Güte, Alma. Rilke-Liebhaber. Geht's noch konkreter? Weißt du, wie viele Menschen in meinem Bekanntenkreis Rilke verehren? Da ist sicher auch ein Paul dabei.« Sie legte die Hand ans Kinn. »Ja. Stimmt. Paul. Kenne einen. Der muss sicher an die siebzig sein. Ist er das?« Sie zwinkerte Alma zu. »Ältere Herren, was? Was ist denn mit diesem Kommissar?« Dann hatte Erna gelacht und sich umgedreht, und damit war die Sache erledigt gewesen.

Ob es diesen Paul überhaupt gab? Langsam erschien er ihr wie eine Art Bühnenzauber. Kommen und staunen Sie! Ein Mann verschwindet! Gleich nachdem die Dame zersägt wurde!

»Politisch geäußert? Nein. Nie«, antwortete Friederike jetzt und kräuselte abschätzig die Lippen. »Wir sind doch zu dem Schluss gekommen, dass es sich um einen Liebesbrief handelt. Schreibst du wirklich alles auf? Was bedeuten diese Pfeile hier?« Mit dem Finger tippte sie auf die entsprechende Stelle auf der aufgeschlagenen Seite.

»So recherchiert man heutzutage. Man stellt Beziehungen her, verbindet Dinge, die miteinander in Zusammenhang stehen könnten, und kennzeichnet sie entsprechend.« Alma hatte das von Ludwig gelernt. Seiner Meinung nach war diese Methode die effektivste, um sich mit einem Fall zu beschäftigen. In Baden-Baden ermittelte die Polizei weiterhin konservativ, in Berlin war man schon weiter, und Ludwig hielt die neuen Methoden, die man dort anwandte, für zukunftsweisend.

»Und welche Beziehungen hast du hergestellt?«, wollte Friederike wissen. »Was soll das Fragezeichen hier an dieser Stelle? Ich kann das darunter nicht richtig lesen.«

»Das steht über ›Kreuz und Krone‹. Das hatte sich Gertrude auf diesen Zettel notiert. Darüber denken wir jetzt gemeinsam nach. Was fällt uns noch dazu ein, außer, dass es für ihre Beziehung mit Paul stehen könnte?«

»Ist das denn wichtig?«

»Alles ist wichtig«, meinte Alma. »Deswegen solltest du versuchen, dich an Gespräche mit deiner Cousine zu erinnern.«

Nachdenklich schob sich Friederike den blonden Pony aus der Stirn. »Wir haben mit Sicherheit nicht über irgendwelche Kreuze und Kronen geredet.«

Alma überkam das Gefühl, dass sich die Konversation zwischen den Cousinen um nicht viel mehr als um das Wetter gedreht hatte. Ihr eigenes Verhältnis zu Walter war von Vertrauen und Offenheit geprägt. Aber Verwandtschaft war nun mal nicht immer mit Verbundenheit gleichzusetzen.

Wenig später traten die Frauen den Rückweg ins Amt an. Als ein forsch ausschreitender Herr um die Ecke des Saalbaus rauschte, der es offenbar eilig hatte, sprang Alma derart alarmiert zwei Schritte zur Seite, dass nur Friederikes beherzter Griff um ihren Oberarm sie davor rettete, von einem heranbrausenden Wagen touchiert zu werden. Die Schimpfworte, die Friederike dem weiterhetzenden Fußgänger mit erbost erhobenem Zeigefinger hinterherrief, hatte Alma noch nie aus dem Mund ihrer Kollegin gehört.

»Menschenskind, was für ein Rüpel! Bist du in Ordnung? Du bist blass wie die Wand!«

»Natürlich.« Demonstrativ klopfte sich Alma nicht vorhandenen Staub von der Jacke, aber ihr Herz raste. Wie lange würde es dauern, bis sie wieder unbeschwert die Straße entlanggehen konnte, ohne Angst davor zu haben, unvermittelt einen Kartoffelsack über den Kopf gestülpt zu bekommen? Friederike schien nicht zu bemerken, was in ihrer Kollegin tobte.

»Ist es nicht furchtbar, wie bösartig Leute werden können? Einfach nur Ruhe haben«, murmelte sie nun neben Alma, als die beiden in die Sophienstraße einbogen. »Ruhe. Das wäre doch schön. Keine dunklen Gedanken. Keine schlimmen Vermutungen, keine …« Plötzlich brach sie ab und blieb vor dem Eingang zum Postamt stehen.

Von der Seite betrachtete Alma Friederikes zusammengepressten Lippen, die großen blauen Augen, in denen sich Tränen gebildet hatten. Behutsam legte sie eine Hand auf die

Schulter ihrer Kollegin. »Wir finden heraus, was mit Gertrude passiert ist.«

Ein Ruck ging durch Friederike. »Ich vertraue dir, Alma, das weißt du.«

Alma nickte, gerührt über diesen Satz ihrer Kollegin, die doch sonst nicht zur Sentimentalität neigte.

»Aber, versprich mir, dass es nicht zu lange dauern wird.«

»Ich bemühe mich. Ich weiß doch, wie viel dir daran liegt.« Und mir auch, schob Alma im Stillen hinterher.

Sie hakte sich bei ihrer Kollegin unter, und gemeinsam traten sie in die Schalterhalle. Als ihnen der Postbeamte Engelhorn hinter dem Telegrammschalter freundlich zunickte, zeigte Friederikes Gesicht wieder die aufgeräumte Miene eines Fräulein vom Amt.

Ein Tag wie jeder andere.

»Emmi, du erinnerst dich sicher noch an unser Gespräch über meine ... Ermittlungstätigkeit.« Alma schritt versonnen durch die kleine Dachwohnung, von der Küche in den Flur und wieder zurück. Auf und ab und auf und ab. »Ich hatte dir versprochen, dich nicht mehr im Dunkeln zu lassen. Dich immer auf dem Laufenden zu halten und um Unterstützung zu bitten.« Sie zwang sich stehen zu bleiben und tief Luft zu holen. »Es ist etwas passiert.«

Ihr Spiegelbild in der Fensterscheibe schien ihr aufmunternd zuzunicken, und Alma holte Luft. »Ich bin entführt worden«, gestand sie dem ansonsten leeren Raum.

Emmi war noch nicht zu Hause, würde erst in wenigen Minuten kommen, was Alma die Gelegenheit gegeben hatte, den Tisch fürs Abendessen zu decken und ihr kleines Geständnis einzuüben. Immer noch wusste Wölkchen nichts von der Entführung, und dabei hatte Alma ihr ihr Wort gegeben. Seltsamerweise fiel es ihr leichter, Ludwig von ihren Unternehmungen zu berichten als ihrer besten Freundin. Nicht dass Ludwig sich nicht ebenfalls Sorgen machte, dass er nicht ebenfalls entsetzt nach Luft schnappte. Aber die Einordnung eines Mannes, was gefährlich war und was nicht ... Alma lächelte traurig. Männer hatten manchmal seltsame Vorstellungen, dachte sie bei sich. Und auch wenn sie Ludwig liebte, diesen einfühlsamen, mutigen und wunderbaren Mann, so wurde ihr doch immer wieder bewusst, dass sie in zwei verschiedenen Welten lebten – er als Mann und sie als Frau.

Erneut atmete sie tief ein, strich ihren Rock mit den Händen glatt, und als sie es draußen im Flur rumoren hörte, drehte sie sich zur Tür.

»Fräulein Wolke!«, tönte die empörte Stimme der Witwe Meier durchs Treppenhaus, und Alma musste grinsen. Hätte es sie doch gewundert, wenn Emmi zur Feier des Tages nicht wenigstens ein winziges bisschen ungebührlich gewesen wäre.

»Was hast du angestellt?«, fragte sie amüsiert, als ihre Freundin die Tür öffnete und regelrecht in die Dachwohnung geflogen kam. Doch Wölkchen legte nur lächelnd den Zeigefinger auf die Lippen.

»Emmi, ich muss dir etwas sagen«, begann Alma, merkte aber schnell, dass ihre Freundin ihr kaum zuzuhören schien. Wölkchens Finger tanzten durch die Luft, ähnlich denen Albert Baers, wenn er seinen Kunden die Gesteckkreationen erklärte, als sie erzählte: »Heute früh, gerade als ihr fort wart, du wirst nicht glauben, wer im Laden war! Halt dich auf dem Stuhl fest ... Ach, du sitzt ja gar nicht!« Sie gab Alma keine Sekunde, um zu raten, sondern fuhr gleich fort: »Erinnerst du dich noch an Hedwig aus der Bauernfeldstraße?« Sie kicherte. »War heute früh im Laden, zerknittertes Seidenkleid, der Lippenstift von gestern, aber dieses Leuchten von einer durchgetanzten Nacht. Ein Galan am Arm, und ich kann dir sagen, dessen Gesicht hatte noch mehr Falten als ihr Rock!«

Nun musste auch Alma lachen, die doch eigentlich hatte ernst bleiben wollen. »Hedwig aus der Bauernfeldstraße! Stille Wasser sind tief«, sagte sie und dachte an die etwas blässliche Mitschülerin, die kaum je ein Wort gesagt hatte.

»Zwanzig rote Rosen hat er ihr gekauft, und der Ring an ihrem Finger ein echter Rubin. Besser, sie läuft nicht Vicky und Käthe damit über den Weg.« Erneut ertönte Emmis perlendes Lachen durch die Wohnung, diesmal so laut, dass Alma sich sicher war, die Meier suchte schon wieder nach ihrem Besenstiel, um ihn aufs Geländer donnern zu lassen.

Bevor sie das Thema anlässlich Vicky und Käthe wieder in ernste Bahnen lenken konnte, entdeckte Emmi den gedeckten Tisch.

»Oh, Alma, ihr verwöhnt mich.« Sie hielt kurz inne und legte den Kopf schief, als ob sie intensiv nachdenken müsse. »Weißt du«, meinte sie dann, »eure wunderbare Brosche, die Walter für mich herausgesucht hat. Das zeigt doch, dass ich ihm nicht ganz gleichgültig bin, oder? Betty hin oder her. Das ist doch ein eindeutiger Hinweis. Meinst du nicht?« Glücklich seufzend zog Wölkchen ihren Mantel aus, den sie achtlos aufs Sofa fallen ließ, und griff vorsichtig in ihre Handtasche. »Und für dieses Festmahl hier habe ich genau den richtigen Nachtisch!«, sagte sie triumphierend, als sie aus einer Tüte kleine farbige Furchtgummis in Bärenform herausholte. »Zur Feier des Tages, und weil du dir so viel Mühe gegeben hast mit mir, meine Blume. Und Lakritz magst du ja nicht so.«

Das schlechte Gewissen, in doppelter Hinsicht, pikste Alma, und sie beschloss, dass es während des Essens wirklich nur noch um Emmi gehen sollte. Das war sie ihrer Freundin schuldig. Ihre Beichte, nun ja, die musste eben bis nach dem Dessert warten.

Alma stellte das Grammophon an, in Zimmerlautstärke, um die Meier nicht noch mehr zu reizen, und tanzte zu den ersten Klängen von Lehars Lustiger Witwe an den Tisch.

»Es fühlt sich einfach ganz anders an«, erzählte Emmi, während sie sich einen Fingerbreit Butter aufs Brot schmierte. *Zur Feier des Tages.* »Versuch du mal, ein Gesteck zu binden, wenn der Baer dir währenddessen in den Nacken atmet.« Sie biss herzhaft in ihr Brot.

Alma setzte sich. »Und jetzt, in deinem eigenen Laden, atmet keiner mehr?«

»Nur noch mit meiner Erlaubnis!«

Es tat gut zu lachen, dachte Alma, als sie neben Emmi saß, zu Abend aß und mit ihrer besten Freundin scherzte. Der erste Tag im Laden war aufregend gewesen, wie könnte es anders sein, und Emmi hatte viel zu berichten.

Schließlich räumte Alma die Teller beiseite, und Wölkchen griff zur Tüte mit den Tanzbären.

»Von einem Verehrer?«, fragte Alma.

Emmi schüttelte den Kopf. »Die hat eine Dame im Laden vergessen.«

»Und die lässt du einfach so mitgehen? Was ist, wenn sie morgen wiederkommt und danach fragt?«

»Alma! Bis dahin sind die doch gar nicht mehr gut.« Genüsslich steckte Emmi sich einen der Tanzbären in den Mund.

Erneut zupfte es an Almas Mundwinkeln, und als Emmi aufstand, um die Dame in ihrem Hermelinmantel zu imitieren, deren affektierte Sprache Wölkchen gut im Gedächtnis geblieben war, brachen sie schließlich beide in Gelächter aus. Sie lachten und kicherten, bis sie plötzlich ein Klopfen an der Wohnungstür zum Verstummen brachte.

Misstrauisch blickte Emmi zur Tür, und auch in Alma machte sich ein mulmiges Gefühl breit. Das letzte Mal, das so spät jemand bei ihnen zu Besuch gewesen war, hatte es keine guten Neuigkeiten gegeben.

Beim zweiten Klopfen gab Alma sich schließlich einen Ruck. Draußen stand Ludwig, Blutflecken unter der Nase und im Mundwinkel.

»Alma, wir haben deinen Paul gefunden.«

9

Über die monotone Tätigkeit an ihrem Schaltschrank war Alma an diesem Morgen beinahe froh. Finger schwirren lassen, Kabel stecken, freundlich die längst auswendig gelernten Sprüchlein herunterrasseln. Froh deshalb, weil ihr dann keine Zeit zum Grübeln blieb. Keine Zeit, um über Ludwig nachzudenken, über die Tatsache, dass ihr Herz sich gestern zusammengekrampft hatte, dass sie ihn heute früh am liebsten nicht hätte gehen lassen.

Er war in eine Schlägerei geraten, die Deutschnationalen und die Kommunisten, und er konnte von Glück sagen, so glimpflich davongekommen zu sein. Die Gewalt nahm zu, selbst in Baden-Baden, das Alma immer so idyllisch vorgekommen war. Aber auch hier hielt die Politik aus Berlin und München Einzug, und nach der Neugründung der NSDAP im Februar fühlten sich die Rechten wieder stark.

Einer der Festgenommenen, der keine ärztliche Hilfe gebraucht hatte, hieß Paul Nufer. Er war Kommunist.

Paul, der Kommunist, dachte Alma. In was war Gertrude hier hineingeraten?

So fühlte sich das also an, dachte sie, wenn man sich Sorgen machte um eine geliebte Person, ernsthafte Sorgen um Leib und Leben. Ging es Ludwig so, wenn sie selbst ermittelte? Von Anfang an hatte sie gewusst, welchen Beruf er ausübte, aber die Gefahr, der er tagtäglich ausgesetzt war, wurde ihr erst jetzt richtig deutlich. War ihr mit Macht deutlich geworden, als er verletzt, mit Blutflecken auf dem Kragen vor ihr gestanden hatte.

»... keiner mehr was von ihr wissen! Das wird selbst denen jetzt zu viel. Alma?«

Alma, deren Finger sich schon nach der nächsten Klinke ausgestreckt hatten, verharrte in der Bewegung. Sie wandte den Kopf, weit genug, um Ida, die sie angesprochen hatte, aus den Augenwinkeln zu sehen, aber nicht weit genug, um die Aufmerksamkeit des Drachen zu erregen.

»Sie wird inzwischen nicht mehr eingeladen, die Berber«, berichtete Ida leise und mit nicht zu überhörendem Spott in der Stimme. »Hat einen ihrer Gastgeber geohrfeigt, einer Dame auf der Straße fast den Finger abgebissen! Ihre auffällige Art ist nicht mehr gefragt, allem Anschein nach haben die genug von ihr! Na ja, ist ja auch nicht verwunderlich, oder? Irgendwann nutzt sich jeder Spleen ab und wird dann nervtötend statt aufregend. Auch die Berliner wollen mal ihre Ruhe haben.«

Alma nickte zustimmend, sie war jedoch nicht recht bei der Sache, weder mit dem Kopf noch mit dem Herzen. Das bemerkte auch Ida, die sie stirnrunzelnd ansah. Mit einem flüchtigen Lächeln versuchte sie, die Kollegin zu beruhigen, bevor sie sich wieder der Arbeit und ihren düsteren Gedanken widmete. Ein Blick zu Friederike zeigte ihr, dass es der Kollegin nicht viel anders ging, sie knabberte auf ihrer Unterlippe, strich immer wieder den Pony aus der Stirn, ein untrügliches Zeichen dafür, dass sie nervös war, nachdachte, ohne zu einem zufriedenstellenden Ergebnis zu gelangen.

Paul, der Kommunist. Würde er Licht ins Dunkel bringen können? Nachdem Alma Ludwig verarztet hatte – richtig verarztet und nicht nur ein Glas Schnaps hingestellt, was Emmis Auffassung von Fürsorge entsprach –, hatte er ihr versprochen, dass sie mit Paul reden durfte. Nicht auf der Polizeiwache, nein, es war nicht sein Fall, der Mord an Gertrude (oder Selbstmord, wie der Kollege Franck ihn zu den Akten gelegt hatte). Aber Ludwig hatte ihr sein Wort gegeben, dass er sie zu Paul begleiten würde – nach dessen Freilassung, die nicht allzu lange auf sich warten lassen sollte. Bei Schlägereien ließ man die Männer für gewöhnlich eine Zeitlang in ihren Zellen schmoren, und dann hoffte man, dass die Gemüter sich so weit abgekühlt hatten, dass es die nächsten Wochen friedlich blieb. Aber da war auch immer noch der Krieg, der in einigen der ehemaligen Soldaten steckte. Gewalt, die sich in ihnen plötzlich Bahn brach, ohne dass sie etwas dagegen tun konnten. Ganz unabhängig von der politischen Einstellung. Der Horror des Erlebten, der sich nicht bekämpfen ließ. Plötzlich wanderten Almas Gedanken weg von Gertrudes Paul und wieder hin zu Ludwig. Zu der feinen Narbe auf seiner Wange, über die er nie ein Wort verlor.

»Eine Topsau«, kam es jetzt wieder von Ida.

»Was?« Verwirrt fuhr Alma herum.

Ida begann zu glucksen, presste die Lippen zusammen, um den Heiterkeitsausbruch einzudämmen. »Eine Topsau hat sie ein Gast in Berlin genannt.«

»Die Berliner«, hörte Alma leise, aber vernehmlich Friederikes Stimme. Immer noch blass, konnte die Kollegin mit ihrer Meinung über die Hauptstadt der Republik wie üblich nicht hinter dem Berg halten.

Währenddessen schweifte Almas Gedanken wieder ab. Würde Paul Licht ins Dunkel bringen können? Rilke.

Schau, ich will nichts, als deine Hände halten
und still und gut und voller Frieden sein.

Doch jäh wurde sie erneut von einer schrillen Stimme, diesmal aus dem Kopfhörer, aus ihren Überlegungen gerissen.

»Hallo? Hallo, Fräulein! Die Polizei, wir brauchen die Polizei«, kreischte es aus der Leitung des nächsten Anrufers.

Die 729, Alma warf einen Blick auf den blinkenden Schaltschrank, das Hotel Metzmeierhof.

»Ich verbinde sofort«, sagte sie, während ihre Finger schon nach der richtigen Buchse suchten. Nicht nur Ludwigs wegen wusste sie die Nummer auswendig.

»Ein Diebstahl«, schrillte es derweil weiter aus dem Hörer. »Stellen Sie sich das vor! Das Fräulein Rubzowa! Und das in unserem Haus!«

»Unglaublich«, antwortete Alma höflich, die längst weiterverbunden hätte, doch die Frau am anderen Ende der Leitung schien ihre Empörung mit jemandem teilen zu wollen, und ein Diebstahl erschien Alma auch keine Sache auf Leben und Tod, obwohl ihr eigener Magen bei diesem Wort einen kleinen Satz gemacht hatte.

Die Diebstahlserie in den Hotels setzte sich also fort. Ob die Libelle doch ihre Fühler im Spiel hatte? Die Frauen bewegten sich auf dünnem Eis, während des Internationalen Turniers waren aller Augen auf die Hotels gerichtet, und Kriminalrat Berchtold würde seine besten Männer schicken, um die Fälle aufzuklären. Sicher würde er Kopper beauftragen, vielleicht Ludwig. Alma knabberte besorgt auf ihrer Unterlippe, während ihr Finger über der Klinkenbuchse schwebte.

»Kennen Sie das Fräulein Rubzowa?«, wollte die Anruferin nun neugierig wissen.

»Tut mir leid, nein.«

Sie fragte sich allerdings mittlerweile, wie der Name der Person am anderen Ende der Leitung lautete. Die Hausdame – denn bei der Anruferin handelte es sich allem Anschein nach um diese – des Metzmeierhofs wirkte wie ein kopfloses Huhn, um es uncharmant auszudrücken, aber ein passenderer Vergleich fiel Alma nicht ein.

»Das Schachtalent! Was für einen schönen Schmuck sie gehabt hat. Einen Haarkamm mit einem Rubin darin. Zu ihren dunklen Locken ein Traum«, schwärmte die Anruferin.

Wieder klingelte bei Alma nichts, was aber nichts zu bedeuten hatte. Der Name Rubzowa hatte womöglich noch nicht über russische Grenzen hinaus Berühmtheit erlangt, aber so begeistert, wie die Hausdame von ihr sprach, konnte das durchaus noch werden. Das Internationale Turnier war Männern vorbehalten, aber Alma hatte gelesen, dass auch einige Frauen vor Ort waren, um sich Partien anzusehen. Unter ihnen auch diese schwedische Schachspielerin, deren Name Ida erwähnt hatte, an den sich Alma aber nicht mehr erinnern konnte. Offenbar war das Fräulein Rubzowa im Metzmeierhof abgestiegen – oder zumindest am Abend dort zu Gast gewesen.

»Ich würde Sie nun mit der Hauptwache verbinden«, begann Alma.

»Wenn ich darum bitten darf!«, rief die Hausdame. »Es ist ja so schrecklich. Ein Diebstahl, ein Diebstahl in meinem Hotel! Ich hätte ja nie gedacht …«

Es machte Klick, und Alma zog den Kopfhörer hinunter, als sie die Verbindung gesteckt hatte. Du lieber Himmel, bisher kannte Alma nur die Hausdame des Hotels Hollande persönlich, die Effizienz in Person. So etwas Ausuferndes wie gerade eben hatte sie noch nie erlebt.

»Schwierige Kundschaft?«, raunte Ida.

»Die Hausdame im Metzmeierhof.« Ihr schwirrte immer noch der Kopf.

»Die Blumfeld?« Ida hob die Augenbrauen. »Spricht wie ein Buch.«

»Eher wie ein Wasserfall«, murmelte Alma. Dann kniff sie die Augen zusammen. Da passte doch etwas nicht. Was hatte ihre Anruferin gesagt? »In meinem Hotel«? Alma hatte gedacht, sie meinte es im übertragenen Sinne, weil sie sich verantwortlich fühlte. Sie erinnerte sich an die auffallend stark geschminkte Frau mit den wasserstoffblonden Haaren, die ihren Mann auf der Bühne während der nachgespielten Schachpartie nicht aus den Augen gelassen hatte. Als befürchte sie, er würde etwas falsch machen. »O Gott, das war die Metzmeier höchstpersönlich«, stöhnte sie.

»Das ist 'ne Type.« Ida kicherte. »Sie spricht, wie sie sich bepinselt«, fasste sie dann zusammen, »mit großer Hingabe.«

Ein gestohlener Rubin.

Während der letzten Stunden hatte diese Neuigkeit an Alma genagt, sich langsam in den Vordergrund gedrängt, und sie war zu dem Schluss gekommen, dass sie mehr darüber erfahren musste.

Aus diesem Grund flitzte Alma nach ihrer Schicht förmlich aus der Post auf die Straße. Wölkchen musste Bescheid wissen, sie war immer auf dem Laufenden. Vergeblich versuchte Alma, sich daran zu erinnern, ob Emmi ihr von einer Gesellschaft im Metzmeierhof erzählt hatte, bei der sie persönlich für die Dekoration verantwortlich war. Albert Baer arbeitete für die größten Hotels der Stadt, irgendeine seiner Angestellten, ob nun Sieglinde, Heidrun oder eben Emmi, war womöglich vor Ort gewesen, als sich der Diebstahl ereignet hatte.

Während Alma darauf wartete, dass die Sophienstraße frei wurde – ein Automobil nach dem anderen brauste vorbei –, warf sie einen schnellen Blick auf ihre Armbanduhr. Halb sieben. Wenn sie sich beeilte, würde sie ihre Freundin noch im Blumenladen erwischen.

Flott überquerte Alma die Fahrbahn bis zum Spazierweg unter den Kastanien in der Mitte, wich geschickt mehreren Flaneuren aus und wechselte anschließend hurtig auf die andere Straßenseite. Sie hatte gerade einen weiteren Haken um ein abgestelltes Motorrad geschlagen, da wäre sie um ein Haar mit einem älteren Paar zusammengestoßen, das aus Dr. Rösslers Apotheke trat.

»Entschuldigung!«, stieß sie hastig aus, ohne die beiden anzusehen, und preschte weiter; doch da erklang nur den Bruchteil einer Sekunde später ein zögerlich ausgesprochenes, aber deutlich zu hörendes »Alma?« hinter ihrem Rücken.

Überrascht drehte sie sich um. »Onkel Georg!«, rief sie aus.

Walters Vater trug einen knielangen zweireihigen Wollmantel mit breitem Umschlagkragen, wie es dem gegenwärtigen Geschmack entsprach. Auf seinem Kopf saß ein Trilby, und ebenso verblüfft stellte Alma fest, dass ihr sonst so modisch überholter Onkel zu einer äußerst gewagt gemusterten Krawatte gegriffen hatte. Der offensichtliche Grund für diese Hundertachtziggradwende in Sachen Schönheitssinn hatte sich bei ihm untergehakt und lächelte Alma freundlich an.

»Alma«, wiederholte Onkel Georg. Jetzt weniger zögerlich. In ihm schien Entschlossenheit mit Zurückhaltung zu kämpfen, aber der Vorsatz, sich der Nichte nun endlich mit der neuen Frau an seiner Seite zu präsentieren, ließ seine Stimme fest werden. »Du hättest uns beinahe auf die Straße gerempelt.«

Bei diesem Ausdruck, der so ganz Walter war, konnte Alma nicht anders als lachen. »Tut mir wirklich leid«, wiederholte sie, lief die paar Schritte zur Apotheke zurück und gab ihrem Onkel einen Kuss auf die Wange. Ein frischer Hauch von Rasierwasser kroch ihr in die Nase – eine weitere Revolution. Dann hielt sie der eleganten Dame neben ihm die Hand hin. »Alma Täuber ...«, sie zögerte kurz. »Alma. Nur Alma natürlich. Es freut mich sehr, Sie kennenzulernen.«

»Luise Birnbaum, die Freude ist ganz meinerseits. Luise und du, bitte«, grüßte sie kordial.

Der Händedruck der Frau war angenehm fest. Ihre schmalen Finger steckten in schwarzen Handschuhen aus dünnem Leder, ihr dezent geschminktes Gesicht strahlte liebenswürdig.

»Nun, da habt ihr euch jetzt schon selbst vorgestellt«, murmelte Onkel Georg ein wenig verlegen.

Luise zwinkerte Alma verschwörerisch zu. Beide lachten, und Walters Vater sah zunächst verwirrt von einer zur anderen, dann aber wechselte er einen schnellen Blick mit der Frau, die jetzt den Platz von Walters verstorbener Mutter eingenommen hatte. Blondes kinnlanges Haar statt schwarzer aufgetürmter Locken. Alma wunderte sich nicht mehr darüber, dass ihr Onkel seine Luise bis jetzt vor dem Rest der Verwandtschaft versteckt gehalten hatte. Die Sorge darüber, dass die »Neue« von Großmaman auf sichtbare Anzeichen einer Ehetauglichkeit abgeklopft werden würde, war gerechtfertigt. Denn immer noch galt bei der älteren Generation: ein schlanker oder muskulöser Körper und kurzes Haar repräsentierten bei einer Frau keinesfalls die Einsetzbarkeit für Heim und Herd. Walter hatte Alma vor einiger Zeit kopfschüttelnd von der Veröffentlichung eines

Psychiaters erzählt, der seine »Beinstellungslehre« als Werkzeug der Typologie des Menschen entwickelt hatte. Die Gewohnheit, die Beine unter den Knien zu kreuzen, deutete auf Zanksucht hin, die strenge Parallelhaltung beim Sitzen auf eine besondere Eignung zur Ehe. Menschen wurden in Schubladen gesteckt, und Alma befürchtete, dass das niemals aufhören, sondern sich nur die Beschriftung dieser Schubladen ändern würde.

»Was hältst du von einem Besuch beim Löwenbräu? Eine kleine Erfrischung?«, fragte Onkel Georg Alma nun.

»Du bist natürlich eingeladen«, ergänzte Luise.

Alma zögerte. Das Gasthaus zum Löwenbräu in der Gernsbacher Straße war nur einen Katzensprung entfernt. Trotzdem war sie hin und her gerissen zwischen der Bitte ihres Onkels und der Hoffnung, dass Emmi ihr etwas über den Metzmeierhof zu berichten wusste. Dann aber siegte die Zuneigung zu ihrem Onkel vor der Neugierde um den Diebstahl. Georg war offenbar fest entschlossen, die Gelegenheit des zufälligen Zusammentreffens beim Schopf zu packen. Alma wusste, auf was er hinauswollte: Sie sollte zu Hause die Familie auf den längst überfälligen Besuch des neuen Paares vorbereiten. Und diesen Wunsch würde sie ihrem Onkel natürlich nicht abschlagen.

Wenig später saßen die Frauen vor einer großen Kanne Tee, während Onkel Georg auf einer Halben bestanden hatte. Seiner Meinung nach war der Zeitpunkt perfekt, um sich ein Münchner Bier zu gönnen und Erinnerungen aufzuwärmen, hatte er doch gemeinsam mit Luise im November letzten Jahres ein Theaterstück von Karl Valentin in den Kammerspielen besucht.

»Das hat Walter mit keinem Wort erwähnt«, meinte Alma

und ließ ein Stück Würfelzucker in ihre Tasse gleiten. »Dann war es lustig, mit dem Herrn Valentin auf der Bühne?«

»Er ist ein echter Sprachakrobat«, meinte Luise. »Dieser Ententraum, einfach herrlich absurd! Was haben wir gelacht!«

»Im Stück diskutieren sie darüber, für wen ein Traum schöner ist: Für den, der ihn träumt, oder für den, von dem geträumt wird.« Onkel Georg setzte sein Glas an die Lippen und nahm einen großen Schluck. »Schließlich kommen die beiden im Stück zum Schluss, dass man eben eine unterschiedliche Weltansicht habe.« Mit dem Handrücken wischte er sich den Schaum von den Lippen und wiegte, wie in Rückblicke versunken, lächelnd den Kopf hin und her.

»Das ist doch ein schöner Kompromiss«, meinte Alma und dachte dabei wieder an unsinnige Dinge wie Voreingenommenheit und beschriftete Schubladen. »Das klingt, als ob mir das Stück auch gefallen würde. Wie heißt es denn?«

»*Die Raubritter von München*. Die Münchner nennen es eine historische Gaudi.« Nach ihrem misslungenen Versuch, den bayerischen Dialekt zu imitieren, schüttelte Luise kichernd den Kopf. »Ich werde das nie lernen!«

Onkel Georg grinste. »Du sprichst ja nicht einmal anständiges Badisch. Nicht, dass ich dir das vorwerfe. Nur eine Feststellung.«

Dass Luise das Badische in ihrem Sprachgebrauch nicht pflegte, wohl aber das Jiddische, war nicht das Einzige, was Alma erfuhr. In der nächsten halben Stunde lernte sie Onkel Georgs Herzdame gut genug kennen, um zu der Überzeugung zu gelangen, dass niemand, wirklich niemand ihrer Familie auch nur den kleinsten Grund haben würde, die geistig rege Frau zurückzuweisen. Luise Birnbaum stammte aus Karlsruhe, war aber erst nach dem Krieg, in dem sie ihren Mann verloren hatte, nach Baden-Baden gezogen, und zwar auf Betreiben von Luises alter Schulfreundin Johanna Knopf, der älteren Schwester des Warenhausdynastiegründers. Baden-Baden war nur einer der Knopf'schen Kaufhausstandorte von über vierzig anderen, aber in der Kurstadt war eine Stelle in der Registratur frei gewesen, die Johanna der einstmaligen Klassenkameradin sofort angeboten hatte. Luise hatte beherzt zugegriffen, war umgezogen und fühlte sich inzwischen zwischen Thermen, Kurgästen, Hotels ersten Ranges und dem ungebremsten Kulturangebot äußerst wohl. Was nicht zuletzt Onkel Georg zu verdanken war, den sie vor der Kurmuschel kennengelernt hatte.

»Ich liebe das Treiben im Warenhaus«, schwärmte sie. »Lift auf. Lift ab. Kratzende Füllfedern. Die fragenden Stimmen der Kundinnen. Schwirren und Flirren. Das laute Klacken von Fotoapparaten, die unsere neuesten Modelle ablichten. Es ist herrlich!«

Alma nickte zustimmend und hatte dabei Wölkchen vor Augen. Das war doch ganz deren Metier! Dann erzählte sie auf Nachfragen von ihrer Tätigkeit in der Hauptpost und stieß sofort auf Luises uneingeschränktes Interesse. Nach etlichen Anekdoten aus dem Alltag eines Fräulein vom Amt endete Alma, vom eigenen Redefluss übermannt, schließlich mit den Worten: »Und heute sollte ich die Polizei über einen Diebstahl informieren. Man bleibt auf dem Laufenden, kann ich euch sagen.«

»Der Metzmeierhof?«, hakte Onkel Georg verdutzt nach, und auf seiner Stirn entstand eine tiefe horizontale Linie.

»Du weißt davon?«

»Fräulein Rubzowas Vater wollte bei Knopf für die Gesellschaft einen besonderen Kopfputz ausleihen. Etwas Wertvolles, was sich seine Tochter ins Haar stecken könnte.« Luise blickte sich kurz um und senkte dann die Stimme. »Die Familie ist nicht sehr wohlhabend, und Herr Rubzowa möchte seine Tochter bei offiziellen Einladungen vorzeigen können.«

Mit einem teuren Rubinkamm, dachte Alma und beugte sich neugierig vor.

»Ich glaube, seine Tochter heißt Tanja«, flüsterte Luise. »Sie soll ein Naturtalent im Schach sein. Erst siebzehn, aber überdurchschnittlich begabt«, erklärte sie und seufzte dann tief. »Das Haus Knopf hat ihren Vater zu den Albrechts geschickt.«

Die Gebrüder Albrecht kauften Antiquitäten und Gemälde an, dass sie auch Schmuckgegenstände ausliehen, war für Alma neu. »Interessant«, meinte sie.

Onkel Georg grunzte. »Genauso interessant wird die Lösung der Frage werden, wer für den gestohlenen Schmuck aufkommt. Denn wahrscheinlich will keiner dafür verantwortlich sein. Wie ich das kenne, wird jeder mit Verbeugung auf seinen Nebenmann verweisen.«

»Die Antiquitätenhändler werden nicht in galoppierende Begeisterung ausbrechen«, meinte Luise. »Aber Georg, das sind alles nur Spekulationen. Noch wissen wir nichts.«

»Es ist sehr kompromittierend, die Grundfrage der Bezahlung infolge eines Verlustes nicht geregelt zu haben«, maßregelte Almas Onkel weiter, ganz in seinem Element als Buchhalter.

Beschwichtigend legte ihm Luise die Hand auf den Unterarm.

Alma verspürte einen Stich in der Magengegend. Plötzlich drängte es sie wieder, mit Wölkchen zu sprechen. Verstohlen warf sie einen Blick auf ihre Armbanduhr, den Luise jedoch sofort registrierte.

»Meine Güte, wir halten dich auf! Du hattest einen langen Tag. Wie unverfroren von uns.« Sie winkte dem Kellner, was aber nur zur Folge hatte, dass Onkel Georg ihren Arm herunterdrückte und seinerseits winkte.

»Aber nein«, widersprach Alma, ein wenig halbherzig, zugegeben. »Ich habe mich wirklich sehr gefreut, euch zu sehen. Und dich kennenzulernen, Luise.«

Aber schon zehn Minuten später, von denen ihr Onkel und Luise die meiste Zeit damit zugebracht hatten, darüber zu debattieren, wer die Rechnung bezahle – beide bestanden darauf, es selbst zu tun –, eilte Alma die Hirschstraße hinauf, in der Hoffnung, Emmi noch in ihrer Filiale anzutreffen.

In dem Moment, als Alma das Blumengeschäft erreichte, schloss Wölkchen die Tür ab. Ihr vom Arbeitstag angespanntes Gesicht erhellte sich, als sie ihre Freundin sah. Dann runzelte sie die Stirn.

»Was tust du denn hier, meine Blume? Haben wir noch was vor? Habe ich eine Verabredung verschlafen?« Sie steckte den Ladenschlüssel in ihre Handtasche und ließ sie zuschnappen. Mit einer fahrigen Bewegung strich sie sich eine Locke aus der Stirn. »Sei mir nicht böse, aber ich bin nicht präsentabel. Habe außerdem einen Hundstag hinter mir.« Sie hielt inne. »Und ich muss dir was erzählen.«

»Der Metzmeierhof?«

»Woher weißt du denn davon?«, staunte Emmi.

In kurzen Sätzen fasste Alma den Telefonanruf auf dem Amt und ihr Gespräch mit Luise zusammen. Emmi quittierte das Treffen mit der neuen Frau an der Seite von Almas Onkel mit einem »Holla, die Waldfee!«, dann aber wurde sie ernst, zog die

Nase kraus und blickte zum Himmel. »Da braut sich ganz schön was zusammen.« Sie kramte den Schlüssel wieder aus der Handtasche und öffnete die Ladentür. »Lass uns reingehen. Gleich fängt es an zu regnen, da möchte ich nicht unterwegs sein.« Sie zeigte auf eine dunkle Gewitterwolke, die über ihnen hing und aussah wie ein böser Flaschengeist. »Und der Wind pfeift, als wollte er uns von der Straße fegen.«

Fröstelnd traten die beiden Freundinnen in den Laden.

»Dann hast du heute Nachmittag für die Dekoration im Metzmeierhof gesorgt?«, meinte Alma, als sie im Hinterzimmer zwischen Seidenblumen, Trockenfloristik und Asparagus saßen und die ersten Regentropfen an das Schaufenster schlugen.

»Ich war nicht dort. Das war Heidrun, die mir den Tag zur Hölle gemacht hat. Oder besser gesagt, die letzten Stunden. Reicht aber auch schon.«

»Heidrun hat den Metzmeierhof übernommen?«

Wölkchen war noch nie gut auf ihre Kolleginnen zu sprechen gewesen, am liebsten erledigte sie alles selbst; aber zum einen konnte es nicht angehen, dass sie den anderen Angestellten alles aus der Hand nahm. Zum anderen war Emmi nun mal nicht in der Lage, sich zu vervielfältigen – und ihr eigener Laden war wichtiger.

»Sie kam sofort angerannt und hat sich ausgeheult.« Wölkchen griff nach einem großen Aralienblatt und rammte es in eine Vase zu den anderen. »Wenigstens bin ich jetzt bestens informiert.«

»Darauf habe ich gehofft.« Von Neugier erfüllt beugte sich Alma vor. »Erzähl!«

»Ich habe aus Heidrun natürlich herausgekitzelt, was ich konnte«, sprudelte es aus Wölkchen heraus.

»Und?«

»Diese unerfahrene Hohlmeise! War total derangiert, weil die Polizei auch ihr Fragen gestellt hat. Das ist doch klar, dass sie das tut.« Emmi knetete das Aralienblatt derart intensiv, dass Alma meinte, es leise ächzen zu hören. »Das Normalste der Welt. Diese Transuse hat keine Ahnung. Mir unbegreiflich, wie sie es überhaupt schafft, ein ansehnliches Bouquet zu binden.«

»Wer war denn vor Ort?«, schoss Alma ihre nächste Frage ab.

Emmi verstand sofort. »Franck. Hat seine dicken Backen in den Fall gesteckt. Du kannst dir vorstellen, was er als Erstes getan hat?«

»Kaffee bestellt.« Alma sah es förmlich vor sich.

»Volltreffer. Aber er scheint sich danach nicht allzu tollpatschig angestellt zu haben. Zumindest hat er Heidrun allem Anschein nach das Fürchten gelehrt.«

Selbst Kriminalwachtmeister Emil Franck, die Umständlichkeit in Person, hatte also dazugelernt. »War von Frauen die Rede, die während der Veranstaltung anwesend, aber eigentlich nicht eingeladen waren? Irgendwelche Ähnlichkeiten mit Vicky oder Käthe?«

Seufzend entließ Emmi das Aralienblatt in die Freiheit und schüttelte energisch den Kopf, so dass die lange Kette mit den falschen Perlen um ihren Hals klapperte. »Heidrun. Was soll ich sagen. In deren Augen funkelt nicht gerade der Forschergeist, wenn du weißt, was ich meine. Die hat Mühe, sie offen zu halten. Gott, ich würde jetzt alles für eine Zigarette geben.« Emmi griff nach ihrer Handtasche und zog ihr Etui heraus. »Leer«, ächzte sie. »Allerdings hat Heidrun erstaunlich lange von dieser Schachspielerin gesprochen.«

»Tanja Rubzowa?«

»Ist das die, die bestohlen wurde? Nein, die andere. Da war noch eine. Eine … Sophia sowieso?«

»Sophia Grand?« Alma war plötzlich der Name wieder eingefallen. »Sie ist Schwedin.«

Emmis Perlen klapperten erneut. »Die Hohlmeise hat davon gesprochen, dass sich diese Schwedin … also, die Grand hat sich, als Franck wieder abgezogen war und Heidrun noch aufräumen musste, ständig in der Nähe einer sehr gut aussehenden und glänzend angezogenen Dunkelhaarigen aufgehalten. Heidrun hat ein perfekt gerundetes Muttermal auf ihrem Wangenknochen erwähnt. Die Dame kann nicht zu den Angestellten gehören. So was merkt sich die Tranfunzel dann. Aber an genaue Abläufe kann sie sich nicht erinnern!«

Als Emmi Heidruns Beschreibung der dunkelhaarigen Frau wiederholte, schlug Alma das Herz gegen die Brust. Diese suspekte Person, die erst aufgetaucht war, nachdem sich der Diebstahl schon ereignet hatte, schien eine frappierende Ähnlichkeit mit der Queen zu haben. Konnte sie es gewesen sein? Machte die Libelle mit Durchreisenden Geschäfte, damit die heiße Ware schneller aus der Stadt geschafft wurde? Durchreisenden wie der schwedischen Schachspielerin? Für sich betrachtet eine völlig aberwitzige Vermutung, auf der anderen Seite …

Langsam stand Alma auf, ging gedankenverloren nach vorn und sah aus dem Schaufenster. Nachdem sich die schwarze Wolke über der Stadt entladen hatte, zog sie jetzt als hellgraue Watte über die Dächer hinweg, und Nieselregen tröpfelte auf das Pflaster.

»Was ist?«, hörte sie Emmi plötzlich neben sich.

»Ich überlege.«

»Du hast einen Verdacht.«

»Das auch, aber davor muss ich dir was erzählen.« Alma erinnerte sich daran, wie sie ihre Beichte zu Hause geprobt hatte, und seufzte.

»Meine Güte, das war ein tiefer Seufzer«, kommentierte Emmi. »Was ist passiert? Immer muss ich dir alles aus der Nase ziehen!«

»Tut mir leid.« Alma drehte sich langsam zu Emmi, die sie so gut kannte wie sonst niemand. Selbst Ludwig sah nicht derart tief in Almas Innerstes wie Wölkchen. Und jetzt war es wohl an der Zeit, ihrer Freundin eine abgemilderte Version des Kartoffelsacks, des feuchten Gewölbes, der angsteinflößenden Leibwächterinnen und der Queen zu erzählen.

»Sie haben was?«, ächzte Emmi, nachdem Alma mit ihrem Bericht geendet hatte. Vor drei Jahren war Wölkchen nach einem ähnlichen Geständnis Almas, ihrem ersten in dieser Hinsicht, noch in abgrundtiefes Entsetzen versunken, jetzt stand ihr vor allem Verblüffung ins Gesicht geschrieben. »Chloroform?«

»Glaube ich zumindest.«

»Wo haben sie dich hingebracht? Hast du irgendeine Vermutung?«

»Es muss etwas mit dem Abwassersystem der Stadt zu tun haben.« Alma registrierte amüsiert die angeekelte Miene ihrer Freundin. »Nein, kein wirklicher Gestank, aber kalt war es. Vielleicht die Stelle, von der sich die Kanäle erst verzweigen. Und der Ort lag ungefähr zehn Minuten von der Hofmetzgerei entfernt.«

Skeptisch runzelte Emmi die Stirn. »Wie kannst du da so sicher sein?«

»Ich habe die Sekunden gezählt. Während der Rückfahrt. Von der Abfahrt bis zu dem Moment, als sie mich aus dem Wagen stießen und ich im Hinterhof vom Strobel stand.«

»Fräulein Alma Täuber, Sie sind ein raffiniertes Luder.« Beeindruckt stieß Emmi einen kleinen Pfiff aus. »Wenn wir also einen Kreis um den Metzger ziehen, einen Kreis mit dem Abstand …«

»Habe ich schon getan«, unterbrach Alma ihre Freundin.

»Warum wundert mich das nicht?«

»Nicht auf der Karte, aber im Geist. Ich bin lange wach gelegen, musst du wissen. Es gibt einfach zu viele Möglichkeiten, Emmi, und es ist im Moment auch nicht wichtig.«

»Alles ist wichtig. Lass uns das Gebiet genau eingrenzen.« Wölkchen lief zur Registrierkasse und verschwand aus Almas Blickfeld, als sie sich hinter dem Ladentisch bückte. Es raschelte, etwas fiel scheppernd zu Boden, sie hörte Emmi fluchen, aber dann kam Wölkchen wieder zum Vorschein, eine Karte in der Hand haltend.

»Unser Liefergebiet.« Emmi wischte einen Bestellblock zur Seite und breitete die Karte auf dem Ladentisch aus. Ihr Finger bewegte sich suchend über das Papier. »Lange Straße …«

»11«, half Alma aus und trat neben ihre Freundin. Sie deutete auf die Stelle, an der sich die Metzgerei befand. »Und in zehn Minuten ist man mit dem Automobil ungefähr in dieser Gegend.« Ihr Zeigefinger zog einen weiten Bogen um die Hausnummer.

»Der Friedhof!«, rief Emmi leidenschaftlich aus.

»Nur weil sich das furchterregend und aufregend anhört, muss das nicht der Ort sein, den wir suchen«, meinte Alma. »Wir sind nämlich nicht in einer deiner schaurigen Benson-Storys.« Emmi hatte in der letzten Zeit eine Vorliebe für die unheimlichen Geschichten des englischen Schriftstellers E. F. Benson entwickelt, in denen Albträume wahr wurden, Vampire ihr Unwesen trieben und man sich per Telefon mit dem Jenseits verbinden lassen konnte. »Schau. Im möglichen Gebiet liegt auch der Waldsee, und wenn wir dann noch weiter Richtung Westen gehen ...«

»Waldsee. Das klingt doch nach Feuchtigkeit«, sinnierte Emmi, das rotwangige Gesicht aufgeregt über die Karte gebeugt.

»Wölkchen, ich brauche jetzt auch meinen Feierabend.« Mit einem Mal fühlte Alma sich merkwürdig müde, tief erschöpft von der immensen Anspannung der letzten Tage. »Mir ist, als ob mich einer von Bensons Vampiren ausgesaugt hätte. Ich bin völlig leer.«

Emmi faltete vorsichtig die Karte zusammen und legte sie an ihren Platz in ein Fach unter dem Ladentisch. »Du hast recht. Ich bin manchmal so grausig unfeinfühlig.«

Trotz ihrer Kraftlosigkeit lachte Alma angesichts dieser neuen Wortschöpfung. »Dann lass uns doch bitte gemeinsam nach Hause taumeln. Mehr bringe ich nämlich momentan nicht mehr zustande.«

Kaum eine Minute später verschloss Wölkchen die Ladentür ihrer Filiale ein zweites Mal und hakte sich anschließend bei Alma unter. Gemeinsam schlenderten sie Richtung Leopoldsplatz, auf dessen tagsüber wimmelnder Ameisenbahn inzwischen nur noch wenig Menschen unterwegs waren. Nahezu zeitgleich mit dem lauter werdenden Rumpeln der einfahrenden Straßenbahn erreichten sie die Haltestelle und stiegen mit wenigen Leuten ein. Als Alma sich neben Emmi auf eine der Sitzbänke sinken ließ, fühlte sie sich entkräftet wie eine Läuferin, deren Brust gerade das weiße Band berührt. Sie starrte die vorbeiziehenden Häuserfronten an, wurde eins mit dem Gerüttel der Maschine unter ihrem Allerwertesten, ihre Lider senkten sich und sie schlief mit dem Kopf an Wölkchens Schulter ein.

10

Immer noch ließen Verabredungen mit Ludwig Almas Herz höher schlagen. Es war unwichtig, dass es im Grunde ein »Geschäftstermin« war, wie Emmi gescherzt hatte, es war auch unwichtig, dass sie sich mittlerweile regelmäßig trafen, dass er ihre Eltern kannte – die Schmetterlinge tanzten an diesem Abend wieder einen Shimmy in Almas Bauch.

Ludwig hatte versprochen, sie abzuholen, um gemeinsam mit ihr Paul Nufer, den Kommunisten aufzusuchen. Und doch war heute etwas an ihrer Stimmung anders, nagte etwas an ihr, das sie nicht in Worte fassen konnte.

»Was ziehe ich nur an?«, fragte Alma halblaut ihre Kommode, als wüsste das Möbelstück eine Antwort.

»Die bequemen Schuhe, falls es mit Paul wild wird. Und die gute Unterwäsche, falls es danach mit Ludwig wild wird.« Emmi, die Almas Gespräch mit der Kommode offensichtlich gehört hatte, grinste anzüglich.

Auch wenn Alma Wölkchens Neckereien mittlerweile gewohnt war, konnte sie nicht verhindern, dass ihre Wangen heiß wurden. Angestrengt legte sie den hellen Rock zusammen, den sie vorhin begutachtet hatte. Emmi hatte recht. Alma glaubte zwar nicht, dass es gefährlich werden würde, aber es gab geeignetere Kleidungsstücke als weiß oder beige.

»Hosen«, murmelte Alma. »Hosen wären praktisch.«

»Gehst du unter die Garçonnes?«, fragte Emmi neugierig und

hockte sich im Schneidersitz auf Almas Bett. »Stehen würde es dir, meine Blume. Bei deiner großen, schlanken Figur.«

»Es hat schon seinen Grund, dass Polizeibeamte nicht in Kleidern ermitteln«, führte Alma ihren Gedanken fort.

»Die weiblichen schon.«

»Die Fürsorgerinnen. Oder in Köln die Frauenwohlfahrtspolizei.« Alma schnaubte. »Kümmern sich darum, dass die Besatzungssoldaten keine Krankheiten bekommen, keine ... na ja, du weißt schon ... bestimmte Krankheiten. Nein, danke, da bleibe ich lieber Telefonistin.« Unzufrieden legte sie die Bluse zur Seite, die sie in Augenschein genommen hatte. Sie seufzte und setzte sich zu Emmi, die ihre Freundin aufmerksam anblickte.

»Ist dir unsere Welt wieder zu eng?«, fragte Wölkchen mitfühlend und strich Alma eine Haarsträhne hinters Ohr.

»Sie machen es richtig, die Garçonnes und Suffragetten. Scheren sich nicht um Konventionen, wollen raus aus den Zwängen, die uns immer noch in unseren verstaubten Leben halten. Heiraten, Kinder kriegen, und bloß kein bisschen denken. Als ob dies der Weg wäre, den wir alle beschreiten müssten!«

»Geht es darum? Ludwig und eure Zukunft?«

»In Stuttgart gibt es eine Professorin. Eine Chemikerin an der Universität Hohenheim. Stell dir den Skandal hier in Baden vor!«

»Ich stelle ihn mir in Schwaben vor.« Emmi zog die Nase kraus. »Die Stuttgarter haben sicher auch ordentlich etwas dagegen gehabt.«

»Vermutlich.« Alma ließ ihre Hände in den Schoß sinken, schüttelte den Kopf und seufzte erneut. »Überall nur Hürden«, sagte sie leise.

»Es ändert sich was.« Emmis Stimme war fest. »Lass dir das von der Filialleiterin beim Blumen-Baer gesagt sein.«

Unwillkürlich musste Alma lächeln. Emmi schaffte es doch immer wieder, ihre Stimmung heben. »Vielleicht hast du recht.« Sie blickte Emmi an. »Großmaman findet es übrigens gut.«

»Meinen beruflichen Aufstieg?« Mit Wölkchens vor Verblüffung geweiteten Augen und dem offenen Mund hätte man ein Filmplakat bebildern können, dachte Alma amüsiert, die nun laut loslachen musste. »Hatte sie einen Schlaganfall?«, flüsterte Emmi. »Oder diese eigenartige Krankheit der Gehirnrinde?«

»Vielleicht ist ihr schwindelig von der plötzlichen Ankunft im Jahr 1925.«

Und jetzt lachte auch Emmi. Kichernd ließ sie sich in Almas Bett nach hinten aufs Kissen fallen, bis sie schließlich nach Luft schnappend und immer noch ungläubig hervorstieß: »Großmaman, ist es denn zu fassen? Pass auf, bald wirst du sie auf ihre alten Tage auch noch in Hosen zu sehen bekommen!«

»Mon Dieu!«

Sie alberten noch eine Weile herum, bis Alma nicht mehr schwer ums Herz war und ein Klopfen an der Tür ertönte.

»Ludwig!« Sie wusste immer noch nicht, was sie anziehen sollte.

Eine knappe Viertelstunde später trat Alma auf die Straße, bei Ludwig untergehakt und in einen Rock gekleidet, der weit geschwungen war und dennoch ohne zu viel Stoff auskam. Nicht perfekt, aber annähernd. Im Fenster der Witwe Meier bewegte sich die Gardine, aber gerade, als sie den Riegel geöffnet hatte, erschallte es von der anderen Straßenseite her: »Frau Meier!« Die alte Huber von gegenüber, eine Bekannte der Wirtin, hatte offenbar Langeweile und eilte auf das Haus zu. Alma nutzte die günstige Gelegenheit und zog Ludwig schnell die Straße hinunter.

»Was kannst du mir über diesen Paul erzählen?«, fragte sie, als sie den Weg zur Straßenbahn einschlug. »Wo wohnt er eigentlich? Ach, viel wichtiger: Er ist doch Kommunist, ja? Und geht er in die Libelle?«

»Über seine Gasthausgewohnheiten haben wir nicht allzu viel gesprochen«, neckte Ludwig. »Aber da die Libelle ein stadtbekannter Kommunistentreff ist, kann ich mir das gut vorstellen.«

»Wichtiger ist ja auch, dass wir von ihm etwas über Gertrude erfahren. Was machen eigentlich die Ermittlungen des Kollegen Franck?«

»Er hat den Fall zu den Akten gelegt«, gab er nach kurzem Schweigen zu. »Selbstmord. Unfall. Eins von beiden. Eins von den Dingen, die für die Kriminalpolizei jedenfalls nicht von Belang sind.«

»Und dann muss er sich natürlich um die Diebstähle bei reichen Leuten kümmern«, fügte Alma bitter hinzu.

Ludwig schien seine nächsten Worte sorgfältig zu wählen. »Franck ist kein schlechter Polizist«, sagte er dann. »Rein gar nichts deutet auf Fremdverschulden hin. Niemand war in der Wäscherei. Gertrude war ein junges Mädchen, das allem Anschein nach nur ihre Cousine und die Wäscherin zur Freundin hatte. Wer hätte sie ermorden sollen und weshalb?«

»Sie wäre nicht das erste Mädchen, das von einem gekränkten Liebhaber getötet würde.«

»Dafür muss es aber erst einmal solch einen Liebhaber geben. Gertrude hat mit ihrer Cousine zusammengewohnt, die nichts von einer Männerbekanntschaft weiß.«

Bevor Alma darauf etwas entgegnen konnte, kam quietschend die Straßenbahn zum Stehen. Vielleicht war das auch besser so, dachte sie, als sie den Wagen bestieg und auf einer der Holzbänke Platz nahm. Glaubte Ludwig etwa nicht, dass ihre Spur etwas zu bedeuten hatte? Dass Paul Nufer etwas mit Gertrudes Tod zu tun hatte? Der unauffindbare Paul, dachte Alma. Und jetzt hatten sie ihn doch aufgespürt. Ob sie sich zu viel von einem Gespräch mit ihm erhoffte?

Die Straßenbahn schaukelte die Gleise entlang, und während jeder Fahrgast mit sich selbst beschäftigt war – die meisten lasen Zeitung, zwei ältere Damen unterhielten sich angeregt –, fasste Ludwig ihre Hand.

»Nufer wohnt in der Kapellmattstraße«, beantwortete Ludwig nun ihre allererste Frage, die sie vor lauter Aufregung wieder vergessen hatte.

»Im Ooswinkel!«

Dort wurde seit kurzem eine Siedlung gebaut, die man nach englischem Vorbild als Gartenstadt plante: Baugesellschaften hatten sich gegründet, die die Probleme der Arbeiter sahen, und nun günstige Mietwohnungen und kleine Häuser für sie errichteten, an die Gärten zur Selbstversorgung oder Parks angeschlossen waren. Nicht mehr Arbeiterviertel, in denen in viel zu engen Wohnungen dicht an dicht gehaust wurde, sondern neue Siedlungen mit viel Licht und Grün – das zumindest war der Ursprungsgedanke gewesen, der aus England übergeschwappt war. Alma hatte einen Artikel über Ebenezer Howard gelesen, in dem er »Genossenschaftssozialist« genannt worden war. Kaum verwunderlich, dass der Kommunist Paul hier wohnte.

Ein eigener Garten, dachte Alma und betrachtete die beiden miteinander verschränkten Hände in ihrem Schoß, Ludwigs und ihre. »Wohnt er dort allein?«, fragte sie und schob ihre Träumereien zur Seite.

»Nein.« Ludwigs Antwort kam zögerlich. »Mit seiner Frau und drei Kindern.«

Was hatte das zu bedeuten? War das ein mögliches Motiv? Mit einem Ruck hielt die Straßenbahn, und sie stiegen aus. Almas Gedanken fuhren wegen des Sachverhalts, dass Nufer Familie hatte, immer noch Karussell, als sie vor einem gelb gestrichenen Häuschen stehen blieben.

»Das ist es.«

Sie betrachte das lange Band der Wohnhäuser. Die hübschen Kassettentüren mit den eingelassenen Scheiben und die Sprossenfenster. Jede Familie hatte ihr kleines Reich. »Und das soll der Sozialismus sein?«, fragte sie halb im Spaß.

»Nett haben wir es hier, nicht?«, ertönte plötzlich eine Stimme hinter ihnen, und sowohl Alma als auch Ludwig drehten sich um.

Mit einem spöttischen Lächeln zog ein gut aussehender Mann Ende zwanzig, mit hohen Wangen und vollen Lippen, seinen Hut. »Herr Kriminalkommissar, was verschafft mir die Ehre? Hatten wir nicht alles schon geklärt?«

»Wir haben nur ein paar Fragen an Sie«, antwortete Alma an Ludwigs Stelle.

»Oho, die weibliche Kriminalpolizei?« Halb ironisch, halb beeindruckt zog er die Augenbrauen hoch.

»Warten Sie nur ab«, nahm Alma seinen Tonfall auf, »früher oder später wird es die geben. Bis dahin müssen Sie mit mir vorliebnehmen. Alma Täuber, Fräulein vom Amt.« Resolut hielt sie ihm die Hand hin, die er erfreut ergriff. Sein Händedruck war kräftig, und sie meinte, die Schwielen an seinen Fingern noch durch ihre Handschuhe zu spüren. Nufer war offensichtlich begeistert von dieser forschen Begrüßung. Tja, wenn die Frauen in seinen Kreisen alle wie Erna waren, verwunderte sie das nicht, dachte Alma amüsiert.

»Es geht um Gertrude Weber«, begann sie. »Und bevor Sie mir jetzt sagen, Sie kennen Gertrude nicht: Ich habe Ihren Liebesbrief gelesen.«

Paul Nufer öffnete den Mund, schloss ihn wieder, zuckte mit den Schultern und schwieg. Schwieg beharrlich weiter, bis er sich schließlich am Kopf kratzte. »Tja, was nun, Fräulein? Das, was ich sagen will, *soll* ich nicht sagen, und das was ich sagen soll, *kann* ich nicht sagen.«

Alma seufzte, hatte sie es doch erwartet. »Rilke«, sagte sie. »Sie haben in Ihrem Brief Rilke zitiert.«

»Einen mit dem Namen kenn ich aber nicht.«

»Das ist ein Dichter.«

»Also, Fräulein, dann kenn ich den Mann noch viel weniger. Mit Gedichten hab ich nichts am Hut.«

»Sie lesen nur Marx, hm?«, warf Ludwig ironisch ein.

Nufer machte eine wegwerfende Handbewegung. »Das überlass ich lieber den klugen Dingern wie dem Fräulein Täuber hier. Wir haben auch ein paar Schlauköpfe bei uns. Das ist nichts für mich, Herr Kommissar, das müssten Sie doch mindestens so gut wissen wie ich.« Er zog nun beinahe verlegen die Schultern hoch. »Bin mehr ein Mann fürs Handfeste.«

Alma kniff misstrauisch die Augen zusammen. Ja, Ludwig hatte ihn wegen einer Schlägerei verhaftet, aber wie ein Einfaltspinsel wirkte Paul Nufer beileibe nicht, auch wenn er ihr sich gern so verkaufen wollte.

»Sie gehen doch oft in die Libelle.« Zumindest ging Alma

von dieser Tatsache aus. Aber es schien zu stimmen, da Nufer ohne zu widersprechen leicht seinen Kopf neigte.

»Dort haben Sie Gertrude kennengelernt«, fuhr Alma also fort. »Denn, es wird Sie überraschen, aber die Libelle war auch Gertrudes Stammlokal. Dort hatte sie Freundinnen.«

»So, so.« Nufer strich sich übers Kinn und blickte sie forschend an. »Wenn Sie das wissen, Fräulein, dann wissen Sie auch, dass die Mädels dort keinen Paul haben. Nur 'ne Paula, wenn Sie verstehen, was ich meine.« Er zwinkerte ihr zu.

Ludwig schien die Geduld zu verlieren. »Nufer«, mischte er sich an dieser Stelle ermahnend ein, zog ein Bild aus seiner Westentasche und hielt es dem Mann unter die Nase. »Kennen Sie das Mädchen nun oder nicht? Es ist tot, und wir würden gern wissen, wer dafür verantwortlich ist.«

Auf einen Schlag wurde Nufer ernst. Er betrachtete Gertrudes Bild eingehend, nickte dann langsam. »Sie haben recht«, wandte er sich dann an Alma. »Die ist ein paarmal in der Libelle aufgetaucht. Hab nicht mit ihr geredet, hatte nichts mit ihr zu tun. Keine von uns. Eine ... von der anderen Sorte.« Die Worte waren mit Blick auf Ludwig mit Bedacht gewählt. Nufer wollte dem Kommissar nicht zu viel verraten, und jetzt war Alma sich sicher, dass er auch von den Geschäften der Frauenbande »Libelle« wusste. Gertrude gehörte dazu, zu den Frauen der Queen.

»Ich schwör' Ihnen, ich hab' mit dem Mädchen nie gesprochen, geschweige denn Liebesbriefe ausgetauscht. Ich bin glücklich verheiratet. Mit der Arbeit, meiner Familie und der Politik ... Glauben Sie mir, ich hätt' gar keine Zeit, um mit 'ner Frau zu tändeln.« Er schaute noch einmal auf das Foto, und jetzt wurde sein Blick beinahe wütend. »Schon gar nicht mit 'nem halben Kind. Das ist doch nicht richtig, ein erwachsener Mann und so'n junges Ding.«

So aufmerksam wie Nufer vorher das Bild betrachtete nun Ludwig den Kommunisten, überlegend, prüfend. Kein Muskel in seinem Gesicht bewegte sich, aber Alma kannte ihn mittlerweile gut genug, um zu wissen, dass er dem Mann glaubte. Alma selbst war sich da nicht so sicher. Einerseits wirkte Nufer trotz seines Spotts glaubwürdig, andererseits war er ihre beste, ihre alleinige Spur in diesem Fall. Wenn sie von der Libelle absah, war Gertrudes Liebesbrief der einzige Hinweis, den sie auf ein Leben der Wäscherin außerhalb ihrer Arbeit besaß. Und diese Spur wollte, nein, konnte sie nicht so einfach aufgeben.

Doch genau diesen Moment wählte Nufers Ehefrau, um die Haustür zu öffnen. Sie war schmal, ungefähr in Almas Alter, doch die großen Augen, die tief in ihren Höhlen lagen, und der müde Gesichtsausdruck ließen sie älter wirken. Ein kleines Mädchen hielt sich an ihrem Rock fest, hinter ihr im Haus schrien seine beiden anderen Kinder.

»Papa!«

Das Mädchen riss sich von seiner Mutter los und stürmte dem Vater entgegen, der es in die Arme schloss und einmal herumwirbelte. Das Kind quietschte, Nufer lachte, und selbst auf dem müden Gesicht seiner Frau, das sie Alma und Ludwig zunächst misstrauisch zugewandt hatte, zeigte sich jetzt der Anflug eines Lächelns. Nufer setzte seine Tochter ab, die nun nach seiner Hand griff, und tippte sich an den Hut. »Wenn es das wäre, Herr Kommissar, Fräulein Kommissar.«

Ludwig nickte.

Alma presste die Lippen aufeinander, doch ihr fiel nichts mehr ein, kein Hinweis, mit dem sie Nufer der Lüge überführen konnte, keine Fangfrage, in der er sich verstricken könnte. Und so nickte auch sie und wandte sich, nachdem sie dem

Mann zugesehen hatte, wie er mit der Tochter im Schlepptau in seinem kleinen einfachen Heim verschwand, zum Gehen.

»Wir müssen etwas übersehen haben«, murmelte sie. Die plötzlich auftauchende Wolkenfront, die den Himmel verdunkelte, registrierte sie kaum. Den ganzen Tag hatte heute die Sonne geschienen, nun änderte sich das Wetter wieder in typischer Aprilmanier. Weit schritt sie aus, während sie den Weg zurück zur Straßenbahn nahmen.

»Vielleicht haben wir das nicht.« Ludwigs Stimme war fest. »Vielleicht haben wir nichts übersehen, vielleicht hat der Kollege Franck nichts übersehen.«

»Was ist mit dem Brief? Den muss doch jemand geschrieben haben!«

»Das Rilke-Gedicht? Hast du in der Wäscherei gefragt, ob das möglicherweise eine ihrer Kolleginnen geschrieben hat?« Ludwig seufzte. »Alma. Du weißt, wie viel ich von deinen Schlussfolgerungen halte. Aber in dieser Sache hast du dich möglicherweise ein kleines bisschen ... verrannt.«

»Verrannt?« Was wollte er damit sagen? »Was ist mit der Klappe der Waschtrommel? Die kann sie unmöglich selbst geschlossen haben! Habt ihr sie wenigstens untersuchen lassen? Ich meine Gertrudes Leiche?« So leicht wollte Alma nicht nachgeben. »Wenn jemand sie gestoßen hat, müsste man dann nicht blaue Flecken sehen können?«

»Woher du diese Dinge weißt. Nein, sag nichts. Walter.« Lächelnd schüttelte er den Kopf. »Bei der Leichenschau ist nichts Ungewöhnliches aufgefallen.« Er dachte nach. »Dr. Weber arbeitet inzwischen nicht mehr, er ist pensioniert.«

Den Leichenarzt hatte Alma kennengelernt, als sie vor nahezu drei Jahren zum ersten Mal in ihrem Leben ein Mordopfer aus nächster Nähe gesehen hatte. Der kleine Mann mit der dicken Brille war damals schon recht alt gewesen, aber Walter schien große Stücke auf ihn gehalten zu haben, und wenn es um sein Fachgebiet ging, vertraute Alma ihrem Cousin blind.

»Und sein Nachfolger?«, fragte sie.

»Er wirkt gewissenhaft«, sagte Ludwig vorsichtig. »Er ist noch nicht lange dabei, ich kenne ihn noch nicht gut genug für ein abschließendes Urteil.«

Sie waren nun in der Luisenstraße auf dem Weg zum Leopoldsplatz, und Ludwig deutete nach links.

»Es ist noch nicht spät«, sagte er. »Wollen wir im Krokodil noch etwas essen gehen?«

Alma zögerte kurz, dann schüttelte sie den Kopf. Die Stimmung für ein Bier, für einen leichten Abend mit Ludwig war ihr vergangen. In all ihren bisherigen Fällen, auch wenn die Polizei ihr oft nicht glaubte, hatte sie sich Ludwigs Unterstützung immer sicher sein können. Dass er nun dachte, sie habe sich in etwas »verrannt«, tat weh. Ihre Verabschiedung war kühler als notwendig, und hastig wandte sie sich ab, um auf die nächste einfahrende Straßenbahn aufzuspringen.

Sie hatte sich nicht verrannt. Paul Nufer mochte ihr nicht die Erkenntnisse gebracht haben, die sie sich erhofft hatte, aber jemand hatte Gertrude ermordet. Und Alma würde es beweisen.

Doch ihre Nachforschungen mussten erst einmal hintenanstehen, denn am nächsten Tag machte sich Alma auf den Weg zu ihrer Familie. So angespannt Alma wochentags durch gehetzt belebte Straßen marschierte, sie Männer und Frauen begegnete, die Läden, Büros, Hotels, Gaststätten und Warenhäuser entgegenstrebten, so entspannt war ihr Weg durch die Stadt an den Sonntagen, an denen sich Familie Täuber zum Mittagessen versammelte. Sie hatte sich vorgenommen, diesen Tag zu genießen, über nichts nachzudenken, was den Fall betraf. Außerdem würde eine grüblerische Tochter die Sorge und auch Neugier der Eltern wecken, vor allem von Almas Mutter. Selbstverständlich war die ganze Familie immer noch der Meinung, die Freizeitaktivitäten ihres Fräulein vom Amt beschränkten sich auf das Hüpfen zu flotter Musik, dem Schmachten und Lachen im Zuschauerraum der Kinematheken oder dem Bummeln und Flanieren.

Alma wusste, wie bevorzugt sie und Emmi lebten. Die wenigsten jungen Frauen in Angestelltenverhältnissen konnten sich diese Art Privatvergnügen, geschweige denn eine eigene Wohnung leisten. Ihre kleine Dachzimmerklause hielten die beiden Freundinnen aus diesem Grund für ein Sonderrecht. Und waren dankbar dafür. In Sachen Wohnung auf einen Verehrer angewiesen zu sein, empfand sogar Emmi als über die Maßen bedrückend. In ihrem Alter noch bei der Familie wohnen zu müssen, kam für die Freundinnen ebenso wenig in Frage. Alma wusste von einigen jungen Kolleginnen auf dem Amt, die noch zu Hause lebten, dass sich die Eltern oder Brüder gern ihrer Tochter oder Schwester bedienten, wenn sie erschöpft am Abend von der Arbeit heimkehrte. Natürlich hatten Alma und Emmi ebenso Hausarbeiten und Einkäufe zu erledigen, aber es waren ihre eigenen Hausarbeiten und Einkäufe.

Dennoch: Wenn sie auch ihr Zimmer in Oos nicht mehr vermisste, Alma wusste die Sonntagseinladungen ihrer Mutter immer sehr zu schätzen.

Sie klingelte, obwohl sie noch einen Schlüssel zum elterlichen Haus ihrer Eltern besaß. Das Wetter benahm sich wieder monatsgemäß, doch statt der kalten Regenschauer, die gestern niedergegangen waren, breitete sich heute über Alma ein fast wolkenloser Himmel aus. Für einen Moment legte sie mit geschlossenen Augen den Kopf in den Nacken und genoss die wärmenden Strahlen der Sonne auf ihrem Gesicht, dann ertönten Schritte im Hausflur, und ihre Mutter öffnete freudestrahlend die Tür.

Im Wohnzimmer bullerte der Ofen, doch Großmaman begrüßte ihre Enkelin mit einer wollenen Stola, die sie sich fest um die Schultern geschlungen hatte. »Kindchen, was für ein wechselhaftes Wetter! Mein Körper weiß gar nicht, was er tun soll!« Sie ließ sich wieder in ihren Ohrensessel plumpsen.

»Es ist eben April, Großmaman.« Alma stellte ihre Handtasche auf den zweiten Hochlehner und registrierte zufrieden und auch ein bisschen amüsiert, dass alles wie immer war: Auf dem Sofa verdrehte ihr Vater angesichts der Feststellung der Schwiegermutter die Augen, zwinkerte dann seiner Tochter zu und nahm anschließend die Zeitung wieder in die Hand. Karl blätterte in einem Automobilmagazin und sah kaum auf, und Almas Mutter stand bereits wieder in der Küche und traktierte das Geschirr, dass es nur so klirrte. Alma gesellte sich zu ihr.

Während Alma Töpfe schrubbte, berichtete sie über ihr zufälliges Zusammentreffen mit Onkel Georg.

Ihre Mutter hielt mit dem Abtrocknen inne. »Diese Albernheiten«, ächzte sie. »Benimmt sich immer noch wie ein kleiner Bub.« Sie schüttelte den Kopf. »Er weiß doch, dass sich unsere Mutter inzwischen am Riemen reißt, wenn es sein muss, ich habe es ihm oft genug erzählt! Gleich nächste Woche werde ich bei ihm hereinschneien und ihn mit Luise und Walter zum nächsten Essen bitten.« Unter weiterem Kopfschütteln nahm sie Alma einen Topfdeckel aus der Hand. »Wie ein kleiner Bub«, wiederholte sie.

Herrlicher Bratenduft kroch aus dem Backofen, und Alma

erfuhr den neuesten Klatsch aus der Nachbarschaft, der immer mal wieder von lautstarken Bemerkungen aus dem Wohnzimmer übertönt wurde.

»Die Flamms von nebenan haben jetzt ein Auto«, stellte Wilhelmine Täuber mit erhobenen Augenbrauen fest und wurde dabei fast von ihrer Mutter übertönt, die jetzt »Ich bin verabredet!« aus dem Ohrensessel dröhnte.

»Das ist es, was die Eltern von ihren Kindern heutzutage erfahren!«, schimpfte Großmutter weiter. »›Verabredet‹. Sie sagen nicht wo, wann und wieso, und schon gar nicht mit wem! Einfach nur ›verabredet‹! Karl, wann wirst du heute Abend wieder daheim sein? Hm? Das würde ich schon gerne wissen!«

»Dein Vater meinte, sie hätten geerbt«, fuhr Mutter Täuber ungerührt fort. »Wie sonst könnten die sich das leisten? So ein Gefährt kostet immer noch um die 4000 Reichsmark, hat dein Vater gemeint.«

»Patzig ist das doch, oder nicht? Was meinst du, Egon? Ist das nicht patzig?«, ereiferte sich Großmaman weiter.

»Und sie fahren an den Comer See.« Almas Mutter bückte sich, um einen Blick in den Backofen zu werfen. »Noch ein paar Minuten, dann können wir«, sagte sie mehr zu sich selbst als zu ihrer Tochter. »Der Comer See. Flamms werden leichtsinnig.« Sie richtete sich auf und ging zum Schrank mit den Tellern. »Haben wohl nichts gelernt aus den letzten Jahren.« Verständnislos schüttelte sie den Kopf. »Der Comer See«, wiederholte sie. »Oder irgendein anderer oberitalienischer See. Oder die Riviera. Das hat die Flamm gestern mal erwähnt. Italien. Meine Güte.«

»Meine Generation war niemals in Italien!«, kam es aus dem Ohrensessel. »Die wussten nicht einmal, wo das ist.«

»Jetzt übertreibst du aber wirklich wieder maßlos, Großmutter«, hörte Alma ihren Bruder schnauben. »Sogar die Flamm weiß, wo das liegt.« Dann wurde seine Stimme träumerisch. »Ich will auch ans Meer. An das richtige Meer. Mit Palmen, großen Wellen. Sonne. Sand. Vielleicht mit dem Motorrad. So ein DKW hat zwei Zylinder, Kickstarter und Stoßdämpfer!«

Almas Mutter schlug die Backofentür zu. »Motorrad«, ächzte sie. »Gefährlich und zudem die reinste Geldverschwendung.«

»Man muss wissen, was außerhalb von Deutschland ist«, stimmte Almas Vater seinem Sohn zu. »Die Grenzen hinter sich lassen. Man kommt sicher als neuer Mensch zurück.« Es raschelte, offensichtlich hatte er die Zeitung zur Seite gelegt. »Aber über das Motorrad, darüber sprechen wir noch, mein Junge. Und über Italien ebenfalls. Vielleicht wäre erst einmal ... Frankreich passender.«

»Ausgerechnet Frankreich?«, tönte Wilhelmine Täuber entsetzt, wurde aber von ihrem Jüngsten unterbrochen, der mit sich überschlagender Stimme rief:

»Dieses Jahr? Der Große Preis von Frankreich im Autodrom! Papa, die Strecke ist ganz neu! Eine permanente Rennstrecke, stell dir das mal vor!«

»Oder die Schweiz«, korrigierte sein Vater mit vorsichtiger Stimme. Alma stellte sich vor, wie er dabei in Richtung Küche schielte. »Jetzt, nachdem Bayern als erstes Land im Reich diesem unerträglichen kleinen Mann endlich Redeverbot erteilt hat, musst du nicht unbedingt nach Italien und dir vor Ort die Parolen von Mussolini anhören, Karl.«

»Du meine Güte«, murmelte Almas Mutter erschrocken und griff zu den Topflappen. »Italien, Frankreich, Schweiz und ein Motorrad? Passstraßen? Felsbrocken, die auf die Straße fallen? Nur über meine Leiche. Der Junge bleibt hier. Schule, Karl, dein Abitur!«, rief sie, den Schmortopf in beiden Händen, über die Schulter hinweg Richtung Wohnzimmer.

»Paris, Mama! Gegen Paris kannst du doch wohl nichts haben!«

»Mon Dieu, Junge. Nichts für ungut, aber diese Stadt ist an dich verschwendet«, entgeisterte sich Großmama. »Was willst du denn dort?«

»Jetzt immer mal langsam, Großmutter. Vielleicht werde ich Künstler. Lebe in Montmartre. Verbringe mein Leben in Cafés und lasse mich von betuchten Frauen in Pelzmänteln aushalten.«

»Künstler! Junge! Die französische Kunst hat ja neuerdings auch nichts mehr zu bieten. Kürzlich habe ich irgendwo etwas über diese jungen Verrückten gelesen, die Träume deuten, und dann pinseln sie Dinge auf die Leinwände, die überhaupt nicht zusammengehören! Ein Kreisel in der Wüste, aus dem Hände wachsen. Was soll man denn mit so was anfangen? Und über diesen Unsinn lassen sie sich zu allem Überfluss noch in einem ›Manifest‹ aus.«

»In diesem Punkt muss ich dir zustimmen, Mutter«, mischte sich Wilhelmine Täuber jetzt ernst ein. »Manifeste hat es doch inzwischen wahrlich genug gegeben. Da braucht es doch keines mehr in der Kunst!«.

»Offensichtlich schon«, schnaubte die Großmutter.

Alma nahm das Besteck aus der Schublade und konnte dabei nicht aufhören zu grinsen. Ja, hier war einfach alles wie immer. Genau das, was sie brauchte. Alltag. Jetzt fehlte nur noch eine Bemerkung ihrer Mutter zu Ernährung, Gewicht und der Frage, ob sie denn genug zum Leben habe.

»Du siehst wieder sehr dünn aus, Kind.«

Alma schmunzelte. »Es geht mir gut, Mama.«

»›Wer nicht vorwärtskommt, der kommt zurück‹, Großmaman. Das sagst du doch immer«, erklärte Karl jetzt lautstark und spielte damit auf seine herbeigesehnte Italien- oder Parisreise an.

»Du reißt das völlig aus dem Zusammenhang, Kind«, erscholl es leidenschaftlich aus dem Ohrensessel.

»Ist noch Soße da, Wilhelmine?« Eine halbe Stunde später blickte Egon Täuber fast verzweifelt in die Sauciere. »Vielleicht noch in der Küche?«

Seine Frau schürzte die Lippen. »Nein«, sagte sie knapp. »Wann hörst du endlich auf, dein Essen zu ertränken?«

»Zu einem guten Sonntagsbraten gehört nun mal viel Soße.«

»Soll das ein Vorwurf sein?«

Entschuldigend riss Almas Vater die Hände hoch, streifte dabei seinen Teller und fegte ihn damit fast vom Tisch. »Natürlich nicht. Bitte verzeih.«

»Im Topf dürfte noch etwas Schmorsaft sein.« Alma nahm die Serviette vom Schoß und legte sie neben ihr Besteck. »Gib mir doch deinen Teller.«

»Moment.« Die Geschwindigkeit, in der ihr Vater die restlichen Spätzle aus der Schüssel auf seinen Teller lud, war erstaunlich. »Nichts verkommen lassen«, murmelte er, während er die Teigwaren auf das gute Porzellan gleiten ließ.

Großmaman schüttelte den Kopf. »Mein lieber Egon, manchmal isst du wie ein Bierbrauer.«

»Apropos Bierbrauer«, schaltete sich Mutter Täuber ein, sichtlich froh über den Themenwechsel. »Der Verlobte deiner Kollegin, Alma. Das war die Brauerei Bletzer, nicht? Wann heiratet sie eigentlich? Marianne heißt sie doch. Arbeitet sie noch?«

Vater Täuber schüttelte den Kopf. »Bletzer kann es nicht sein, Wilhelmine, die haben doch schon vor Ende des Krieges schließen müssen. Der Mann arbeitet sicher für eine Karlsruher Sorte. Hoepfner oder Printz.«

Alma antwortete nicht, sondern nahm den Teller ihres Vaters entgegen und eilte in die Küche. Mit einer Hand öffnete sie den Backofen, ging in die Knie und starrte einige Sekunden lang hinein. Die letzte Begegnung ihrer Eltern mit Ludwig im Metzmeierhof, als sie sich zufällig bei der Nachstellung der Schachpartie des Tages getroffen hatten, fiel ihr ein. Welche war es noch mal gewesen? Colle gegen ... wen? In Gedanken schüttelte Alma den Kopf, stellte den Teller auf die Küchenablage und zog den Schmortopf aus dem Ofen. Es war gut gelaufen. Alles hatte den Anschein gehabt, ihr Verhältnis zu Ludwig würde so, wie sie es führte, angenommen werden. Trotzdem verspürte Alma einen Druck in der Magengegend. Sie wusste, ihre Mutter hatte die Frage nach Mariannes Zukunft womöglich ohne Hintergedanken gestellt, aber trotzdem verspürte Alma den Drang, sich verteidigen zu müssen. Nein, dachte sie dann. Sie würde sich nicht rechtfertigen. Alles war gut.

»Marianne arbeitet noch eine Woche«, rief sie Richtung Esstisch. »Die Heirat ist in knapp zwei Monaten. Papa, ich schöpfe dir auch das restliche Schmorgemüse auf den Teller, in Ordnung?«

»Tu, was du nicht lassen kannst!«, entgegnete ihr Vater guter Dinge und wechselte anschließend ohne Umschweife auf das Thema Schach. Als er erfreut seinen gefüllten Teller in Empfang nahm, war er gerade bei der Partie des Vortags angelangt.

»Runde acht«, sagte er und griff zum Besteck. »Karel Treybal gegen Aaron Nimzowitsch. Ich würde ja gern einmal Mäuschen spielen, bei den Begegnungen zwischen Nimzowitsch und Tarrasch.« Er sah vom Teller auf und inspizierte die Mienen der anderen. »Ach, ihr wisst nicht, wer das ist. Siegbert Tarrasch. Spieler und Theoretiker. Er hat das Turnier in Baden-Baden ins Leben gerufen.«

»Und die zwei können sich nicht leiden?«, wollte Alma wissen und konnte dabei nicht verhindern, dass ihr der Diebstahl im Metzmeierhof durch den Kopf schoss. Wie weit gingen Konkurrenzgedanken in Schachkreisen? Würde eine Schachspielerin eine andere, eine talentierte Nachwuchshoffnung, bestehlen? Aus reiner Gehässigkeit? Ihr sonst Schaden zufügen wollen? Hatte diese Sophia Grand die junge Russin bestohlen, um sie vor aller Augen lächerlich zu machen? Um sie bloßzustellen? Zu enthüllen, dass der Schmuck ja nur geliehen war? Hatte sie das wissen können? Oder war doch die Konkurrenz der Libelle im Spiel? Oder die Libelle selbst? Schließlich war plötzlich eine Frau aufgetaucht, die wie die Queen ausgesehen hatte.

»Differenzen in der Schachtheorie, in der Analyse des Spiels«, fuhr Egon Täuber nun fort. »Nimzowitsch hält Tarrasch zudem für einen nur mittelmäßigen Spieler. Es gab öffentliche Beleidigungen und deutliche Bekundungen der gegenseitigen Antipathie.«

Karl staunte. »Während des Turniers hier?«

»Nein. Das ist schon länger her«, erwiderte der Vater undeutlich, da er hingebungsvoll kaute. »Ach, Wilhelmine, dieses Essen!«

»Die Spätzle sind mir heute etwas zu dünn geraten«, warf Almas Mutter entschuldigend, aber sichtbar beseelt ob des Lobs ein. »Ich weiß nicht, was da passiert ist.«

»Awa, mach koi Ferz!« Der Ausbruch von Großmaman kam

für alle völlig überraschend. Allem Anschein nach selbst überrumpelt von diesem ungewohnten Ausflug ins Badische, betupfte sie zerstreut den Mund mit der Serviette. »Die sind wunderbar, so wie sie sind, wollte ich eigentlich sagen.«

»Da gibt es doch sicher ein französisches Pendant, das du uns gerne mitteilen willst«, prustete Almas Bruder.

»Karl!«, rügte seine Mutter in dem Versuch, ernst zu bleiben. »Wer möchte Nachtisch?«

»Einen Augenblick.« Vater Täuber reckte den Zeigefinger hoch. »Jetzt ist der richtige Zeitpunkt gekommen, meint ihr nicht? Bevor wir uns in Mutters Obstsalat versenken.« Mit einem verschwörerischen Blick in Richtung seines Sohnes stand Egon Täuber auf. Die Serviette rutschte von seinem Schoß und flatterte auf den Teppich. »Wir haben nämlich etwas für ...«

»Nicht verraten!« Karls Stimme, der zwischenzeitlich aufgestanden, ins Wohnzimmer geprescht und dort mit dem Kopf im geöffneten Buffet verschwunden war, tönte dumpf aus dem Innern des Möbels. »Nicht verraten!«

Alma schaute verdutzt erst ihre Eltern und dann ihre Großmutter an, konnte sich auf diese Geheimnistuerei doch keinen Reim machen. »Habt ihr meinen Geburtstag vergessen? Und mir ist er auch entfallen?«, fragte sie.

Großmaman kicherte. »Ein Kranz ist gar viel leichter zu binden, als ihm ein würdig Haupt zu finden«, deklamierte sie bedeutungsschwanger, worauf sich im Wohnzimmer lauter Protest regte.

»Dieser Kranz war ganz und gar nicht leicht zu binden«, beschwerte sich Karl. Mit einer unter einem Küchentuch verhüllten Kiste, die ziemlich schwer sein musste, kehrte er schwankend zum Esstisch zurück. »Bitte schön, Schwesterchen.« Geschirr klirrte, als er die Überraschung in die Mitte stellte.

»Von mir und Papa. Einfach so. Weil es uns ordentlich Spaß gemacht hat, und weil du und Emmi …«, bei der Erwähnung von Wölkchens Namen bekam Karl rote Wangen.

»… würdige Häupter seid«, ergänzte Almas Vater schnell.

»Genau.« Karl nickte.

Nachdem Karl – theatralisch wie Houdini, als er den Elefanten verschwinden ließ – das Küchentuch wie einen Bühnenvorhang weggezogen hatte, saß Alma nur starr da und betrachtete ungläubig das golden glänzende Gebilde aus Walze, Knöpfen und Drähten vor ihr auf dem Tisch. »Ihr habt doch nicht, das ist doch nicht …«, stammelte sie entzückt.

»Kupferlackdraht-Schiebespule.« Ihren Vater hatte die Aufregung gepackt. »Drei Antennenbuchsen. Wir haben hier eine einfache Zylinderspule aufgebaut, bei der mit zwei Kontaktschiebern die Spule nahezu windungs…«

»Egon«, befahl Großmaman. »Ich bitte dich, erspar uns deinen verbalen Firlefanz, heb deine Serviette auf und zeig uns endlich, wie der Radioempfänger funktioniert!«

Wenig später tönte melodiöse Musik durchs Esszimmer, zu der Großmamans Knie wippten. Die alte Dame, die ihre starke Abneigung gegen alles »Moderne« stets lautstark kundtat, summte jetzt leise mit. Jazz war für sie »Krawall«, beliebte Schlager empfand sie meist ebenso als Zumutung, und den momentan leidenschaftlich gefeierten Halbgott des Atonalen, Igor Strawinsky, hielt sie für eine groteske Erscheinung. Was sie zu Schönberg selbst sagen würde, bei dessen Werken sich sogar Emmi entsetzt die Ohren zugehalten hatte, wollte Alma lieber nicht wissen. Sie empfand dessen Zwölftonmusik als ungewohnt, statt mitzuwippen rutschte sie eher auf ihrem Stuhl hin und her – aber Ludwig war begeistert von der »inneren Logik«, der Schönberg folgte. Wahrscheinlich konnte man mit dieser Art der Musik Schach spielen, dachte Alma lächelnd, es war beides sehr mathematisch.

Im Takt mit Großmaman wippte ihr eigener Fuß zur Melodie aus dem Radio mit, und sie war froh, dass ihre Großmutter sich mit Liedern, die einen eingängigen Refrain aufwiesen, seit neuestem arrangieren konnte.

Karl hatte ihr ein Radio gebaut, sie konnte es immer noch nicht glauben! Ein batteriebetriebenes, das selbst in ihrer Dachwohnung ohne Strom funktionieren würde.

»Und als Nächstes kommt die drahtlose Übertragung von Bildern. Fernsehen statt Fernhören!« Mit blitzenden Augen berichtete Karl von der nächsten Verwirklichung eines Techniktraums, der seiner Meinung nach kurz vor dem Durchbruch stehe. »Farbige bewegte Bilder.«

»Darin sehe sogar ich einen großen Nutzen«, stimmte Großmaman überraschend zu. »Ferne Städte und Länder erleben, ohne dorthin reisen zu müssen ... Ich wollte ja schon immer einmal die Südsee besuchen.«

»Das ist ja was ganz Neues«, kommentierte Almas Vater. »Rückt aber in greifbare Nähe. Im neuesten UHU geht es um die Konferenzmaschine, habt ihr die Geschichte gelesen?« Er sah neugierig in die Runde, wartete eine Antwort aber gar nicht ab. »Köstlich! Es geht darum, dass es doch der Traum jedes Firmendirektors sein muss, jeden Morgen um zehn Uhr ...«

»Egon!«, unterbrach ihn dieses Mal Almas Mutter aus der Küche. »Jetzt lass doch mal diese Vorträge an einem gemütlichen Sonntagnachmittag!«

»Das sind keine Vorträge, Mutter, das ist die Zukunft!«, empörte sich Almas Vater.

»Papa, über Konferenzmaschinen reden wir zwei später. Denn solange Alma noch da ist ...« Karl wuchtete den Empfänger auf ein Beistelltischchen, schob den benutzten Teller seines Vaters beiseite und breitete ein grünes aufrollbares Tuch auf dem Esstisch aus. »So, Schwesterherz. Revanche!«, rief er dann. Mit wilder Entschlossenheit und siegessicherer Miene stellte er vier Blechfiguren auf das Spielfeld. Beim letzten Familienbeisammensein hatte er haushoch gegen Alma im Tipp-Kick verloren, und das durfte sich wohl auf keinen Fall wiederholen. »Ich nehme Gelb. Und wehe, du schummelst wieder!«

»Wie kann man bei diesem Spiel schummeln?«, wollte Großmaman wissen. »Der Ball muss ins Tor. Fertig.« Sie schüttelte den Kopf. »Was daran so faszinierend ist, verstehe ich grundsätzlich nicht.«

»Es geht darum«, Karl beugte sich vor und lehnte sich derart über die Tischplatte, dass er sich Auge in Auge mit Almas rotem Torwart befand, »so raffiniert abzufeuern, dass die Abwehr des Gegners keine Chance hat.« Er hob den Blick und grinste seine Schwester herausfordernd an. »Bist du bereit?«

Geschwind bezog Alma Position hinter ihrer Tischhälfte. »Immer.«

Karls Finger hieb schwungvoll auf den Druckknopf auf dem Kopf seiner Abwehrfigur. Der eckige Ball hüpfte über die grüne Matte, knallte gegen die harte Rückwand von Almas Tor, holperte dann zurück auf das Spielfeld und trudelte weiter über die Tischkante. »Der war drin!«, jubelte Karl.

»Der war niemals drin«, behauptete Großmaman, die sich nicht von ihrem Platz am Esstisch bewegt hatte. »Und passt um Gottes willen auf das gute Geschirr auf!«

»Er war drin!«, protestierte Karl.

»Muss der Ball dann nicht auch im Tor liegen bleiben? Da ist er aber nicht. Er liegt dort.« Vorwurfsvoll deutete sie auf den Teppich.

Karl schüttelte den Kopf. »Er. War. Drin. Eins zu null für mich!«

Alma, der es rechtschaffen egal war, wie Karl und Großmutter die Spielregeln auslegten, hielt sich inzwischen den Bauch vor Lachen. Was tat ihr dieser Sonntag gut!

11

»Verflixt …«

Schwer atmend schleppte Alma ihr Fahrrad am nächsten Morgen aus dem Abstellplatz im Keller hinauf in den Flur im Erdgeschoss. Die auf Sauberkeit bedachte Witwe Meier inspizierte peinlich genau jeden Krümel, den ihre Mieter auf den schwarz-weißen Fliesen hinterließen und würde mit Sicherheit die richtigen Schlussfolgerungen ziehen, wenn sie dort Reifenspuren erblicken würde. »An der ist auch eine Detektivin verlorengegangen, so viel steht schon mal fest«, murmelte Alma. Mit einem Schuh hielt sie die Haustür auf, während sie sich gleichzeitig mit dem Rad ins Freie kämpfte. Ihr Schuh rutschte ab, und die Tür schlug ihr in den Rücken.

»Verdammt!« Dieses Mal fluchte sie laut und ohne Rücksicht auf eventuell an Wohnungstüren klebende Ohren.

Aber: kein hochrotes Gesicht hinter den Wohnzimmergardinen der Meier und auch keine quietschenden Türscharniere, die deren Heranrauschen ankündigten. Es war sieben Uhr in der Früh. Womöglich war die Hausherrin durch ihr gestriges, spätabendliches Einkochen von Rhabarber – dessen Duft bis in die Dachwohnung geschwebt war – noch ermattet. Oder die Meier hatte den Hochprozentigen, den sie gern in das Kompott rührte, bevor sie es in Weckgläser abfüllte, selbst geschnäpselt. Und das trug Schuld daran, dass sie nicht, wie bei solchen Gelegenheiten üblich, schon längst die Bühne betreten hatte.

Die Haustür fiel ins Schloss, und Alma schwang sich aufs Rad. Über Nacht war ein wenig Regen gefallen, so dass die Straße vor Feuchtigkeit glänzte. Langsam kroch die Sonne über den Horizont, und Almas Ärger verflog so schnell, wie er gekommen war. Es würde ein schöner Tag werden, das stand fest. Das Wochenende hatte sie belebt, ihr die nötige Erholung und Ablenkung gebracht, und in einer halben Stunde würde sie – erfrischt durch die sportliche Betätigung am Morgen – auf ihrem Drehhocker sitzen und mit freundlicher Stimme ihre Phrasen zum Besten geben. Und ungeduldige Teilnehmer am anderen Ende der Leitung würden ihr nichts ausmachen. Unflätigkeiten nähme sie ebenso nachsichtig in Kauf.

Alma trat in die Pedale. Sie war bei weitem nicht allein auf der Lichtentaler Allee, ihren Weg in die Kurstadt kreuzten vor allem Hundebesitzer. Alle bedachte sie mit einem freundlichen Blick: zuerst die Spaziergänger, dann deren Vierbeiner.

Die topfebene Route durch den Park war an diesem sonnigen Morgen besonders schön. Tau glitzerte märchenhaft auf dem Rasen, Sonnenstrahlen verfingen sich in den Bäumen, und Alma fragte sich, warum sie bei schönem Wetter nicht öfter das Rad nahm. Denn eigentlich kam sie mit dem Drahtesel schneller an ihr Ziel und legte dabei fast die gesamte Strecke durch das grüne Herz der Stadt zurück. Geschickt wich sie einer Stelle aus, auf die der Wind ein paar kleinere, abgebrochene Zweige getrieben hatte.

Vor der Post stellte sie ihr Fahrrad in einen der vielen Ständer und nahm ihre Handtasche aus dem Lenkerkorb. Da die Schalter erst um acht Uhr für den Publikumsverkehr öffneten, durchquerte sie die menschenleere Halle. Flugs die Treppenstufen ins Obergeschoss genommen, und schon trat Alma in den Umkleideraum der Fräulein.

»Lass uns hinausgehen und dem krakeelenden Mondlicht lauschen«, deklamierte Minna gerade.

»Das hast du doch erfunden.« Marianne, die in ihren Arbeitsmantel schlüpfte, hielt verdutzt in der Bewegung inne. »Außerdem ist Neumond.«

»Nichts da. Das waren seine Worte. ›Dem krakeelenden Mondlicht lauschen.‹ Ich weiß nicht, woher die Kerle heutzutage ihre Romantik haben.«

»Dein Bewunderer ist eben belesen.« Alma schmunzelte und dachte unwillkürlich an Ludwig. Wie die neueste Musik liebte er auch die scheinbaren Gegensätzlichkeiten, mit denen die modernen Verseschmiede spielten. Heimlich, still und leise sympathisierte er mit ihren sprachlichen Entgleisungen, die sicher auch das widerspiegelten, was er im Krieg empfunden haben musste. Alma selbst waren die modernen Gedichte oft zu düster, im Gegensatz zu den Avantgarde-Künstlern wollte sie im Schönen nichts Hässliches sehen.

»Du meinst, das ist ein Zitat?«

Alma knöpfte ihren Mantel zu und zuckte mit den Schultern. »Ich habe keine Ahnung. Aber es klingt so, finde ich.«

»Sagt mal, habt ihr das mitbekommen?« Erna, wie immer in die Lektüre irgendeines Blattes vertieft, sah von ihrer Zeitung auf. »Ein Sexualmord. Hier in der Stadt.«

Sie hatte nicht einmal den Satz vollendet, da drängten sich schon die Fräulein um den Tisch. Ida drückte sich an Marianne vorbei, die vor Entsetzen die Hand auf den Mund gepresst hielt. »Wo?«, wollte sie wissen. »Wo genau? Und wann?«

»Gestern. Bei den Schlossstaffeln.«

»Gibt es eine Fotografie von der Leiche?«

Erna sah auf und schenkte Ida einen Zornesblick. »Nein. Es gibt keine Fotografie. Gott sei Dank gibt es keine.«

»Wie kannst du nur so was fragen?«, murmelte Marianne mit vor Fassungslosigkeit geweiteten Augen. »Die arme Frau.«

»Na ja, wenn's ne alte Schabracke war, dann haben wir ja nichts zu befürchten.«

»Ida!«

»Ist ja gut.« Ida mimte die Beschämte und öffnete die Tür zum Schalttafelraum. »Erzählt mir alles in der Pause. Ich muss mich heute rechtzeitig in mein Coupé platzieren, die Klinger hat mich seit Anfang der Woche wieder im Visier.«

Die Schlossstaffeln führten wie eine geheime Gasse, abgeschirmt vom Treiben der Stadt, zum Marktplatz hinab. Eine niedrige Natursteinmauer begrenzte die steilen Stufen zu beiden Seiten, und Erna schilderte jetzt, wie das Opfer offenbar versucht hatte, sich vor seinem Angreifer zu retten, indem es die Mauer hinauf und ins daran angrenzende Gebüsch hineingeklettert war, um sich zu verstecken.

»Er hat ihr die Bluse zerrissen und dann hat er sie erstochen. Was er zwischendrin getan hat, das sparen sie hier aus«, beendete Erna nüchtern die Schilderung.

»Die Tatwaffe?«, fragte Alma aus einem Instinkt heraus und schämte sich sogleich dafür. War es schon so weit mit ihr gekommen, dass sie sich für den Tathergang mehr interessierte als für die Frau, die ihr Leben lassen musste? »Und weiß man ihren Namen?«, schob sie schnell hinterher.

Ernas Blick wanderte wieder über den Artikel. »Tatwaffe wurde noch nicht gefunden, und von einem Namen steht hier nichts.« Sie schüttelte den Kopf. »Es ist nicht zu fassen, sie schreiben hier ... Ach, ich les es euch kurz vor.«

Da in wenigen Minuten der Schichtwechsel vonstattenging, waren die anderen Fräulein Ida inzwischen zu den Schalttafeln gefolgt. Nur Alma und Marianne standen noch neugierig neben Erna, die die Zeitung auf dem kleinen Tisch in der Umkleide jetzt mit den Handflächen glättete.

»Der Mann ist der große Verlierer«, las sie vor. »Er hat den Krieg verloren und nun büßt er zudem seine Vormachtstellung im Beruf ein. In den Cafés ist er nicht mehr souverän. Er darf nicht mehr unbeschwert seine Blicke schweifen lassen und genießen. Nein, jetzt wird er taxiert. Diese Entwicklung sieht er sich seit einigen Jahren an. Mal belustigt, mal erstaunt. Und auch mal ablehnend.« Erna, deren Stimme inzwischen einen ironischen Tonfall angenommen hatte, hielt inne.

»Versuchen die etwa zu rechtfertigen, dass ein Mann eine Frau ermordet hat?« Marianne war fassungslos, und Alma ging es nicht anders. Der Journalist, denn wer könnte diesen Unsinn verfasst haben, wenn nicht ein Mann, betrachtete die Dinge allem Anschein nach höchst oberflächlich.

»Na, auf die Leserbriefe bin ich mal gespannt«, sagte sie.

»Ich erspare euch den Rest«, meinte Erna. »Aber hier noch das Fazit, das Marianne schon vorweggenommen hat: Der Schmierfink dieses Artikels ist der Meinung, dass es doch nicht verwunderlich sei, wenn es mal einer auf anderem Wege versucht, wenn die Frauen sonst nicht mehr in den Griff zu bekommen wären.«

»Ich glaube auch, das reicht«, stieß Alma wütend hervor. Die gute Laune, mit der sie noch fünfzehn Minuten zuvor in den Umkleideraum gefegt war, hatte sich inzwischen in Luft aufgelöst. »Pack die Zeitung weg, Erna. Auch wir sollten die Klinger nicht warten lassen.«

Doch der Drache blähte die Nüstern heute nicht auf. Als die Fräulein der Halb-Acht-Uhr-Frühschicht vor den Schalttafeln Platz nahmen und sich die Brustmikrophone umhängten, um die ersten Anrufe entgegenzunehmen, saß Fräulein Klinger, aufrecht wie ein Zollstock, hinter ihrem Pult und schien einen unbestimmten Punkt im Raum zu fixieren. Alma war sich fast sicher, dass auch sie den Artikel gelesen hatte; und bei allem Konservatismus, den die Aufsicht in der Regel an den Tag legte: Die Klinger hegte fraglos eine ebenso tiefe Verachtung gegen den Verfasser dieser Zeilen. Es wurde auch in der Kurstadt Zeit, dass mehr Frauen die Verlagshäuser belebten. Aber die Mühlen mahlten hier langsamer als in den Metropolen.

»Schlimme Sache, nicht wahr?«, sagte Marianne leise, als sie ihren Mantel in den Spind neben Almas hängte.

»Die tote Frau?«

»Sie soll noch so jung gewesen sein.« Die Nachrichten hatten die Kollegin schwer mitgenommen, das hatte Alma schon am Morgen bemerkt. »Da traut man sich ja ohne einen Mann an seiner Seite gar nicht mehr aus dem Haus.«

»Ach, so schlimm ist es doch nicht.« Alma dachte daran, wie sie mit Emmi nachts durch die Straßen spazierte, neulich erst hinter zwei Diebinnen her. Lächelnd nahm sie ihre Handtasche, schloss die Schranktür und drehte sich zu Marianne. »Und dann ist es doch eine gute Sache, dass du bald heiratest. Da hast du ja immer einen Mann an deiner Seite«, neckte sie die junge Kollegin.

Marianne wirkte bekümmert, und Alma hielt inne.

»Die Hochzeit«, murmelte Marianne unsicher. »Da gibt es auch noch so viel zu planen. Ich muss noch zu Klein in die Lichtentaler Straße.« Sie zog ihren Mantel an, nickte, wie um sich Mut zuzusprechen, und wandte sich dann an Alma. »Nimmst du die Bahn?«

Langsam griff Alma nach ihrer Handtasche. »Ich wollte noch

ein paar Besorgungen erledigen.« Betont fröhlich hakte sie sich bei ihrer Kollegin unter. »Die Merkur-Drogerie ist auf dem Weg zur Damenschneiderei. Da können wir ein Stück zusammen gehen. Ich schwöre auf das Schaumpon, das Herr Billmann im Bestand hat.« Ebenso wie Haarwaschpulver bot Billmann in seiner Merkur-Drogerie Haarkräuselgeist, Stirnrunzelglätter oder den Formenprickler für eine schöne Brust an. Sogar Nasenformer gingen über die Ladentheke. Damit erfüllte der Drogist Frauen, die sich gerne auf die Werbeversprechen der Schönheitsmittelindustrie verließen und deren Geld locker saß, einfach jeden Wunsch, so absurd und unverständlich er auch sein mochte. Alma lächelte. Eigentlich hatte sie noch von dem Schaumpon, doch Marianne hatte etwas auf dem Herzen, das war eindeutig, und auch wenn Alma genug eigene Sorgen hatte – oder vielleicht gerade deswegen –, wollte sie die Kollegin nicht allein lassen mit ihrem Kummer.

»Du bekommst doch keine kalten Füße?«, fragte sie, nachdem sie die Treppe hinuntergegangen und auf die Sophienstraße getreten waren. Jetzt schien die Sonne von einem strahlend blauen Himmel, die morgens noch nass glänzende Straße war inzwischen getrocknet, doch der Wind pfiff immer wieder so eisig wie vor ein paar Tagen.

»Keine kalten Füße.« Marianne schüttelte entschieden den Kopf, als sie ihre Schritte zum Leopoldsplatz richtete. Bei ihren nächsten Worten zögerte sie jedoch. »Hermann ist ein guter Kerl, ich könnte keinen besseren finden.« Sie seufzte.

Alma nickte, schwieg ein bisschen, während sie, immer noch untergehakt, einträchtig nebeneinanderhergingen. »Aber?«, fragte sie schließlich.

Marianne blieb stehen, mitten am Leopoldsplatz, so dass eine ältere Dame hinter ihnen beinahe in sie hineingelaufen wäre.

Die Kollegin schien davon nichts zu bemerken, auch nicht von dem Bettler auf Krücken, der vor ihnen stehen blieb. »Aber was, wenn er nicht immer ein guter Kerl bleibt?«, fragte sie mit großen Augen. »Was, wenn er sich verändert, anfängt zu ... trinken? Schlimmeres? Ich werde kein Geld mehr verdienen, werde nicht mehr zur Arbeit gehen. Werde nur noch zu Hause sein, vielleicht ein Kind oder zwei und ... was ist mit mir? Wo bleibe ich?« Beinahe flehend blickte sie Alma an.

Doch Alma konnte und wollte ihr keine leeren Worthülsen zur Beruhigung bieten, keine Floskeln, wie sie den Frauen von jeher unterbreitet wurden. Und war es nicht genau das, was sie selbst zögern ließ? Nein, sie hatte keine Sorge, dass Ludwig zum Trunkenbold werden würde. Aber was, wenn er einen Unfall hatte? Wenn er im Dienst verletzt wurde? Sie musste an den Abend vor einer Woche denken, als er blutend vor ihrer Wohnungstür gestanden hatte. Eine eiskalte Hand hatte nach ihrem Herzen gefasst und es zusammengepresst, eine ungeahnte Angst war in ihr hochgekrochen, die sie längst vergessen geglaubt hatte, nach 1918. Sie schluckte.

»Ist das der Grund, weshalb du nicht heiraten willst?«, fragte Marianne jetzt.

Ah, der Flurfunk. Die Fräulein plauderten und tratschten, über alles und jede, natürlich bildete Alma da keine Ausnahme. »Ich ...« Sie suchte nach den richtigen Worten. »Dein Hermann, er ist gut zu dir, ja?«

Marianne nickte, die Augen voller Furcht. Alma erinnerte sich, dass Marianne eine Waise war, sie hatte nie den Rückhalt einer Familie gehabt.

»Gut«, sagte Alma fest und zog Marianne am Arm in die Lichtentaler Straße. »Du wirst Haushaltsgeld bekommen«, erklärte sie. »Und du kennst doch die Männer. Als ob sie sich den

Preis für ein Pfund Kartoffeln merken könnten.« Sie lächelte, und Marianne stimmte vorsichtig mit ein. »Jede Woche kaufst du Kartoffeln, für ein paar Pfennige mehr, als sie kosten. Und das Geld, was übrig bleibt, das versteckst du in einer Mehldose, ganz hinten im Schrank, hörst du?«

»Jede Woche?«

»Jede Woche. Das ist dein Notgroschen. Deine Versicherung, die du Woche für Woche aufbaust. Wenn etwas geschehen sollte …« Den Rest des Satzes ließ sie unvollendet. Sie wussten beide, dass es bei Hermanns Gehalt nie so weit käme, dass Marianne den Rest ihres Lebens komfortabel versorgt wäre, aber vielleicht würde es reichen, sie über schlimme Zeiten hinwegzuretten.

»Und jetzt komm, du hast noch Hochzeitsvorbereitungen zu treffen.« Alma nickte lächelnd zum Ladengeschäft mit dem Schild »G. Klein Damenschneiderei«, vor dem sie mittlerweile angekommen waren.

Marianne griff nach Almas Händen und drückte sie fest. »Danke«, sagte sie. Die Sorgen zeichneten sich immer noch schwer in ihrem Gesicht ab, aber die steile Furche, die eben zwischen ihren Augenbrauen gestanden hatte, glättete sich langsam. »Magst du mit reinkommen?«

Aufregung, Nervosität, und Alma wusste, welchen Termin Marianne heute hatte. »Das lasse ich mir um nichts in der Welt entgehen«, sagte sie. »Billmann hat morgen auch noch geöffnet.«

Sie traten ein, und die ängstliche junge Frau, die eben noch mit Alma gesprochen hatte, verwandelte sich in eine selbstbewusste Braut. Ihr Kleid, zu dessen Anprobe sie heute erscheinen sollte, war ein Traum aus cremefarbenem Seidensatin, der zu Mariannes heller Haut passte. An der modernen tief sitzenden Taille befand sich eine Stickerei in Form einer Rose, bevor der beinahe bodenlange Rock fließend weich wurde.

»Dreh dich«, sagte Alma, und Marianne wirbelte herum und ließ den Rock fliegen. Die Arme in den bestickten kurzen Ärmeln hoch in die Luft gehoben, die Wangen vor Freude gerötet, war sie die hübscheste Braut, die Alma je gesehen hatte.

»Wunderschön«, sagte sie. »Marianne, es ist wunderschön.«

»Du kommst doch zur Hochzeit?«, fragte die Kollegin nun wieder beinahe ängstlich.

»Aber natürlich!«

Die Schneiderin, eine hagere Frau mit einem glatten dunklen Bob, der ihr Gesicht noch länger erscheinen ließ, als es tatsächlich war, bat Marianne, für einige Abmessungen stillzustehen. Das Kleid musste enger genäht werden.

»Ich hab' vor Aufregung nicht viel essen können in letzter Zeit«, gab Marianne entschuldigend zu.

»In den nächsten Wochen sollte Ihr Verlobter Sie öfter zu einem Stück Kuchen einladen«, nuschelte die Schneiderin, den Mund voller Stecknadeln. »Heute ist der letzte Termin. Wenn Sie noch mehr abnehmen, müssen Sie das Kleid ausstopfen.«

Marianne kicherte verlegen. »Ich werde es Hermann sagen.«

»Vielleicht sagt ihm eine Butterbrezel und ein Glas Bier mehr zu.« Alma grinste.

»Er arbeitet bei einer Brauerei«, erklärte Marianne der Schneiderin stolz, die höflich beeindruckt nickte.

Ein paar Stiche hier, ein paar Abmessungen dort, und Marianne wurde zurückgeschickt, um sich wieder umzuziehen.

»Du wirst die schönste Braut in ganz Baden-Baden sein«, sagte Alma, als sie wenig später wieder auf die Straße traten.

»Es ist nicht ganz billig.« Verlegen schob Marianne eine blonde Strähne hinters Ohr.

»Das macht nichts«, sagte Alma tapfer, die bei den Worten innerlich zusammengezuckt war. Sie mussten alle aufs Geld achten. Aber ... »Man heiratet schließlich nur einmal.«

Marianne nickte entschieden. »Da hast du recht«, sagte sie – und zögerte. »Und was ist mit dir und Ludwig?«

Alma seufzte. Sie blickte in den strahlend blauen Himmel, als suchte sie nach der einen Regenwolke, die jedoch ausblieb, dann setzte sie sich langsam in Bewegung Richtung Leopoldsplatz.

»Ihr habt schon recht, dass ich eine Heirat vor mir herschiebe«, sagte sie schließlich, während sie in der Sonne dahinschlenderten. »Den Rest meines Lebens kochen, waschen, putzen? Allein daheim und nur noch mit der Nachbarin tratschen? Auf Nachwuchs warten? Ich habe Angst, meinen Beruf aufzugeben. Meine ... Freiheit.«

Marianne sah sie aufmerksam an.

»Und, nun ja, ein paar Jahre habe ich noch, bis ich eine alte Jungfer bin«, versuchte Alma es mit einem Scherz. Dann holte sie Luft, knetete ihre Hände und gab schließlich zu, was sie in den letzten Tagen so sehr beschäftigte: »Ludwig und ich sind uns gerade sehr uneins.« Sie hatte es eigentlich nicht verraten wollen, hatte nicht einmal mit Emmi darüber gesprochen, die ihr zwar etwas angesehen, aber nichts aus ihr herausbekommen hatte. Doch der Freitagnachmittag nagte weiterhin an ihr, auch wenn sie sich selbst noch so oft sagte, wie albern das war. Es hatte sie verletzt, dass Ludwig ihr nicht glaubte, dass er ihre Intuition, ihre bisherigen Ermittlungen mit einem lapidaren »du hast dich verrannt« abtat. Ihr Herz war immer noch schwer, doch als sie Marianne von dem Nachmittag berichtete, merkte sie, wie ihr wieder leichter zumute wurde. Es tat gut, die Sorgen zu teilen. Die jüngere Kollegin hatte es vorgemacht.

Als sie ihre Erzählung beendet hatte, blickte Marianne sie verblüfft an. »Oh, aber er bewundert dich so sehr!«, rief sie laut, dass es nun Alma war, die vor Verblüffung ins Stolpern kam.

»Das ist für alle ersichtlich. Alma! Du bist so gescheit.« Mariannes Wangen röteten sich. »Deshalb liebt er dich. Natürlich, er ist deinen schlanken Beinen und deinen hübschen Augen sicher auch nicht abgeneigt.« Sie grinste verschmitzt. »Aber dein Verstand ist es, in den er sich so verliebt hat. Und er ist selbst doch auch sehr klug.«

Alma nickte, etwas erschlagen von dem ganzen Lob.

Jetzt lachte Marianne ganz offen. »Müsst ihr denn immer einer Meinung sein?«, fragte sie. »Ist es nicht viel spannender, wenn ihr euch miteinander messen könnt? Wie beim Schach: Ich glaube nicht, dass einer der Meister im Internationalen Turnier große Lust hätte, gegen mich zu spielen.« Lapidar zuckte sie mit den Schultern. »Wo ist dein Ehrgeiz, Alma? Er sieht die Sache anders, na und? Zeig ihm, dass du recht hast! Und dann lässt du dich anschließend von ihm zum Kuchen einladen.« Sie lachte fröhlich. »Irgendetwas musst du schließlich davon haben, dass du recht hattest und er nicht.«

»Wie ein Schachspiel?« Erstaunt sah Alma die Kollegin an, die mittlerweile gut gelaunt und hochzufrieden neben ihr her spazierte. Marianne war auch nicht ohne, dachte Alma, sie hatte einen tiefer gehenden Blick, den sie in kurze prägnante Worte fassen konnte. »Ach du lieber Himmel, bloß kein Schach! Aber wie wäre es mit Gänsen und Leitern?«

»Von mir aus darf es auch Canasta sein!«

»O Gott, aber nicht mit Großmaman. Da fällt mir ein: Kennst du Tipp-Kick? Mein kleiner Bruder hat es mir beigebracht. Fußball auf dem Tisch. Es ist ganz famos!« Nun gluckste auch

Alma leise. Ein Spiel. Sagte Emmi das nicht immer wieder? Alma müsse das Leben und die Liebe nicht so ernst nehmen?

»Danke, Marianne«, sagte sie.

»Nein, danke dir.«

Die Kolleginnen blickten sich an, die Wangen rot vom Wind, die Augen glänzend von der Sonne. Es würde alles gut werden.

»Alma, bitte!« Emmi blähte die Backen auf und stieß geräuschvoll Luft aus. »Ich langweile mich. Der nächste Zug kann doch nicht so schwer sein.«

Alma betrachtete weiterhin die schwarzen und weißen Felder. »Still. Ich überlege noch.«

»Wie war das mit dem Leben, das ein kleiner Wimpernschlag der Unendlichkeit ist? Ich bin mir da nicht so ganz sicher im Moment. Darf ich fragen, wie lange du noch überlegst?«

»So lange, wie es braucht. Psst, jetzt.«

»Darf ich unser neues Spielzeug anstellen?«

»Nein!«

Gemeinsam mit Karl hatte Alma den Radioempfänger am Sonntagabend zum Bahnhof getragen. Zusammen hatten sie die Straßenbahn bis an den Brahmsplatz genommen, die mit einem Tuch verhüllte Apparatur zwischen sich auf der Holzbank. Ein stolzer Karl, der gar nicht mehr zu bremsen gewesen war, hatte Alma berichtet, dass das Bastelbuch für Radioamateure, das sie benutzt hatten, sogar erklärte, wie man sich schnell einen Behelfskondensator bauen konnte. Alma, die seinen Ausführungen über weite Strecken hinweg gar nicht hatte folgen können, war bass erstaunt gewesen über den Eifer, den ihr Bruder bei seinen Schilderungen an den Tag gelegt hatte.

»Ihr könntet auch euer Grammophon als Lautsprecher einsetzen, ich zeige euch, wie das geht!«, hatte er Alma begeistert mitgeteilt.

Das Treppenhaus der Meier waren die Geschwister leise hochgeschlichen, aber schließlich ohne Zwischenfälle oben angekommen. Emmis Verzückung angesichts des Geschenks hatte sich in einer langen Umarmung geäußert, der Karl schließlich mit hochrotem Kopf entkommen war.

Wölkchens Stuhl knarzte jetzt, als sie sich zurücklehnte. Ein lang gezogenes Stöhnen folgte. »Zieh doch einfach den Bauer«, schlug sie dann vor und gähnte ungeniert. Als vom Treppenhaus aber ein vielstimmiges Lachen in die Wohnung drang, schien Emmi wieder hellwach zu werden. »Die gehen aus! Mensch, Alma, die Neue wird abgeholt, das ist eine ganze Blase.«

In Postbote Schulzes ehemalige Mietswohnung war vor einigen Tagen eine junge Frau eingezogen, die bei Batschari als Sekretärin arbeitete.

»Psst, ich muss nachdenken.«

»Wo die wohl hingehen?«

»Emmi!«

»Was denn? Das ist Ausdruck purer nachbarlicher Entdeckerfreude. Wie sollen wir die Nachfolgerin von Schulze denn sonst richtig kennenlernen? Komm, wir schauen mal nach.« Sie rückte ihren Stuhl nach hinten, um aufzustehen, fror aber in der Bewegung ein, als Alma eine Hand hob.

»Halt! Ich hab's jetzt. Ich ziehe mit der Dame.«

»Warum denn jetzt mit der Dame?«

»Na, damit verhindere ich deine Falle.«

»Meine was?«

»Du hast mir eine gestellt, und ich habe es erst jetzt gesehen.«

Verdutzt setzte sich Wölkchen wieder. Die Aufregung im Treppenhaus war ihr jetzt offenbar nicht mehr wichtig, stattdessen beobachtete Alma amüsiert, wie ihre Freundin ungläubig auf die Anordnung der Spielfiguren vor sich sah.

»Ich habe dir eine Falle gestellt? Wirklich? Das habe ich ganz sicher nicht absichtlich getan.«

»Und ich hab mir das ganz sicher gedacht.« Alma lachte. »Du hast, ohne es zu wissen, eine Grube für mich gegraben.«

Mit einer Miene, die Alma deutlich wissen ließ, dass sie einem weiblichen Einstein gegenübersaß, griff Wölkchen zu ihrem Zigarettenetui und ließ es aufschnappen. »Ich bin eben einfach genial. Unbewusst genial. Ich sollte mal mehr von den Denkaufgaben in den Zeitschriften machen. Diese Dinger mit den verkauften Mauleseln, dem Gewinn pro Maulesel und der Frage, wie viele Maulesel der Kaufmann vorher besessen hat. So was.«

»Ohne Zweifel.« Alma sagte es mit derart theatralischem Ernst, dass Emmi die Zigarette, die sie sich eben zwischen die Lippen gesteckt hatte, vor Lachen wieder ausprustete. Sie landete auf dem freien Feld neben ihrer Dame.

»Und woher kommt deine Genialität jetzt?«, wollte Emmi mit schelmisch blitzenden Augen wissen. »Ich wusste gar nicht, dass du so gut Schach spielst.«

»Nun ja, weißt du, Ludwig ist ein großer Liebhaber des Spiels.« Beiläufig fischte Alma die Zigarette vom Raster, um sie Emmi zurückzugeben.

»Willst du mit Ludwig jetzt Schach spielen?«, fragte die entgeistert. »Ist euch zweien jetzt schon so langweilig?«

Alma musste grinsen. Das Gespräch mit Marianne hatte in ihr nachgewirkt, sie hatte über ihren Vergleich nachgedacht, und dann hatten die Regeln des Schachspiels sie überraschend in ihren Bann gezogen. Sie fing langsam an, Ludwigs Faszination für das Spiel zu verstehen.

»Und was mache ich jetzt gegen dein Fräulein?« Emmi, die inzwischen ihre Zigarette angezündet hatte, deutete auf die Dame, mit der Alma das Schachmatt abgewendet hatte.

Erneutes Stimmengewirr im Treppenhaus hielt Alma von einer Bemerkung ab. »Sag mal, ist das Walter?«, fragte sie.

»Ich soll jetzt wohl neugierig den Kopf in Richtung Tür drehen, und du wechselt kurz irgendwelche Figuren aus …«

»Was du mir wieder zutraust! Nein, jetzt hör doch mal, das ist doch Walter. Walter mit der Meier. Eindeutig.«

Dann erklangen Schritte vor der Mansarde, und bevor jemand anklopfen konnte, war Wölkchen schon aufgesprungen und hatte die Wohnungstür aufgerissen.

»Walter!«, hörte Alma sie erfreut rufen. »Du kommst gerade richtig, um meine geistreichen Schachzüge zu verfolgen.«

»In ein paar Minuten gerne. Oh, ihr spielt Schach?« Walter hetzte in die Küche, die beschwingte Emmi folgte ihm. Almas Cousin hielt eine schwarze Ledermappe in der Hand, die er Wölkchen jetzt entgegenstreckte. »Würdest du die für mich bei euch irgendwo ablegen, bitte.« Schnell zog er seinen Mantel aus und warf ihn achtlos über eine Stuhllehne. »Und dich muss ich kurz entführen, Cousinchen. Eure Wirtin hat technische Scherereien. Und sie wartet nicht gern.«

Emmi kicherte. »Ist sie eine dieser Automaten geworden? Ich wusste schon immer, mit der stimmt was nicht. Musst du sie ölen?«

»Es geht um ihren neuen Staubsauger. Er funktioniert nicht mehr, und da sie wieder auf der Lauer lag, hat sie mich kommen sehen.«

»Oh, und da dachte sie natürlich: Dieser Bursche hat Chirurgenhände, das mache ich mir zunutze«, meinte Alma, als sie Walter in den Flur folgte. »Und außerdem ist er ein Mann! Und wozu braucht sie da mich?«

»Ich habe mir das zwar nur ganz kurz angesehen«, sagte er und wischte sich eine widerspenstige Locke aus der Stirn. »Aber vielleicht komme ich da nicht allein hin. Halten, schrauben, schauen, halten, schrauben ...« Jetzt senkte er die Stimme. »Und die Meier hockt unter ihrem Pudelregal und regt sich nicht.«

»Womöglich befürchtet sie, dass der Staubsauger explodiert und seinen Inhalt im gesamten Wohnzimmer verteilt, wenn sie irgendwo falsch hingreift«, meinte Emmi. »Die armen Porzellanpudel! Völlig verdreckt! Na, dann geht mal die Welt retten. Ich mache mich auf alle Fälle nicht dreckig, sondern kümmere mich in der Zwischenzeit um eine Stärkung für euch schwer Schuftende. Wann kann ich denn wieder mit euch rechnen?«

»Sollten wir in dreißig Minuten nicht zurück sein, trittst du die Tür ein«, meinte Walter.

»Abgemacht«, sagte sie und klimperte verführerisch mit den schwarz gepinselten Wimpern.

»Fortschritt, Modernität, Freizeitgewinn und Arbeitserleichterung hat die Huber zu mir gesagt.«

Wie von Walter beschrieben, saß Frau Meier in ihrem überheizten Biedermeierwohnzimmer auf dem Sofa unter dem Regal mit den Porzellanhunden und bedachte das Gerät auf dem Läufer mit einem zornigen Blick. »Es ist der alte von ihr ... der Frau Huber, meine ich. Ihr Mann hat einen neuen gekauft«, fuhr sie fort. »Nun, dachte ich, jetzt, wo ein Teil des Hauses Strom hat, könnte ich mir diese Erleichterung einmal leisten. Und der Preis war unschlagbar.«

Walter warf ihr einen fragenden Blick zu. »Ich hatte mich schon gefragt, ob Sie auf dem Fahrrad sitzen, um den Sauger anzutreiben.«

Sein Scherz kam bei der Witwe nicht an. »Die Leitungen zu legen war kostspielig, junger Mann. Fürs ganze Haus hat es eben nicht gereicht. Die Huber, Frau Huber, hat vor einem Jahr 140 Mark für das Gerät bezahlt. Das Angebot, das sie mir gemacht hat, war wie schon erwähnt ein Schnäppchen, da konnte ich einfach nicht nein sagen. Sogar meine Vorhänge kann ich damit reinigen!«

Während sich Frau Meier auf dem Sofa über die neuen Anforderungen der Haushaltsführung ausließ, knieten Alma und Walter auf dem Läufer und besahen sich das Gerät.

»Ein Saugling«, meinte Walter so leise, dass die sich im Hintergrund weiter entrüstende Witwe es nicht mitbekam.

»Du kennst dich aus?«, fragte Alma erstaunt.

»Nein, ich lese nur, was auf dem Handgriff steht.«

Alma lachte leise. »Saugling«, meinte sie dann. »Das ist schon ziemlich albern, oder?«

»Allerdings.«

»Ist er plötzlich nicht mehr angegangen, oder hat er während des Saugens den Geist aufgegeben, oder was ist passiert?«, fragte Alma ihren Cousin. Angesichts der vielen Läufer und schweren Vorhänge in der Wohnung ihrer Vermieterin schwante ihr, warum der Saugling nicht mehr saugen wollte. »Hat sie dir das schon gesagt?«

Walter folgte ihrem Blick. »Ah, ich glaube, ich verstehe, worauf du hinauswillst.« Er sah zum Sofa. »Frau Meier«, sagte er dann mit lauter Stimme an Almas Wirtin gewandt, die in dem Moment ihren Satz beendete, dass die Kraft eines Mannes für den Betrieb technischer Geräte nun wirklich nicht mehr nötig wäre, weil auch die schwächste Frau einen Staubsauger benutzen könnte.

»Ja, bitte?«

»Haben Sie das Gerät einmal gereinigt?«

Eine Weile blieb die Witwe still. »Wie meinen Sie das?« Die Äußerung schien sie bis ins Mark zu treffen. »Der Sauger soll doch reinigen, ich soll doch nicht ihn reinigen!«

»Der Staub muss ja irgendwo hin, Frau Meier«, sagte Alma, die sich bemühte, ein Schmunzeln zu unterdrücken.

»Natürlich. In den Sauger hinein.«

»Und dort hat er irgendwann keinen Platz mehr.«

Mit zusammengekniffenen Lippen saß die Witwe auf ihrem Sofa wie ein getadeltes Schulkind. »Ach du meine Güte. Sie meinen, er hat sich irgendwie ... verschluckt?«, war alles, was sie endlich herausbrachte.

»Eher vollgefressen«, meinte Walter.

»Wann hast du endlich Zeit für meine geniale Strategie?«, fragte Emmi ungeduldig und zog eine Schnute.

Nach Rettung des Meier'schen Staubsaugers und ausgiebigem Händewaschen hatten sie alle am Küchentisch Platz genommen, auf dem anstelle des Schachbretts nun ein Teeservice stand. Das Spiel thronte inzwischen auf der Kommode im Flur. Die Figurenanordnung hatte Wölkchen dabei nicht angerührt. »Meine geniale Strategie«, wiederholte sie gewichtig und sah Walter mit dem unschuldigen Blick eines Welpen an.

»Du kannst es nicht abwarten, oder?« In sich hinein lächelnd schenkte Alma nach und ließ anschließend ein Stück Würfelzucker in ihre Tasse gleiten. »Lass Walter mal eine Minute Zeit zum Durchschnaufen.«

Walter zog das Zuckerdöschen zu sich und steckte sich einen

Würfelzucker in den Mund. Es knirschte, als er darauf herumkaute. »Deine Strategie ist natürlich von Tragweite«, meinte er undeutlich. »Aber, darf ich erst berichten, weswegen ich euch so überfallen habe? Dass ihr hier zu Schachexpertinnen werdet, konnte ich ja nicht ahnen.« Er griff zu seiner Tasse und spülte den restlichen Zucker mit Tee hinunter.

»Strategie«, beharrte Emmi.

»Nein«, meinte er. »Natürlich auch«, korrigierte er sich dann. »Eins nach dem anderen. Erst die Autopsie.«

Diese Information ließ Wölkchen mit einem Mal verstummen, und Alma riss die Augen auf. Walter genoss die Wirkung seiner Aussage sichtlich.

»Du durftest an einer Autopsie teilnehmen?«, fragte Alma skeptisch. »Fällt das denn nicht ein wenig außerhalb von Dr. Brunners Fachgebiet?«

Walter streckte den Arm über die Stuhllehne und zog die schwarze Ledermappe, die Wölkchen achtlos auf das Sofa zwischen zwei Kissen versenkt hatte, zu sich. »Nicht an einer teilnehmen«, erklärte er dann feierlich und ließ die Schnallen der Mappe aufschnappen. »Eine durchführen. Auf polizeiliche Anweisung.« Vor lauter Verzückung versagte ihm fast die Stimme. »Ich meine ... stellt euch das vor! Ist das nicht immer mein Traum gewesen? Jetzt nicht die ... Autopsie an sich«, er nestelte Dokumente aus der geöffneten Mappe, »obwohl, das natürlich auch. Was ich meine, ist ...«

»Du bist endlich dort angekommen, wo du immer sein wolltest«, vollendete Alma stolz den Satz ihres Cousins. »In der Rechtsmedizin!«

»Ist das nicht fabelhaft?« Walter strahlte über das ganze Gesicht. »Auf Ludwigs Geheiß durfte ich einen kurzen Ausflug in diese höchste aller Wissenschaften unternehmen.«

Ludwig? Plötzlich wurde Alma ganz heiß, und sie war froh, dass Walter vor lauter Begeisterung nicht merkte, wie sie ein klein wenig aus der Fassung geriet. Ludwig hatte Walter zu einer Autopsie dazugebeten – hatte er sich ihre Worte vom letzten Freitag doch zu Herzen genommen?

»Famos«, unterbrach Emmi, die sich für Leichenschauhäuser und aufgeschnittene Körper nicht begeistern konnte, Almas Gedanken.

»Ihr erinnert euch an den Fall bei den Schlossstaffeln?«

»Du hast das Opfer seziert?«

Emmi runzelte die Stirn. »Warum denn das? Ist die Sache denn nicht klar? Von mir aus könnte man allerdings den Schreiberling des Beitrags in der Badischen sezieren. Bei lebendigem Leib.«

»Das ist wirklich Gefasel«, kommentierte Walter den Artikel. »Aber das muss ich euch ja nicht sagen. Unsinnig und ärgerlich. Die Tote trug Hosen, was für ein Skandal!« Er rollte mit den Augen. »Kleidung sollte den Anforderungen des modernen Lebens entsprechen, oder nicht? Der modernen Verkehrsmittel. Das hat nichts damit zu tun, dass ihr vermännlicht.« Er grinste. »Mal abgesehen davon, dass ich keine Röcke tragen möchte, meine Güte, da müsste ich ja meine Schrittlänge anpassen. Und: Zieht das nicht unten rein? Da muss noch was passieren«, schloss er sein Plädoyer.

Emmi schüttelte den Kopf. »Ich will es mir doch noch aussuchen können, mein Lieber! Ich halte nichts von Hosen.« Verträumt richtete sie die Augen gen Decke. »Satin, Crêpe de Chine, Stickereien, Perlenbesatz, leuchtende Farben, tiefe Ausschnitte, mal Schulter zeigen oder auch Rücken.« Sie sah Walter an und zwinkerte ihm neckisch zu.

»Ja, natürlich«, lenkte er ein. »Das eine schließt das andere ja nicht aus. Aber«, fuhr er fort, als er Almas ungeduldigen Blick auffing, »wir schweifen ab. Zurück zur Autopsie.« Er schob seine Tasse zur Seite und legte die Akte, die er aus der Mappe gezerrt hatte, so auf den Tisch, dass Alma und Emmi die Beschriftung sehen konnten.

»Lieschen Müller«, las Alma vor. Dann sah sie ihren Cousin an. »Das ist doch nicht der Name des Opfers, willst du uns jetzt verhohnepipeln?«

Walter lächelte. »Du hast recht, das ist nicht der Name der Frau. Die Idee stammt von Ludwig, und ich muss sagen, ich finde seinen Einfall einfach großartig. Da wir den richtigen Namen des Opfers noch nicht kennen, hat Ludwig ihm einen Namen bar jeglicher Originalität gegeben.« Sein Zeigefinger tippte auf die Akte. »Ludwig ist ein ganz Innovativer!«

Alma und Emmi wechselten belustigte Blicke. Walters Aufregung hatte etwas äußerst Unterhaltsames.

»Das wusste ich schon lange«, stellte Alma fest. Auch sie schob jetzt ihre Teetasse zur Seite und zog daraufhin die Akte zu sich. Es juckte sie in den Fingern, sie aufzuschlagen, aber da sie nicht wusste, was sie erwartete, womöglich Fotografien vom Tatort oder Nahaufnahmen der Autopsie, hielt sie sich zurück. Sie selbst hatte vor drei Jahren eine sezierte Leiche gesehen, und es war ihr nicht wirklich gut bekommen. Das Antlitz der toten Frau und der y-förmigen Narbe auf ihrem Brustkorb hatte sie noch lange verfolgt. Nein, sie verspürte keinen Drang, die Erfahrung zu wiederholen, und vor allem wollte sie Wölkchen solch einen Anblick ersparen.

»Wenn Ludwig dich hinzugezogen hat, dann hat er eine Theorie der Todesursache, die von der allgemeinen Meinung abweicht, nicht?«, stellte sie fest, da sie sich an das erinnerte, was Ludwig ihr im Zusammenhang mit der Begutachtung von

Gertrudes Leiche erzählt hatte. Der neue Leichenarzt, der zwar gewissenhaft sei, aber noch nicht lange mit der Polizei zusammenarbeite. »Und diese Theorie wollte er nicht von dem neuen Arzt untersuchen lassen, da er ihn noch nicht gut kennt.«

Walter nickte. »Ich habe dem ehrenwerten Pathologen Dr. Fiedler sozusagen assistiert.« Die Pause vor dem letzten Wort ließ Alma fragen, wer hier wem assistiert hatte. »Über so viel praktische Erfahrung verfüge ich ja noch nicht«, gab sich Walter bescheiden. »Aber er war von meinen ... unseren Ergebnissen durchaus beeindruckt.«

»Und welche Ergebnisse sind das jetzt?«, fragte Emmi, die schon seit geraumer Zeit nervös ihre Finger knetete. »Kommst du jetzt endlich zur Sache?« Das vorher noch so dringliche Schach-Problem war in den Hintergrund gerückt.

Statt einer Antwort schlug Walter die Akte auf.

Emmi entließ einen kleinen Schrei des Entsetzens und wandte sich ab. Das Gesicht einer toten Frau starrte ihnen entgegen. Alma schnappte bei dem Gedanken, dass sich jetzt das wiederholen sollte, was sie vor drei Jahren erlebt hatte, nach Luft. Denn sie kannte das Gesicht.

»Tut mir leid. Das war taktlos, ich ...« Walter schlug die Akte wieder zu und wollte sie schon in die Ledermappe stecken, aber Alma hielt sein Handgelenk fest.

»Nein.« Sie schüttelte den Kopf. »Es ist in Ordnung.« Sie sah Emmi an, die ihren Blick in die Teetasse gesenkt hielt.

»Hm«, machte Wölkchen. »Ich weiß, dass euch das wichtig ist, aber ihr versteht, wenn ich schon anfange zu spülen. Ich will diese Fotografien nicht wirklich sehen.« Unter Klirren stellte sie zwei Tassen übereinander, packte sie, stand auf und ging zur Küchenzeile. »Ich bin gar nicht hier, redet ruhig«, sagte sie über die Schulter. »Aber geht nicht so ins Detail, bitte.«

Walter schlug die Akte wieder auf und legte die Fotografien der Obduktion nebeneinander auf den Tisch. »Sie hatte eine Stichverletzung im Brustkorb, in der Nähe des Herzens.« Sein Finger deutete auf die Nahaufnahme einer Wunde.

»In der Nähe …« Alma betrachtete die Fotografie aufmerksam. »Und sie ist recht klein. Oder kann ich das nur nicht einschätzen?«

»Richtig!« Walter strahlte. »Sie ist klein. Ganz und gar nicht tief. Kein großer Blutverlust. Dafür war aber der Körper der Toten übersät mit Prellungen und Hämatomen.«

»Könnten die nicht daher stammen, dass sie angsterfüllt und in großer Eile über das Mäuerchen kletterte? Und dabei möglicherweise stürzte?«, überlegte Alma.

»Beckenbruch«, zählte Walter weiter auf. »Ein gebrochenes Handgelenk.«

»Ein schwerwiegender Sturz.«

»Wie von einer Steintreppe.«

»Die Schlossstaffeln hinab. Das hört sich nicht nach einem Sexualverbrechen an«, stellte Alma trocken fest.

»Heutzutage ist man aber schnell bei diesem Tathergang, wenn man einen hochgezogenen Rock, eine zerrissene Bluse und eine Stichwunde vor sich hat und nicht genau hinsieht«, erwiderte Walter.

Plötzlich dachte Alma an die Gleichgültigkeit gegenüber Sexualmorden, die sich vor allem als hässliche Ausdrucksform moderner Städte wie Berlin zeigte. Sie ging einher mit Korruption, Prostitution, Alkohol- und Drogensucht und zunehmenden Gewalttaten. Sie dachte an Künstler, die diese Gewalt mit blutigen Messern und zerstückelten Frauenkörpern auf der Leinwand kommentierten, Almas Meinung nach sogar zelebrierten. Ein inszenierter Mord. Wie auf einem dieser Gemälde.

»Ein Ablenkungsmanöver.« Ihre Stimme zitterte vor Aufregung.

Walter nickte zustimmend. »Genau meine Meinung. Und ganz ungeschickt hat sich der Täter dabei nicht angestellt.«

»Hättest du die Leiche nicht untersucht …«

»Ich gehe davon aus, dass dies auch der neue Arzt des Leichenschauhauses entdeckt hätte.« Er atmete tief ein und stieß dann geräuschvoll Luft aus. »Und was die Inspirationsquellen des Täters angeht: Derzeit hat man keine Probleme, sich Anregungen bei der Vertuschung von Gewalttaten zu holen. Kolportageromane wohin das Auge reicht, Enthauptungen, Verstümmelungen, Folter, Ent…«

»Wir haben es verstanden«, unterbrach ihn Emmi mit versteinerter Miene. Im Spülbecken vor ihr lag unangerührt das Geschirr. Mit einem Mal griff sie, wie um eine Distanz zu dem eben Gehörten herzustellen, nach ihrem Zigarettenetui und starrte dann wieder die dreckigen Teetassen an.

»Könnte die Frau ausgerutscht und die Treppe hinuntergefallen sein?«, fragte Alma.

»Und sie hat sich dann die Mühe gemacht, sich schwerverletzt über das Mäuerchen in das Gebüsch zu schleppen und sich den Messerstich selbst …?«, Walter brach ab. »Tut mir leid. Medizinerhumor. Medizyniker … sozusagen.«

Alma lächelte schwach. Walter hatte natürlich recht, so ein Ablauf ergab keinen Sinn.

Emmi steckte sich die Zigarette zwischen die Lippen, zündete sie an und nahm einen tiefen Zug. Gefasst trat sie zum Tisch, setzte sich wieder und schlug die Akte zu. »Alma, meine Taube«, sagte sie dann. Eine kleine Pause folgte, in der sie einen weiteren Zug nahm. »Ich habe dich vorhin beobachtet. Dein Gesicht. Als Walter die Akte zum ersten Mal aufgeschlagen hat.

Es ist nicht deine Art, bei so einem Anblick entsetzt zu reagieren. Nicht mehr. Und vor allem nicht so. Besteht hier eine persönliche Verbindung?«

Das liebe Wölkchen. Hatte ihre Augen überall und kannte die Menschen besser als die sich selbst, dachte Alma. »Ich kenne … kannte sie«, gab sie zu.

»Wie bitte? Du kennst diese Frau?«, wiederholte Walter verwirrt und sah seine Cousine direkt an. »Du kennst diese Frau?«, fragte er noch einmal. Sein Tonfall wurde schärfer. »Warum hast du das denn nicht gesagt?«

»Das wollte ich eben tun«, verteidigte sich Alma.

»Ach ja?«

»Walter, jetzt sei nicht böse, ich habe nur auf den geeigneten Augenblick gewartet. Ich wollte euch nichts vorenthalten.«

Stille trat in der Wohnküche ein. Emmi betrachtete jetzt das Radio mit einer derartigen Hingabe, als wolle sie es durch reine Gedankenkraft in Gang setzen. Nicht nur Wölkchen schien das Schweigen in diesem Moment unangenehm, auch Walters Miene zeigte blanke Angespanntheit.

Alma holte tief Luft und fing an, ihrem Cousin Bericht zu erstatten. Der Reihe nach. Ein Vorfall nach dem anderen. Die Entführung ließ sie natürlich auch nicht aus, schließlich war sie der Frau, die jetzt tot im Leichenschauhaus lag, erst vor wenigen Tagen zum ersten Mal begegnet. Denn bei der Toten auf den Fotografien handelte es sich um eine der Leibwächterinnen, die bei ihrer Entführung dabei gewesen waren. Alma hatte sie zweifelsohne wiedererkannt. Was bedeutete, dass womöglich ein Krieg zwischen den zwei Diebesorganisationen, der Libelle und deren Konkurrenz, ausgebrochen war, die beide um die Vorherrschaft im Revier kämpften. Was die Frage aufwarf, ob Gertrudes Tod auch etwas damit zu tun hatte.

»Das ist … unglaublich.« Walter fuhr sich ratlos durchs Haar. »Ich kann das nicht fassen! Warum höre ich erst jetzt davon?«

»Du bist böse auf mich«, stellte Alma fest.

»Jawohl, das bin ich! Weil du dich immer wieder in Gefahr bringst«, entgegnete Walter gereizt. »Wird das jetzt klinisch?«

Alma blitzte ihn an. »Ich hoffe, das war jetzt auch nur der Medizyniker in dir, Cousin.«

»Ich …«

»Ich will euch nur schützen.« Alma sprach jetzt schneller als gewöhnlich. »Woher soll ich denn wissen, dass ihr nicht in die Sache hineingezogen werdet …«

»Alma …«, begann Walter erneut.

»Nein, jetzt lass mich ausreden! Ich muss absolut sicher sein, dass euch nichts passiert. Versteht ihr das?«

Emmis Miene verschloss sich. Mit zusammengepressten Lippen und vor dem Brustkorb verschränkten Armen saß sie da und schien innerlich bis zehn zu zählen. Die Zigarette glomm auf dem Unterteller weiter.

»Wölkchen?«

»Meinst du nicht, wir können aufeinander aufpassen, Alma? Zu viert? Du, Ludwig, Walter und ich? Du kannst doch nicht alles allein auf dich nehmen, das … so funktioniert das doch mit uns nicht.«

»Sehr vernünftig. Diese Ansicht unterstütze ich.« Walter legte die Unterarme auf die Tischplatte und beugte sich vor. »Also: Wie lautet unser nächster Schritt?«

Alma ließ sich mit der Antwort mehr Zeit, als Emmi und Walter lieb war. »Ich … wir müssen noch einmal mit der Anführerin der Libelle sprechen«, meinte sie dann.

»Abklären, ob dieser Bandenkrieg eskaliert ist«, fügte Walter hinzu.

»Richtig. Und wie nehmen wir mit ihr Kontakt auf?«, fragte Emmi.

Alma zog ihre Tasse zu sich und drehte sie in den Händen. Den Blick hielt sie fest auf das Blumenmuster der Küchentapete gerichtet und folgte mit den Augen den Rundungen der Blütenblätter.

»Cousinchen?«, hakte Walter ungeduldig nach.

Nachdenklich knabberte Alma an ihrer Unterlippe. »Ich habe da eine Idee.«

12

Walter hatte sich verabschiedet, er müsse nun leider los, am morgigen Tag früh raus und deshalb beizeiten schlafen gehen. Alma hatte gesehen, wie Wölkchens Lippen bei diesen Worten schmal geworden waren. Kein Wort hatte sie ihm geglaubt, wahrscheinlich berechtigterweise, sondern vermutet, dass er von ihnen schnurstracks zu Betty gehen würde.

Alma, die an manchen Tagen Mitleid mit ihrem Cousin verspürte, war Emmi doch keine Frau, die einem Mann lange treu blieb, stand heute fest an der Seite ihrer Freundin und litt mit ihr. Ludwig war ihr den gesamten Tag nicht aus dem Kopf gegangen, sie kam sich vor wie ein Backfisch, der vor lauter Nervosität an nichts anderes denken konnte. Dabei war sie diesem Alter doch längst entwachsen! Hatte sie das nicht zu Marianne gesagt? Dass sie bald eine alte Jungfer wäre? Es war doch zum Haareraufen. Aber eine Sache konnte sie heute Abend noch erreichen: Sie konnte Emmi mit der Idee, von der sie gesprochen hatte, ablenken. Und sich selbst ebenso.

»Du erinnerst dich doch an Vicky und Käthe und ihren Beutezug?«, fragte sie und drehte das Papier in Händen, nach dem sie Emmi vorher gefragt hatte.

»Wie könnte ich das vergessen!«, empörte sich Emmi. »Ich war doch dabei. Hast *du* jetzt diese seltsame Gehirnkrankheit?« Mit einem Handwedeln bedeutete sie Alma, endlich damit herauszurücken, worauf sie hinauswollte. Sie hatte inzwischen doch das Radio angestellt und lauschte hingebungsvoll auf dem Sofa ausgestreckt. »Dvořák«, schwärmte sie mit geschlossenen Augen. »So ein feuriger Tscheche wäre auch noch was.«

Um den feurigen Spanier zu vergessen, dachte Alma besorgt. Mit diesem Spitznamen spielte Emmi auf Walters Mutter an, von der er seine schwarzen Haare und die dunklen Augen geerbt hatte.

»Ich werde der Anführerin der Libelle einen Brief schreiben«, sagte sie laut.

»Ich verstehe, dass du sie noch einmal treffen musst. Aber ich befürchte, sie unternimmt wieder seltsame Dinge«, meinte Emmi besorgt, knotete die Beine auseinander und richtete sich auf. »Ein Kartoffelsack über dem Gesicht hat dir nicht gereicht?«

»Ich hatte gehofft, dass wir uns diesmal in etwas ... nun ja ... zivilisierterem Rahmen treffen können«, gab Alma zu.

»Vielleicht könnte sie höchstpersönlich in der Libelle auftauchen«, schlug Emmi vor. »Einen Pink Gin zur Wiedergutmachung spendieren.«

»Genau.« Alma ließ den Stift übers Papier fahren.

»Was willst du mit dem Brief tun? Aufgeben auf der Hauptpost? Beamter Engelhorn, einmal ans Christkind bitte?«

Alma spitzte die Lippen. »Du vergisst, dass wir jemanden kennen, der sie kennt. Ich werde morgen bei der Wäscherei vorbeigehen und Käthe den Brief zustecken.«

»Na, das ist mal schlau.«

Alma nickte, setzte ein Komma nach der Anrede und fuhr mit dem ersten Satz fort.

Wölkchen legte den Kopf schräg, aber nein, es war nicht ihre Art zuzusehen, wie Dinge geschahen, *Wölkchen* ließ Dinge geschehen. Also schwang sie sich endlich vom Sofa und trat neugierig zu Alma an den Esstisch.

Ihre Haare kitzelten Alma an der Wange, als sie sich über sie beugte, um das bisher Geschriebene zu entziffern.

»Sehr verehrte Unbekannte«, las sie und zog die Nase kraus. »Was wird denn das, wenn's fertig ist? Ein Liebesbrief? Kolossal langweiliger Liebhaber. Gib mal her.«

»Na, ›Queen‹ kann ich sie ja wohl kaum nennen, und ich weiß nicht, wie sie wirklich heißt.«

»Papperlapapp.« Wölkchen ließ sich auf einen Stuhl fallen, zog den Brief zu sich hinüber, nahm Alma den Stift aus den Händen und strich, die Zungenspitze im Mundwinkel, emsig auf dem Blatt Papier herum.

»Da schau her, so kannst du es schreiben.« Stolz schob sie den Zettel wieder zu Alma zurück. »Was ist los?«

Doch Alma konnte nicht antworten. Wie vom Donner gerührt blickte sie ihre Freundin an.

»Hab ich was falsch gemacht? Meine Blume, ich wollte doch nur …«

»Nein, nichts falsch gemacht.« Schnell schüttelte Alma den Kopf. »Im Gegenteil, sogar alles richtig gemacht, Wölkchen, deine Genialität, heute Abend übertriffst du dich selbst!« Sie sprang auf, gab ihrer verwirrten Freundin einen Kuss auf die erhitzte Stirn und rannte in ihre Kammer.

»Ein Liebesbrief«, rief sie und suchte nach Gertrudes Habseligkeiten, die Friederike ihr für den Lauf der Ermittlungen überlassen hatte. »Das hast du gerade gesagt, oder?« Außer Atem stand sie wieder vor Emmi, Gertrudes Brief von Paul in Händen.

»In meiner Genialität habe ich deinen Schrieb als Liebesbrief verhohnepipelt«, bestätigte Wölkchen. »Nur, damit wir das mit der Genialität noch einmal festhalten. Wir sollten darauf ein Gläschen trinken, meinst du nicht?« Sie stand auf, rumorte im Schrank herum und murmelte: »Dann verstehe ich vielleicht auch endlich, wovon du sprichst.«

»Hier!« Alma zeigte auf den Brief und das Brieffragment. »Merkst du nicht, was wir getan haben? Wir haben Kontakt aufnehmen wollen mit der Meisterin der Unterwelt. Mit einer Verbrecherin, die sich nicht gern zeigt und deren Namen wir nicht wissen dürfen. Und was haben wir gemacht?« Aufgeregt sah sie Emmi an. »Wir haben einen Liebesbrief geschrieben!«

Nun endlich fiel auch bei Wölkchen der Groschen. Zwei Gläser in der einen, die Flasche Likör von der Wirtin in der anderen Hand, blieb sie mit offenem Mund im Raum stehen.

»Ich bin ein Genie«, sagte sie dann, knallte die Gläser auf den Tisch und goss schwungvoll ein.

»Das war nie ein Liebesbrief.« Kopfschüttelnd las Alma noch einmal das Rilke-Gedicht. »Es war nur ein Code. Eine Methode für die Libelle, unerkannt miteinander in Kontakt zu treten.«

»Kannst du ihn entschlüsseln?«, fragte Emmi aufgeregt.

Alma schüttelte den Kopf. »Dazu müsste ich mehr über die Libelle wissen, vielleicht haben sie eine Art Geheimsprache. Aber hier«, sie deutete auf die erste Strophe:

Die Nacht holt heimlich durch des Vorhangs Falten
aus deinem Haar vergessnen Sonnenschein.
Schau, ich will nichts, als deine Hände halten
und still und gut und voller Frieden sein.

»Die Nacht bedeutet wahrscheinlich eine Uhrzeit – Mitternacht womöglich.«

»Und der Vorhang ist vielleicht ein Ort, an dem sie sich treffen? Die Libelle gar? Gab es dort nicht einen Vorhang?« Wölkchen kaute auf ihrer Unterlippe, als sie versuchte, sich zu erinnern.

»Und der Wunsch, deine Hände zu halten, kann der Wunsch nach einem Treffen sein«, sagte Alma. »Aber um das Gedicht wirklich zu entschlüsseln, bräuchten wir weitere Informationen.« Ludwig hatte ihr einmal von den Codes erzählt, die im Krieg von den unterschiedlichen Militärs verwendet worden waren: Man hatte Codebücher gebraucht, um die chiffrierten Nachrichten sozusagen »zu übersetzen«.

Emmi lehnte sich in ihrem Stuhl zurück und sagte: »Ich bin schwer beeindruckt, Alma. Vielleicht hast du durchs Zusammenwohnen ein kleines bisschen von meiner Genialität abbekommen.«

»Vielleicht ist ein wenig davon abgefärbt«, bestätigte Alma mit ernstem Gesicht und griff dann nach einem der beiden Likörgläser, die schon seit einer Weile unberührt auf dem Tisch standen.

»Na endlich!« Wölkchen stöhnte und schenkte ein. »Auf unser geniales Zusammenleben«, deklamierte sie hochdramatisch und hielt ihr Glas in die Höhe, um anzustoßen.

Schlehe, der Liebling der Witwe Meier, die auch ein Bäumchen im Garten stehen hatte. Alma spürte dem Geschmack nach.

»Das heißt jetzt aber auch, es gibt gar keinen Paul?«, fragte Emmi. »Wir sind die ganze Zeit einem Gespenst nachgejagt?« Ihre Mundwinkel zuckten. »Einem kommunistischen Gespenst?«, ergänzte sie. Die beiden Freundinnen blickten sich an, und die Situation erschien Alma mit einem Mal so urkomisch, dass auch sie nicht mehr an sich halten konnte und in lautes Gelächter ausbrach.

»Ich stelle mir gerade vor, wie ihr zwei, du und Ludwig, vor diesem unschuldigen, noch dazu verheirateten Mann steht und ihn einer Affäre mit Gertrude bezichtigt.«

»Und er hat wirklich keine Ahnung gehabt, wovon wir reden.«

»Was glaubst du, was ihr dem armen Kerl für Ärger mit seiner Frau beschert habt.« Emmi wischte sich die Lachtränen aus den Augen.

»Vielleicht hatte Ludwig ja recht«, gab Alma kichernd zu. »Vielleicht habe ich mich mit Paul ein kleines bisschen verrannt.«

»Das hat Ludwig gesagt?« Wölkchens Mund formte sich zu einem O. »Dünnes Eis, hm?«

Erneut musste Alma lachen. »Nun ja. Ich habe es ihm übel genommen.«

»Das wundert mich nicht. Weißt du, was Richard mal zu mir gesagt hat?«

Alma unterbrach nicht, um zu fragen, wer nun wieder Richard war, sie hatte gelernt, ihre Freundin bei ihren Geschichten nicht zu unterbrechen. Stattdessen ließ sie die Anekdote, der sie nur mit halbem Ohr zuhörte, über sich hinwegrauschen.

»Aber mit einem hattest du schon recht«, sagte Emmi schließlich, als sie aufstand, um die Likörgläser beiseitezustellen. Sie klopfte auf den Brief, den Alma an die Queen geschrieben hatte. »Gertrudes Tod war weder Unfall noch Selbstmord.«

Ihre Arbeit am nächsten Morgen verrichtete Alma tief in Gedanken versunken.

Der Liebesbrief war eine gewitzte Methode, um vor neugierigen Blicken geschützt miteinander zu kommunizieren. Die

Frauen der Libelle schrieben einen Brief, unterschrieben ihn mit einem männlichen Vornamen, und schon würde niemand mehr Verdacht schöpfen, dass sie zu einem Verbrecherring gehörten – selbst dann nicht, wenn man sie mit Diebesgut in der Tasche erwischte. Amüsiert musste Alma immer noch über »Paul« den Kopf schütteln.

All die Mühe, die Ludwig sich gemacht hatte, all ihre Überlegungen zu Gertrudes Liebhaber – umsonst.

Alma konnte nicht anders als zu kichern, mit heißen Wangen vor Verlegenheit, wenn sie daran dachte, wie misstrauisch sie mit Paul Nufer gesprochen hatte – und dabei war der Mann noch so freundlich gewesen. Sie stellte sich vor, wie Emmi reagieren würde, wenn sie ihr eine Affäre mit einem ihr völlig unbekannten Mann andichtete. Empört, dachte Alma, vielleicht aber auch interessiert, vorausgesetzt der Mann sah gut aus. Schluss jetzt mit diesem Schmuh, schalt sie sich, denn es gab doch durchaus wichtige Überlegungen, die sie noch führen musste: Zwar war die Frage nach dem Liebesbrief, der sich in Gertrudes Handtasche befunden hatte, nun geklärt, aber was war mit dem kleinen Zettel, auf dem »Kreuz und »Krone« stand? Welche Bedeutung hatte der? Waren das ebenfalls Codewörter für die Libelle? Alma hoffte sehr, dass die Queen auf ihren Brief reagieren würde, den sie ihr über Käthe zukommen ließ. Emmi hatte versprochen, ihn Heidrun mitzugeben, wenn sie im Hotel de Hollande neue Blumen vorbeibrachte, um ihn dort dem Fahrer zuzustecken.

Wie soll ich meine Seele halten, dass
sie nicht an deine rührt? Wie soll ich sie
hinheben über dich zu andern Dingen?

Diese Zeilen von Rilke hatte sie dem Brief außerdem angefügt. Und auf den Mord bei den Schlossstaffeln angespielt. Die Anführerin der Libelle würde nun wissen, dass Alma ihre Kommunikationswege kannte, vielleicht würde sie Alma nun mehr Informationen geben. Oder sie zum Schweigen bringen, fuhr es ihr plötzlich durch den Kopf. Sie wusste viel über die Libelle, den weiblichen Verbrecherring – wusste sie zu viel? Auf einmal fragte sie sich, ob die Tote im Park nicht durch die Hand der Queen – oder eine der anderen Leibwächterinnen – ermordet worden war.

Sie hatte sich in diesem Fall schon ein paarmal um die eigene Achse gedreht. Konnte es sein, dass es nicht die Gegner der Libelle waren, sondern jemand in der Libelle selbst, der seine Mitglieder zum Schweigen bringen wollte? Fröstelnd zog Alma ihren Mantel fester um sich. Jetzt war es zu spät, um es sich anders zu überlegen, der Brief war schon auf dem Weg zu Käthe, und Alma hoffte, nein, betete, dass ihr Gefühl sie nicht trog. Dass nicht die Queen hinter all dem steckte.

»Meint ihr, wir haben so jemanden in Baden-Baden?«, wurden ihre Gedanken durch Minna unterbrochen. Auch die übrigen Fräulein ließ das Verbrechen im Kurpark nicht los, wenn auch aus anderen Gründen. »So einen Lustmörder? Wie diesen Haarmann in Hannover. Oder Jack der Aufschlitzer in London?«

Alma hörte, wie Marianne ängstlich die Luft einsog. Ida bekam wieder diesen flackernden Blick, der bedeutete, dass sie ihre Aufregung zu zügeln versuchte. »Ein Lustmörder in Baden-Baden«, wiederholte sie mit beinahe leuchtenden Augen.

Alma biss sich auf die Zunge. Zu gern hätte sie diese Spekulationen beendet. Sie wusste von Walter, dass es kein Lustmord war. Das ließ die Tat zwar nicht weniger schrecklich wirken, würde aber die folgenden abstrusen Spekulationen beenden. Und was für Spekulationen nun folgten! Ida war in Hochform. Ein verschmähter Liebhaber, ein Landstreicher, der von Stadt zu Stadt tingelte und eine blutige Spur durch die ganze Republik zog.

»Vielleicht ist es ein Berliner«, höhnte Ida mit einem Seitenblick auf Friederike. »Die neueste Mode, der Dernier Cri.«

»Da kann man sich ja gar nicht mehr abends in den Kurpark trauen«, flüsterte Helga, die Kollegin, die üblicherweise meist in den späteren Schichten arbeitete. Sie lebte bei ihrem verwitweten Vater, einem Trinker, dessen wütenden Ausfällen sie mit ihren Arbeitszeiten entgehen konnte.

»Was willst du da auch am Abend?«, war die unwirsche Antwort Friederikes.

»Ich habe kein Geld für die Elektrische, wenn ich von der Arbeit komme«, bemerkte Ida spitz. »Vielleicht war sie ja auch *so eine*«, wechselte sie dann das Thema. »Ihr wisst schon. Der Aufschlitzer in London hat sich nur an solche Frauen herangewagt.«

»Der hätte mir mal begegnen sollen«, murmelte Erna und ballte ihre Fäuste. Alma hätte ihr zugetraut, mit jedem Mann, der üble Absichten hatte, fertigzuwerden. »Nur, weil eine kleine Kinder zu Hause hat und keine andere Möglichkeit zu arbeiten, wird auf sie herabgesehen, wird sie beschimpft und bespuckt.« Sie lachte bitter. »Und was ist der Unterschied? Wenn wir unsere Freiheit an einen Mann verkaufen, der uns ab dem Moment der Heirat besitzt?«

Es war still geworden unter den Fräulein. Ida blickte in ihren Schoß, unzufrieden, welche Wendung das Gespräch genommen hatte. Friederike konzentrierte sich mit gefurchter Stirn auf ihren Anrufer. Marianne presste unglücklich die Lippen aufeinander.

»Manchmal ist es Liebe«, sagte Alma aufmunternd.

Ernas »Pah!« hatte sie erwartet, doch selbst Ida verzog verächtlich den Mund, bevor sie sagte: »Zuerst ist es Liebe, und was ist es zehn Jahre später?«

Alma dachte an die Ehe ihrer Großmutter, die von Lieblosigkeit geprägt gewesen war, dachte an Helgas Vater und seine Trunksucht, aber dann auch an ihre Eltern, die Liebe, aber auf jeden Fall ein freundschaftliches Miteinander verband. Sie schüttelte den Kopf. »Es muss nicht so kommen«, sagte sie leise, aber bestimmt.

Doch Ernas Satz, die eigene Freiheit zu verkaufen, hing Alma den gesamten Rest ihrer Schicht noch nach.

Mit dem Kopf noch immer beim Gespräch ihrer Arbeitskolleginnen trat Alma zwei Stunden später auf die Sophienstraße. Ihr helles Halstuch fest in die etwas zu dünne Jacke gestopft, streifte sie die Handschuhe über, als sie aufblickte. Für einen Augenblick schien es ihr, als würde ihr Herz stehen bleiben: Ludwigs hochgewachsene Gestalt, so vertraut und in den letzten Tagen doch so fern, ließ ihren Puls schneller schlagen.

»Alma!« Er eilte auf sie zu und schien ähnlich zu fühlen wie sie selbst: Für einen Moment dachte sie, er würde sie an Ort und Stelle küssen, doch dann beherrschte er sich, nahm ihre Hände, drückte sie fest und ließ sie wieder los, als hätte er etwas Ungebührliches getan. »Ich musste dich einfach sehen«, murmelte er. »Es tut mir leid.«

Alma wollte etwas erwidern, wollte ihm sagen, dass sie ihm verzieh, dass sie ungerecht gewesen war und es ihr ebenfalls leidtat. Doch ihre Kehle war wie zugeschnürt vor lauter Gefühlen, sie brachte keinen Ton heraus. »Ludwig, ich …«, war schließlich alles, was ihr über die Lippen kam, aber an der Art, wie ihre Stimme brach, erkannte er auch ohne Worte, was sie ihm sagen wollte. Mit einer Hand strich er an ihrer Wange entlang.

»Ich liebe dich, Alma, das weißt du, ja?«, fragte er leise und so selbstverständlich, dass ihr nun auch noch die Tränen in die Augen stiegen. Nie war sie eine gewesen, die viel weinte, nie eine, die überschwänglich Gefühle zeigte, weder im Schlechten noch im Guten.

Die Freiheit aufgeben, dachte sie. Für diesen Mann? Für keinen anderen!

Sie hakte sich bei ihm unter, glücklich, die vertraute Wärme zu spüren. »Begleitest du mich ein Stück?«

»Ich wollte dich fragen, ob du *mich* begleitest?« Er wirkte verlegen. »In den Metzmeierhof, ich würde dich gern einladen auf …«

»Gern!« Metzmeierhof, mehr brauchte Alma nicht zu wissen. Es schien eine Art Berufskrankheit zu sein, diese Neugier, die sich bei ihr durchschlug, immer wenn es um ein Verbrechen ging. Dass sie mit Ludwig dorthin ging, tat ein Übriges. »Ermittelst du jetzt in dieser Diebstahlsache an der Schachspielerin?«, fragte sie. Hatte man Franck abgezogen?

Er stieß hörbar Luft aus. »Zum Glück nicht. Eine verworrene Sache. Ist dir warm genug?«, fragte er dann mit besorgtem Blick auf ihren leichten Mantel.

»Wir können ja ein bisschen schneller gehen, dann wird mir warm. Was für ein Glück, dass du da bist, im Übrigen. Ida meint, wir brauchen im Kurpark jetzt immer männliche Begleitung.«

»Die Tote.« Er nickte.

»Du hast mit Walter gesprochen«, sagte Alma.

»Du auch«, erwiderte er lachend, wurde aber schnell wieder

ernst. »Ich habe in den letzten Tagen viel an dich denken müssen.«

»Ich auch an dich«, gab Alma zu. »Du hattest recht.«

Er blieb stehen. »Ich hatte was?« Über seinen völlig verdutzten Gesichtsausdruck musste sie lachen.

»Möglicherweise«, unschuldig zuckte sie mit den Schultern, »hatte ich mich mit Paul und dem Rilke-Gedicht etwas verrannt.«

»Na so was.« Kopfschüttelnd und amüsiert hielt Ludwig ihr die Tür zum Metzmeierhof auf. »Weshalb glaubst du inzwischen, dass Paul nichts mehr mit Gertrudes Tod zu tun hat?«

Diese Frage hatte Alma befürchtet. Ihr war klar gewesen, dass Ludwig sie stellen würde, er war ein fähiger Polizist mit präziser Beobachtungsgabe – und er kannte sie inzwischen gut. So gut, dass er genau wusste, wenn etwas passiert war, das ihre Meinung änderte.

»Lass uns zuerst einen Platz suchen.« Sie blickte sich um, viele der Tische waren belegt, die Schachpartien und vermutlich vor allem der Diebstahl hatten dem Metzmeierhof einige neugierige Gäste beschert.

»Herr Kommissar!« Die Inhaberin selbst, die karmesinrot geschminkten Lippen breit zu einem Lächeln verzogen, schwebte auf sie zu. Der Perlenschmuck in ihrem wasserstoffblonden Haar war für den frühen Abend fehl am Platz, aber Alma hatte nach ihrem letzten Besuch und dem aufgeregten Anruf diese Extravaganz erwartet. Heute schien sie besonders gut gelaunt, was wohl dem voll besetzten Saal geschuldet war. Wenn Alma die kleinen abgewetzten Stellen an der Wandtapete richtig deutete, konnte der Metzmeierhof die Einnahmen gut gebrauchen. Großmaman hatte bei ihrem letzten Besuch nichts gesagt, das verbat sich der Ton, aber Alma hatte ihre Blicke registriert, als sie mit ihren knochigen Fingern über das dünn gewaschene Tischtuch gestrichen hatte.

Neugier, dachte Alma wieder, sie lag wohl in der menschlichen Natur. Und hatte Frau Metzmeier zunächst Sorge gehabt, dass der Skandal um Tanja Rubzowas Rubin schädlich fürs Geschäft war, so wurde sie nun angesichts der Vielzahl der Gäste eines Besseren belehrt. Mit roten Wangen blickte sie Alma und Ludwig an, während sich ihr Mann, ein bedeutend unauffälligerer Charakter, an den Rand des Saals zurückgezogen hatte und von dort mit Argwohn die Kellner beobachtete, die hierhin und dorthin flitzten. Sehr wohl, der Herr, selbstverständlich, die Dame. Wahrscheinlich war er derjenige, der sich um diese Dinge kümmerte und das Personal einstellte. Überließ man diese Aufgaben seiner Frau, musste man wahrscheinlich mit einem riesigen Durcheinander rechnen.

»Ach, ich sehe gerade, am Fenster ist unser bester Tisch frei geworden!« Die Hotelbesitzerin bugsierte Alma und Ludwig an einen kleinen Tisch im Eck, der weit entfernt davon wirkte, der beste zu sein.

»Ich kann Ihnen ganz besonders das Huhn empfehlen«, säuselte die Metzmeier, und Alma beschloss, unter keinen Umständen das Huhn zu wählen.

»Wie wäre es mit einem Wein?«, fragte Ludwig an Alma gewandt.

»Wir haben einen vorzüglichen Moselwein, oh, den müssen Sie probieren!« Frau Metzmeier klatschte in die Hände, um einen der Kellner herbeizurufen, der gerade mit einem leeren Tablett an ihr vorbeigehuscht war. »Sie haben sicherlich von der Ausstellung gehört, im Sommer. Unser Lieferant ist ebenfalls zugegen, das können die anderen Hotels der Stadt nicht von sich behaupten.«

»Reichsausstellung Deutscher Wein«, flüsterte Ludwig, der Almas verwirrten Blick bemerkt haben musste.

»Die anderen Hotels der Stadt können so einiges nicht von sich behaupten«, fuhr die Metzmeier fort.

»Wie zum Beispiel Langfinger im Haus?« Alma konnte sich nicht mehr rechtzeitig auf die Zunge beißen, bevor ihr die Bemerkung herausrutschte.

»Das glauben Sie vielleicht«, schnaubte die Hotelbesitzerin. »Ich habe gehört, es soll eine Bande ihr Unwesen treiben. Wir sind nicht die einzigen Opfer, bei weitem nicht!«

Das wiederum wusste Alma nun aus eigener Anschauung.

Die Metzmeier presste wütend ihre Lippen auseinander. »Es sind Gerüchte, haltlose Gerüchte, in den Raum gesetzt von unserer Konkurrenz. Von eifersüchtigen Hoteliers, die Angst haben vor der Qualität unseres Hauses und nun zu niederen Mitteln greifen.«

»Aber Sie haben doch selbst bei mir angerufen.« Nun verstand Alma gar nichts mehr.

»Wie?« Ruckartig schnellte ihr Kopf nach oben.

»Beim Amt«, stellte Alma klar.

»Ach, Sie waren das! Ja natürlich.« Sie machte eine wegwerfende Handbewegung. »Aber hier kommt ja schon Ihr Wein!« Zurück war das strahlende Lächeln, das Alma nun noch künstlicher vorkam als zuvor, und mit einer abgehackten Kopfbewegung, die wohl ein Nicken darstellen sollte, rauschte die Hoteliersgattin davon, zu ihrem Mann an den Rand des Saals.

Mit akkuraten Gesten stellte der Kellner, ein noch junger Mann, schlank und mit feingliedrigen Händen, den Wein vor sie hin. »Haben die Herrschaften gewählt?«, wollte er anschließend wissen, wobei er eine leichte Verbeugung andeutete.

Die Herrschaften, auch ein Wort, das sie nicht mochte, dachte Alma, die ihren Gedanken jedoch nicht laut aussprach.

Ludwig bestellte für sie beide, mit einem fragenden Blick in ihre Richtung, den sie mit einem leichten Nicken beantwortete. Zweimal den Tafelspitz, und Alma wollte gar nicht wissen, wie viel das kostete. Aber Ludwig schien sie heute Abend beeindrucken zu wollen, und sie hätte lügen müssen, wenn sie behauptete, das gefiele ihr nicht. Und besonders mochte sie, dass sein Knie unter dem Tisch an ihres stieß, sie sich leicht berührten.

»Ich dachte schon, sie lässt uns überhaupt nicht mehr allein«, stieß Ludwig hervor, als auch der Kellner endlich verschwunden war.

»Herr Kommissar, sie hat dich ins Herz geschlossen«, neckte Alma ihn. »Wer sonst soll die Diebstähle hier im Hotel aufklären?«

»Die es ja nicht gibt.« Ludwig hob bedeutungsvoll die Augenbrauen, und Alma musste lachen.

»Bösartige Gerüchte«, bestätigte sie dann mit ernster Miene, bevor sie Ludwig vom Anruf der Metzmeier auf dem Amt erzählte, der ihn selbst so sehr erheiterte, dass er in lautes Lachen ausbrach.

»Das kann ich mir vorstellen«, sagte er. »Ich habe Francks Protokoll gelesen, ihre Zeugenaussage gegenüber unseren Beamten muss ähnlich wirr gewesen sein.«

Alma schüttelte den Kopf und sah zu der Frau, die nun in ein intensives Gespräch mit ihrem Mann vertieft war.

»Was hast du zu Gertrude herausgefunden?«, fragte Ludwig nun das Thema wechselnd.

»Ich glaube, ihr Tod hängt mit dem anderen Mord zusammen.« Sie musste es ihm erzählen. Es war wichtig, dass er die richtigen Schlüsse zog, um den oder die Täter zu finden. Sie erzählte ihm nicht nur, was sie am Vorabend mit Emmi entdeckt hatte, sondern sie berichtete ihm alles, von Anfang bis zum Ende. Nur ihre Entführung ließ sie aus, die Tatsache, dass sie Augenzeugin eines Diebstahls geworden war, und dass sie die Namen der Frauen kannte, die diese Diebstähle begangen hatten. Sie konnte es sich nicht erklären, und möglicherweise würde sie es bitter bereuen, wenn die Queen nicht die war, für die Alma sie hielt. Aber für den Moment wollte sie die Frauen noch vor der Polizei schützen. Die Chefin der Libelle hatte ihr Informationen gegeben, damit sie aufhörte, in ihre Richtung zu ermitteln – wie einfach hätte sie Alma Schmerzen zufügen oder sie gar töten können. Nein, sie glaubte nicht mehr, dass die Queen ihr schaden wollte, dass diese Frau hinter den Morden an Gertrude und der Frau im Kurpark steckte.

Aufmerksam hörte Ludwig ihr zu, unterbrach sie kein einziges Mal, nickte nur, als der Kellner ihnen den Wein brachte, die Lippen weiterhin konzentriert aufeinandergepresst.

Schließlich holte er tief Luft und rieb sich über die Stirn. »Das sind ja Neuigkeiten«, sagte er und lächelte etwas schief. »Aber du hast unrecht, Alma.«

Empört, das Glas Wein in der Hand, blickte sie auf.

»Du hast gesagt, du hast dich verrannt«, fuhr er fort. »Und es mag stimmen, dass Paul Nufer nichts mit Gertrudes Tod zu tun hat. Aber alles, was du hier herausgefunden hast, zeigt, dass du einer Spur gefolgt bist, einer inneren Ahnung heraus. Nein, meine Blume, du hattest von Anfang an recht, dass hinter Gertrudes Tod mehr steckt, als auf den ersten Blick ersichtlich ist.«

Nach dem ersten Schreck, den seine Worte in ihr ausgelöst hatten, musste sie nun lächeln. »Du wirst mir in Zukunft meine Ermittlungen also nicht mehr ausreden?«

Amüsiert schüttelte er den Kopf. »Ich glaube, dafür bin ich Jahre zu spät.«

»Wahrscheinlich. Walter hat es versucht, zu Anfang, weißt du.«

»Ich hätte es auch gerne versucht. Aber ich wusste damals schon, dass du dich nicht beirren lässt. Nie in deinem Weg beirren lässt.« Nun wirkte sein Lächeln beinahe traurig, und Alma wusste, woran er dachte. An den Ring, den er aufbewahrte, wahrscheinlich nie loswerden würde, egal, wie sie sich letztendlich entschied.

Sie holte Luft. »Ludwig«, begann sie. War es der Wein? Die Wärme? Die Freude über ihre Versöhnung? Aber in diesem Augenblick war Alma für alles bereit. Doch bevor sie weitersprechen konnte, wurden sie vom jungen Kellner unterbrochen, der den Tafelspitz servierte. Stolz, als hätte er das Rind selbst gejagt und eigenhändig zubereitet, wünschte er ihnen einen guten Appetit.

»Ich ...« Sie blickte auf ihren Teller, zu Ludwig, doch der magische Moment war vorbei. Der Tafelspitz war hervorragend, und doch schmeckte sie nichts.

Sie konnte es einfach nicht – noch nicht.

»Hast du übermorgen schon etwas vor?«, nahm Ludwig ihr schließlich die Verlegenheit.

Erleichtert schüttelte sie den Kopf. »Hast du denn freibekommen?«, fragte sie erstaunt.

»Es geschehen noch Zeichen und Wunder«, sagte er lachend. »Wie wär's? Hast du Lust auf eine Fahrt ins Blaue?«

»Und wie gern!« Almas Augen leuchteten auf, und auch das Essen bekam plötzlich wieder Geschmack, als sie Pläne schmiedeten. Alle Gedanken an die Zukunft wischte sie beiseite, jetzt wollte sie den Moment genießen. Die Versöhnung mit Ludwig, den bevorstehenden Ausflug. Und als sie Stunden später in Ludwigs Armen – und in seinem Bett – lag, da wusste sie: Das Leben war schön, genau so, wie es jetzt war.

13

Fräulein Klinger?« Ida, die gerade neben Alma ihren Arbeitsmantel an den Haken hängte, eilte zur Tür der Umkleide, um die Aufsicht noch rechtzeitig vor dem Feierabend abzupassen.

Die Klinger, die Hand schon auf der Klinke, hielt in ihrer Bewegung inne. »Fräulein Engler?« Erwartungsvoll, als ob sie genau wisse, was jetzt folgen würde, blickte sie Ida an. »Es geht um den morgigen Tag, nicht?«

Ida stutzte. »Können Sie Gedanken lesen?«

»Nein, aber den Kalender. Bitte halten Sie mich nicht für völlig unpolitisch.« Fräulein Klinger ließ den Türknauf los. Alma, die inzwischen in ihre lange Frühlingsjacke geschlüpft war, nahm sich Zeit, um sie zuzuknöpfen. Ida und die Klinger im verbalen Duell: Das wollte Alma nun doch nicht verpassen.

»Die Schichtpläne sind längst gemacht, Fräulein Engler, das wissen Sie. Ich kann nicht alles umwerfen, nur weil Sie sich dazu entschlossen haben, auf eine Demonstration zu gehen.«

»Es ist keine Demonstration, Fräulein Klinger, sondern ein sogenannter Mai-Spaziergang. Völlig friedlich, alles ohne Tamtam oder Musik. Die Kurstadt wird nicht aus den Fugen geraten.«

Der Erste Mai. Natürlich. Noch vor dem Großen Krieg waren Polizei und Unternehmer rigoros gegen die vorgegangen, die ihre Arbeit während der Demonstrationen niedergelegt hatten, um für bessere Beschäftigungsverhältnisse zu protestieren. Tausende hatten dabei ihren Arbeitsplatz verloren. Aussperrungen, Entlassungen und Schwarze Listen waren an der Tagesordnung gewesen. Wer darauf geraten war, hatte sich in seiner Gegend um Arbeit gar nicht mehr zu bemühen brauchen.

»Persönlichkeiten und Kurgäste der höheren Gesellschaftsschichten, die sich an Ihren Plakaten stören könnten, interessieren mich nicht«, gab die Klinger barsch zurück. »Meine Schicht wird aus den Fugen geraten. Und das stört mich.«

»Aber ...«, begann Ida.

»Fräulein Engler.« Wie ein Wachhund stand die Klinger neben der Tür. Durchgedrücktes Kreuz, durchdringender Blick, angespannte Gesichtszüge. »Sie besitzen einen Kalender, nicht?«

»Ähm ... natürlich ...«

»Dann dürfte es Ihnen nicht entgangen sein, dass sich der Erste Mai jedes Jahr wiederholt.«

»Aber ...«

»Und er somit planbar wird.«

Alma wandte sich ab, um ihr Schmunzeln zu verbergen. Ida war vor einigen Jahren dem Verband der Deutschen Reichs-, Post- und Telegraphenbeamtinnen beigetreten, der sich für bessere Arbeitsbedingungen und eine angemessene Bezahlung einsetzte. Und hatte es dieses Jahr offenbar versäumt, rechtzeitig Urlaub für die Veranstaltung zu beantragen, die regelmäßig am Ersten Mai stattfand, der nur in wenigen deutschen Ländern wie den Kleinstaaten Braunschweig oder Lübeck ein gesetzlicher Feiertag war. In den übrigen Ländern sprachen sich bürgerliche und konservative Gruppierungen immer noch dagegen aus.

Idas Körperhaltung glich inzwischen der eines Spitzweg-Modells. Geniert hielt sie den Blick gesenkt und die Hände hinter dem Rücken verschränkt. »Ich bin mir im Klaren darüber, dass es vollkommen meine Schuld ist, liebes Fräulein Klinger«, gab sie in Richtung ihrer Schuhspitzen scheu zum Besten.

»Das liebe Fräulein Klinger ist beeindruckt von Ihrer Schauspielkunst. Vielleicht sollten Sie eher dem hiesigen Theaterverein beitreten und dem Postbeamtinnenverband den Rücken kehren?« Mit plötzlich zuckenden Mundwinkeln schüttelte die Aufsicht amüsiert den Kopf. Dann wurde sie wieder ernst. »Wenn Sie unter Ihren Kolleginnen eine Willige finden, die bereit ist, mit Ihnen die Schicht zu tauschen, dann können Sie morgen von mir aus die Internationale krähen. Ich bin spät dran, Sie entschuldigen …« Ohne auf Idas Antwort zu warten, öffnete sie die Tür und trat ins Treppenhaus, bis nur noch ihre klappernden Absätze auf den Stufen zu hören waren.

Mit triumphaler Geste reckte Ida eine Faust in die Luft, um nur ein Augenzwinkern später zu fragen: »Alma, du hast nicht zufällig …«

»Nein, liebes Fräulein Engler.« Alma lachte. »Ich möchte meinen freien Tag morgen genießen.«

»Nun, ich dachte, da du nun so lange gebraucht hast, um drei Knöpfe deiner Jacke zu schließen, könntest du vielleicht gleich hier übernachten, denn wer weiß, wie lange du brauchst, um nach Hause zu kommen. Und dann hättest du es morgen nicht so weit zu meinem Brustmikrophon.«

Jetzt lachten sie beide.

»Ich freue mich auf meinen freien Tag, Ida.«

»Den du sicherlich nicht mit einem Mai-Spaziergang verplempern willst. Ich versteh' schon.«

»Ich bin mit Ludwig verabredet.«

»Ich versteh' schon«, wiederholte Ida und winkte ab. »Liebe ist manchmal wichtiger als Politik. Nur …«, sie zögerte, senkte dann die Stimme, »die Sache morgen ist für uns wichtig. Wir haben läuten hören, dass hier Stellen gestrichen werden sollen.«

Die Selbstwählapparate. Plötzlich wurde Alma kalt, obwohl sie ihren Mantel anhatte. Das Damokles-Schwert der Selbstwählapparate hing schon seit einiger Zeit über den Fräulein, deren Arbeit dann hinfällig werden würde. Friederike wollte sich schon länger nach einer neuen Beschäftigung umsehen, war aber noch nicht dazu gekommen. Gertrudes Tod hatte dieses Anliegen weniger dringlich werden lassen.

»Wie laut ist denn das Läuten?« Alma versuchte, nicht allzu bestürzt zu klingen.

»So laut, dass wir dringend mehr darüber wissen müssen. Anzahl der Arbeitsplätze, die verlorengehen, Zeitraum und alles, was damit zusammenhängt. Und natürlich werden wir uns mit der grundlegenden Entscheidung eines Stellenabbaus nicht zufriedengeben.« Ida hielt inne. »Jetzt schau nicht so besorgt, Alma. Deine Arbeit hier ist sicher. Die Transusen wären als Erstes dran, nicht fleißige Bienchen wie du.«

Wenig später, nachdem Ida noch darüber spekuliert hatte, wer als Erste ihr Brustmikrophon an den Nagel hängen müsste, stand Alma unschlüssig vor der Post. Vor ihr auf dem Bürgersteig hatte jemand die Abendausgabe des Badischen Tagblatts verloren oder achtlos weggeworfen. Die Schlagzeilen starrten ihr entgegen.

WILHELM MARX GRATULIERT HINDENBURG ZU WAHL. EIN NEUER SCHRITT IN DER ANSCHLUSSFRAGE. LANDTAGSWAHL IN TIROL. AARON NIMZOWITSCH GEGEN RUDOLF SPIELMANN: 1/2 - 1/2.

Darunter war ihr, als ob plötzlich verschwommen eine weitere auftauchte: *Fräulein Täuber entlassen! Nie mehr »Hier Amt, was beliebt?«?*

Das wehende Cape einer vorbeistöckelnden Dame streifte Alma am Ellenbogen. Die Stadt glich wie an jedem schönen Abend einem Rummelplatz. Man strömte fiebrig in Restaurants und Cafés, möglichst solche mit Biergarten oder anderen Bereichen im Freien, in denen sich die ersten Boten des Sommers genießen ließen. Der Wind hatte nachgelassen, allen schien die warme Jahreszeit greifbar, niemand wollte den richtigen Zeitpunkt versäumen, keiner die letzte freie Sitzgelegenheit auf einer Terrasse an jemand anderen verlieren.

Sollte sie sich eventuell um eine Stelle als Bedienung bewerben? Aber, war es auch das, was sie wollte? Nein, das war es nicht. Tippen kam ebenso wenig in Frage. Alma war keine Schreibmaschinenkünstlerin, sie tippte zu langsam, als dass man sie als Sekretärin einstellen würde. Die Rohrpost bedienen? Interne Post oder Notizen per Luftdruck transportieren? Versteckt im Keller, so wie sie jetzt hinter ihrem Schaltschrank verborgen war? Hinter den Postschaltern standen keine Frauen. Schreibarbeiten erledigen? Womöglich in einem Großraumbüro?

Plötzlich überkam sie eine Idee. Sie setzte sich in Bewegung, folgte einer Gruppe giggelnder junger Frauen – die Welt war für sie an diesem Abend ein Quell der Heiterkeit –, und ging dann weiter, immer in Richtung der Langen Straße. Gerne hätte sie eine Kleinigkeit gegessen, ein belegtes Brötchen, in aller Schnelle, im Gehen, ohne sich hinsetzen zu müssen und bedient zu werden, aber das ehemalige Automatenrestaurant in der Straße existierte schon seit einer Weile nicht mehr. Dafür jede Menge »Kinder- und Backfischkleidung«, »Damenmäntel und Kostüme« und »Knöpfe, Futter, Schneiderartikel«. Für jeden Geschmack war etwas dabei.

Hopp, hopp, dachte Alma. Nicht bummeln. Immer mutig vorwärts. Das wird schon. Und heute Abend isst du das, was vom gestrigen »Durcheinander« noch übrig geblieben ist. Durchgezogenes Gemüse schmeckt in jedem Fall besser als ein belegtes Brötchen.

Wenig später lief sie an sommerfrischen Modellpuppen vorbei und stieß die Eingangstür zum Warenhaus Knopf auf. Alma fragte eine blumig duftende Verkäuferin nach der Registratur, und die schickte sie – professionell genug, ihre Verwunderung nicht zu zeigen – zum Aufzug. Ihr schlanker Finger mit den rot lackierten Nägeln wies den Weg. Allerdings erkundigte sich die junge Frau noch, ob Interesse an den neuen Puderdosen bestünde, die heute geliefert worden wären. Dankend lehnte Alma ab, die Verkäuferin lächelte verständnisvoll, und Alma ging auf den Lift zu, dessen Türen sich in genau diesem Moment öffneten. Im verspiegelten Fahrstuhl, der dadurch größer wirkte, als er eigentlich war, nutzte Alma die Gelegenheit, den Hut abzunehmen, sich mit den Fingern durch die kurzen Haare zu fahren, den Rock zu richten und sich in die Wangen zu kneifen. Rotbackig erschien ihr einladender als kreidebleich. Ihre Schläfe pochte vor Aufregung. Konnte sie Luise einfach so überfallen?

Im zweiten Stockwerk stieg sie aus. Zaghaft lief sie den Korridor entlang, warf Blicke nach rechts, nach links, dann wieder nach rechts, bis sie vor einer Tür ankam, auf deren glänzendem Schild *Registratur* zu lesen war. Alma klopfte, und eine sehr dünne Frau öffnete, an beiden Wangen hatte sie Herrenwinker frisiert.

»Was wollen Sie hier?«, fragte sie mit einer Art nervösen Energie.

»Ich habe eine Verabredung mit ...« Alma geriet ins Stocken. Ach du große Güte! Ihr wollte einfach nicht einfallen, wie Luise mit Nachnamen hieß. Geschweige denn, dass sie mit ihr eine Verabredung hatte. Noch viel weniger, dass sie wusste, ob Luise überhaupt noch hier war.

»Mit?«

»Mit mir!«, erscholl es da hinter den Herrenwinkern, und Luise tippte ihrer Kollegin auf die Schulter. »Dora, ich übernehme, hab' vielen Dank.«

»Ich glaube noch an Wunder«, wisperte Alma, als sich die Dürre wieder an ihren Platz gesetzt hatte. »Vor lauter Aufregung ist mir dein Nachname entfallen.«

»Birne wie Apfel ... Birnbach. Ist doch einfach zu merken«, antwortete Luise fröhlich. »Was kann ich für dich tun, Alma? Ich freue mich wirklich, dich zu sehen.«

»Wirst du Ärger bekommen?«

Luise schüttelte den Kopf. »Aber nein. Wir leben hier auf der Insel der Glückseligkeit. Zu uns verirrt sich so gut wie niemand. Komm mit.«

Alma folgte ihr durch den mit etlichen Möbeln vollgestellten, beklemmend eng wirkenden Raum. Dora, die Frau mit den Herrenwinkern, und ihre Kolleginnen deckten gerade ihre Schreibmaschinen ab. Einige der Tippfräulein hatten ihre Stühle schräg gestellt, offenbar, um nicht mit den Ellenbogen an die großen Aktenschränke zu stoßen.

»Unsere Insel ist beengt, wie du siehst. Irgendwie wird unser Weg wohl immer erschwert, auch wenn wir jetzt arbeiten dürfen.«

»Für Männer arbeiten dürfen«, schnaubte Dora aus dem Hintergrund, und ein Mädchen, das gerade mal achtzehn Jahre sein mochte, kicherte.

»Die Lärmbelästigung hier bei den Kolleginnen ist wahrscheinlich ähnlich wie bei dir auf dem Amt«, redete Luise weiter und öffnete die Tür am anderen Ende des Schreibzimmers. »Das monotone Klacken und Surren der Schreibmaschinen erreicht eine furchtbare Lautstärke. Tick-tick-tick ...« Ihre Finger sausten auf eine unsichtbare Tastatur nieder.

»Nervosität, Schwindel, Erschöpfung, und Schwerhörigkeit?«

»Du sagst es.« Luise seufzte und bat sie herein. »Das Gehämmere des Schreibzimmers dringt auch zu uns in die Registratur herein. Setz dich doch, bitte.« Sie deutete auf einen von zwei Stühlen, die an den gegenüberliegenden Seiten eines breiten Tischs standen. »Meine Kollegin hat schon Feierabend. Ich freu mich wirklich, dass du mich besuchen kommst.« Sie strahlte.

»Ich weiß, ihr schließt bald, aber unser Gespräch neulich hat mich neugierig gemacht auf das, was du hier tust. Hat es denn viel mit Mode zu tun? Mit den Lieferanten, den Näherinnen?« Alma legte ihre Handtasche zwischen ein Füllfederhalterset und einen aufgeschlagenen dicken Ringordner. Luises Arbeitsplatz war deutlich großzügiger geschnitten als der der Tippmamsell, aber auch hier dominierten schwarze Aktenschränke, Karteikästen und Auszugfächer.

»Leider nein. Aber ... Mode!« Luise seufzte bedeutsam. »Am Rande bekomme ich doch sehr viel mit von dem, was hier geplant wird und vor sich geht. Wir dürfen groß denken, denn Baden-Baden verfügt über ein gut situiertes Publikum. Dem Erfolgsrezept von Woolworth müssen wir also nicht nacheifern.«

Frank Woolworth besaß über 1000 Warenhäuser in Amerika und hatte seinen Aufstieg vom Laufburschen zum Kaufhausmogul einer so einfachen wie genialen Idee zu verdanken: dem 5- und 10-Cent-Basar. Das höchste Haus der Welt, das Woolworth-Gebäude, stand jetzt in New York. Und hatte Woolworth ein neues Konzept ins Warenhaus gebracht, so drückte die Architektur seinen Wagemut auch nach außen aus.

»Wir überlegen uns derzeit sogar, eine Modenschau in unseren Räumlichkeiten zu veranstalten«, fuhr Luise fort. »Man muss mit der Zeit gehen, schön dekorierte Schaufenster werden in Zukunft nicht reichen. Im Gegensatz zu Woolworth wollen wir Klasse, nicht Masse. Uns reichen schon die deutschen Konkurrenten: Wusstest du, dass es bei Tietz Kunstausstellungen gibt?«

»Mit moderner Kunst?«, wollte Alma beeindruckt wissen.

»Ja, sag es bloß Großmaman nicht«, antwortete Luise. Dann spitzte sie die Lippen so, wie Almas Großmutter es immer tat, bevor sie eine Tirade von sich gab. »Hört doch auf mit dem Larifari von gemalten kosmischen Nebeln!«, imitierte sie die alte Dame.

Alma musste kichern. »Das hat dir Georg aber gut beschrieben.« Dann wurde sie wieder ernst. »Das ist auch ein Grund, weshalb ich heute hier bin«, gab sie schließlich zu. »Man kann dem Fluss der Zeit nicht ausweichen. In meinem Beruf ist es nicht anders. Auf dem Amt geht das Gerücht vom Selbstwählapparat um.«

»Hm. Verstehe.« Luise nickte wissend. »Das ist nicht gut. Auf der anderen Seite ergeben sich am Ende neue Möglichkeiten, meinst du nicht auch?« Sie lächelte verschmitzt. »Eventuell sogar hier?«

Alma hob überrascht die Schultern und wartete gespannt darauf, dass Luise weitersprach.

»Hier in der Registratur muss ich dich enttäuschen, und die

Arbeit als Tippse im Saal kann dir keine empfehlen. Viele haben ihr Erspartes für eine eigene Schreibmaschine ausgegeben und erledigen daheim gegen Bezahlung noch Korrespondenz. Als Vorzimmerfräulein hingegen geht es dir bedeutend besser.«

»Ich bin zu langsam an der Tastatur.«

»Nicht schlimm. Lass mich überlegen ...« Luise legte eine Pause ein. »Wir haben natürlich eine kleine Telefonzentrale.«

»Selbstwählapparate«, wiederholte Alma, nur um sicherzugehen.

Luise nickte. »Habe ich nicht vergessen. Nur bei uns liegt der Fall ein wenig anders.«

»Ach?« Jetzt nahm Alma doch Platz. »Ich höre.«

»Hier wird auch hausintern verbunden. Und das sind nicht wenige Gespräche.«

»Und ihr hättet noch eine Sitzgelegenheit für ein weiteres Fräulein?«

»Müsste man sich erkundigen.« Luise, der Almas Skepsis nicht entgangen war, überlegte. »Als andere Möglichkeit fällt mir da noch Verkäuferin oder Schaufenster ein«, sagte sie dann. »In diesen Bereichen suchen wir häufig.«

»Schaufenster?«, wiederholte Alma.

»Verfügst du über eine kreative Ader?«

»Ich nähe ganz gut.«

»Das hört man gern. Wie sieht es mit Farbgestaltung und Arrangements aus? Könntest du eine kleine Welt hinter den Schaufenstern erschaffen? Szenen nachstellen?«

Alma unterdrückte einen Laut der Verzweiflung. »Kleine Welten erschaffen.« Das klang eher nach einer Beschäftigung für Emmi als für sie selbst. »Ich bin mir nicht sicher«, gab sie zu.

»Neue Ideen sind hier willkommen«, ermunterte Luise sie. »Konventionell kann jeder.«

Auch das klang sehr nach Wölkchen.

»Ich befürchte, ich bin eher mit der Stimme kreativ als mit den Händen. Wenn du verstehst, was ich meine.«

Luise verstand. »Weißt du was, Alma? Ich werde mich umhören, wie es in unserer kleinen Telefonzentrale aussieht. Ob ein Wechsel ansteht. Ob man ebenfalls den Rotstift ansetzen will. Oder ob ein Fräulein in Kürze ausfallen wird und ihre Stelle zur Verfügung steht. Du weißt schon: Sommerzeit, Hochzeitszeit.« Wie in Gedanken versunken, brach sie ab.

Dachte Luise an ... ihre eigene Hochzeit? Hatte Onkel Georg um ihre Hand angehalten? Das hätte er doch erzählt? Oder hatte Georg Luise ausführlich von Ludwig berichtet? Möglicherweise über eine Vermählung gemutmaßt? Alma beschloss, dass Luises kleine Sprechpause rein gar nichts zu bedeuten hatte.

»Bis wann musst du denn Bescheid wissen?«, riss Luise Alma zurück ins Jetzt.

»Wie gesagt: Noch ist nichts amtlich, aber ich wollte nicht untätig rumsitzen.«

»Sehr vernünftige Entscheidung. Ich höre mich für dich um.«

»Dafür danke ich dir sehr.« Alma stand auf und griff zu ihrer Handtasche. »Jetzt will ich dich aber nicht weiter aufhalten.«

»Oh, das tust du nicht. Ich muss hier noch einiges ablegen, und darauf habe ich wirklich nicht viel Lust.« Stirnrunzelnd deutete Luise auf einen Stapel Papier. »Die Abwechslung war mir heute also sehr willkommen. Wirklich. Du darfst jederzeit bei uns hereinschneien.«

Nachdem sich die beiden Frauen voneinander verabschiedet hatten, schloss Alma leise die Tür zur Registratur. Die Schreibmaschinen hatten inzwischen alle ihre Schlafhäubchen aufgesetzt bekommen, und so ganz ohne Tippfräulein wirkte der enge Raum noch trister.

Im Lift nach unten ließ sich Alma alles durch den Kopf gehen, was Luise ihr vorgeschlagen hatte. Die Verkäuferin, die ihr vorher den Weg gezeigt hatte, lächelte ihr – zwei Flakons in der Hand – freundlich zu. Ein Lächeln, das nicht Alma persönlich galt, sondern das sie für alle Gäste des Warenhauses reserviert hatte. Verkäuferin, das wäre der offensichtlichste Beruf bei Knopf. Vielleicht sollte Alma sich doch umorientieren? Sicher würden auch die Warenhäuser irgendwann Selbstwählapparate einführen. Aber würde Alma die vorgebliche Freundlichkeit einer Verkäuferin den ganzen Tag durchhalten können? Natürlich bestand auch die Klinger darauf, dass die Fräulein während der Telefonate lächelten, denn das wirkte sich günstig auf die Stimme aus. Zur Kontrolle klinkte sich die Aufsicht nicht selten in eine Verbindung hinein. Aber die Kundenfreundlichkeit der Verkäuferin steckte im gesamten Körper. Der Art, wie sie hinter der Theke stand, die Weise, in der sie die Parfümfläschchen neu auf ihrem Verkaufstisch ordnete. Ihr Arm vollführte dabei einen eleganten Bogen. Ein Arm übrigens – das hatte Alma schon mehrmals bei ihren Besuchen bei Knopf beobachtet – den so mancher Käufer nicht selten beschnupperte, um sich ein Bild vom Geruch des darauf zerstäubten Parfüms zu machen. Dabei geriet die Nase des einen oder anderen Herrn häufig in Gefilde, die außerhalb jeglicher Anstandszone lagen.

Nein. Verkäuferin war nichts für Alma.

Um ihr Bauchgefühl in Sachen Arrangement und Farben zu testen, blieb sie, nachdem sie das Warenhaus verlassen hatte, vor einem der Schaufenster stehen, betrachtete es aufmerksam und horchte in sich hinein.

Ein solches Fenster prägt das Gesamtbild der Stadt, dachte sie. Es preist Ware an, ist dazu da, deren Absatz zu steigern, darf sich aber nicht marktschreierisch geben.

Passantinnen blieben davor stehen, ersetzten die Puppen durch ihren eigenen Körper, überlegten, ob das elegante Kostüm aus Crêpe Georgette, die lange Kasacke über dem engen Rock, das seidene Kleid im Hemdschnitt über dem graublau applizierten Motiv zu ihnen passte. Alma selbst tat das ständig. Machte sich darüber Gedanken, ob dazu der grüne oder der weinrote Schal, den die Schaufensterpuppen daneben trugen, dem Ganzen die Vollendung verlieh. Diese Überlegungen wurden auch von ihr bis zuletzt ausgereizt, hinausgezögert und in vollen Zügen genossen. Sie diskutierte mit Emmi darüber, wenn ihre Freundin sie begleitete. Und wenn eine durch das Schaufenster derart verzauberte Passantin dann den Fuß über die Schwelle der Eingangstür gesetzt hatte, stand es schon eins zu null für das Warenhaus.

»Darüber nachdenken kannst du ganz gut«, murmelte Alma zu sich selbst. »Jetzt musst du nur noch herausfinden, ob du diese ganzen Überlegungen auch umsetzen könntest.«

Könnte sie nicht, entschied Alma ein paar Minuten später, wandte den Schaufenstermodellen den Rücken zu und machte sich ernüchtert auf den von Straßenlaternen erleuchteten Weg zur Haltestelle.

Als sie in Lichtental vor der Haustür im Dunkeln nach ihrem Schlüssel in der Handtasche suchte, fühlte sie sich entmutigt und hundemüde. So wie es aussah, war sie für ihren Beruf geboren worden. Sie war dazu bestimmt, bis zu ihrer Heirat oder Kündigung Klinken zu stecken und Verbindungen herzustellen. Nichts war falsch am Klinkenstecken, und obwohl die

Tätigkeit eines Fräulein vom Amt nicht nur körperlich aufreibend war, liebte Alma sie. Sie machte sich nur Sorgen darüber, ob sich eine andere Arbeit für sie auftun würde, wenn die Klinger eines schönen Tages ihre Fräulein um sich versammelte, um die ersten Entlassungen auszusprechen. Und auf Idas Prophezeiung, Alma würde nicht unter den gekündigten Fräulein sein, konnte sie sich nun mal nicht verlassen.

Ganz abgetaucht in diese Gedankengänge und immer noch nach ihrem Schlüssel kramend, hörte Alma die Schritte hinter sich nicht. Als jemand ihren Namen aussprach, schrie Alma laut auf und ließ die Handtasche aufs Trottoir fallen. Fast gleichzeitig presste sie sich alarmiert gegen die Tür, machte sich flach wie eine Flunder und war bereit, mit den Fäusten auf alles einzuschlagen, was sich ihr in böswilliger Absicht nähern könnte.

»Entschuldige. Ich wollte dich nicht erschrecken«, sagte die Unbekannte, und der Schatten kam näher. »Aber ich kann's dir nicht verdenken, dass du so reagierst.«

Es war die Queen.

»Normalerweise hat jede von uns Anweisung, die Briefe zu vernichten«, sagte die Anführerin der Libelle zehn Minuten später. Sie trug einen Rock in gedeckter Farbe und dazu eine unscheinbare Jacke, die sie über den Küchenstuhl gehängt hatte. Offenbar ihre Heimlich-still-und-leise-Kleidung.

Alma stellte zwei Gläschen mit Likör auf den Tisch. Die beiden Frauen waren unter sich, Emmi war noch nicht von der Arbeit zurück. Nachdem sie den zweiten Stuhl zu sich gezogen und Platz genommen hatte, wartete Alma darauf, dass ihr Gast weitersprach.

»Aber Gertrude konnte ja nicht ahnen, dass ihr nicht mehr viel Zeit bleiben würde.« Der Rauch ihrer Zigarette stieg in einer dünnen Säule an die Zimmerdecke. Gedankenverloren blies die Queen Kringel, die fast so perfekt wie die von Wölkchen waren. »Ich muss zugeben«, fuhr sie fort, »dass du den Code entziffert hast, macht mir ein wenig Sorgen. Wie soll man in der Kurstadt noch schmutzig leben, wenn du da bist?« Sie lächelte, kaum mehr als ein zartes Lächeln, das jedoch sofort wieder erstarb. »Auf der anderen Seite bin ich froh, dass du mich kontaktiert hast.« Sie sah Alma in die Augen, drehte sich dann weg und drückte ihre Zigarette aus. Abbitte leistend zuckte sie mit den Schultern. »Sieh es mir bitte nach, dass ich dich zuerst entführt habe und nun deine Hilfe brauche.«

»Ich musste dich sprechen, nachdem ich herausgefunden hatte, dass ...«, begann Alma. Es war immer schwer, den Tod in Worte zu fassen, besonders wenn ein Mensch gewaltsam ums Leben gekommen war. Alma konnte sich nicht im mindesten vorstellen, welch ein Schock die Nachricht von dem Mord an der Garçonne für die Queen gewesen sein musste. Die Anführerin der Libelle zu überraschen, war mit Sicherheit keine leichte Übung, aber Alma war es gelungen. Worauf sie in diesem Moment alles andere als stolz war.

»Das war die einzig richtige Entscheidung«, stimmte die Queen zu. »Wir müssen wissen, wer es getan hat. Du musst erfahren, ob ihr Tod mit dem von Gertrude zusammenhängt.« Sie war aufgestanden, griff nach ihrem Etui, nahm eine weitere Zigarette heraus, aber zündete sie nicht an. Unruhig lief sie in der Küche auf und ab, und angesichts der beengten Verhältnisse glichen ihre Bewegungen denen eines Tieres in einem zu engen Käfig. »Im Nachhinein kommt es mir so vor, dass uns das Schicksal zusammengebracht hat. So eine wie dich könnten wir gut gebrauchen.« Sie fing Almas skeptischen Blick auf und ergänzte zigarettenwedelnd: »Natürlich ist Diebstahl nicht dein Metier. Wir alle hatten dieses ... schlechte Bauchgefühl. Niemand konnte Kontakt zu Clara aufnehmen. Niemand wusste, wo sie steckte. Sie war nicht zu Hause, nicht bei der Arbeit, einfach nirgends zu finden. Wir hatten keine Gewissheit, haben aber vermutet, dass ihr etwas zugestoßen sein musste. Aber so etwas Grausames! Getötet und dann hat man sie noch ...« Sie setzte sich wieder und schob das Etui neben ihrem Likörglas mit den Fingern hin und her. »Normalerweise mache ich keine Hausbesuche, musst du wissen. Du und ich hätten uns auch in einem Lokal treffen können, inmitten von Nichtigkeiten redenden Leuten und dezentem Klirren von Besteck, aber ...«

»Aber?«

»Ich wollte dich allein sprechen. Und ich habe darauf geachtet, dass man mir nicht folgt.«

Auf Almas Unterarmen stellten sich einige Härchen auf. Nicht auszudenken, wenn die falschen Leute die Anführerin einer Diebesbande dabei beobachtet hatten, wie sie im Haus der Meier verschwunden war. »Vermutest du, bespitzelt zu werden?«

Die Queen winkte ab. »Nicht mehr als sonst auch.« Ein kurzes Schweigen legte sich über die Küche. Dann fragte sie: »Und du bist dir sicher, dass es Clara ist?«

»Leider.«

»Warum?«

»Ich habe eine Fotografie gesehen.«

Die Augenbrauen der Queen schossen nach oben.

Alma schüttelte den Kopf. »Tut mir leid, ich kann dir nicht sagen, woher ich sie habe.«

»Damit werde ich mich wohl zufriedengeben müssen.«

»Was ich dir aber sagen kann, ist, dass die Notzucht nur vorgetäuscht war.« Jetzt berichtete Alma von den Frakturen, dass die Klinge nur wenige Zentimeter in Claras Körper eingedrungen war und schloss mit den Worten: »Es sieht alles danach aus, als ob man die wahre Todesursache verschleiern wollte.«

Die Anführerin der Libelle schwieg. Sie lehnte nicht ab, als Alma Likör nachschenkte. Und sie schwieg immer noch, nachdem sie ihr Glas mit unbewegter Miene in einem Zug geleert hatte. Endlich sagte sie: »Ich nehme an, du hast vom Diebstahl im Metzmeierhof erfahren?«

»Wer hat das nicht?«

»Was ich dir jetzt erzähle, bleibt unter uns.« Die Queen zündete sich eine weitere Zigarette an, und während sie das Streichholz ausblies, behielt sie Alma im Blick. »Unter uns, verstanden?«

Alma überlegte. »Es ist nur so. Ich arbeite nicht allein.« Da war es. Sie hatte es ausgesprochen. Hieß das, sie würde es in die Tat umsetzen? Detektei Täuber. Wie Emmi und Walter immer sagten: *»In allen Kriminalsachen, Zivil- u. Strafprozessen mit nachweisbar stetem Erfolg?«* Ihr wurde heiß und kalt zugleich.

»Du hast ein Gewerbe? Ist das offiziell?«

»Noch nicht«, wand sich Alma heraus und verdrängte den Gedanken an Ludwigs Stirnrunzeln, Walters Freudenschreie und Wölkchens perlendes Lass-die-Korken-knallen-Lachen, die auf sie einstürmen würden, sollten die drei jemals von dieser Unterhaltung erfahren. »Ich will damit nur ausdrücken, dass ›unter uns‹ einen Personenkreis von ungefähr drei Personen mit einschließt. Je nach Situation.«

»Personen, denen du trauen kannst?« Die Queen fing Almas empörten Blick auf. »Tut mir leid, natürlich kannst du das.

Allem Anschein nach hat dich eine dieser Personen auch mit der Fotografie aus dem Leichenschauhaus versorgt.« Sie lehnte sich zurück und betrachtete einige Sekunden lang konzentriert die Spitze ihre Zigarette. »Gut«, sagte sie dann. »Hör zu.«

Obwohl die beiden Frauen nicht mehr als vierzig Zentimeter voneinander entfernt an den gegenüberliegenden Seiten des Küchentischs saßen, beugte sich Alma erwartungsvoll vor.

»Der Name Sophia Grand sagt dir dann ebenfalls etwas?«

Alma nickte.

»Sie arbeitet für uns.«

Das saß. Alma brauchte eine Weile, bis sie sich wieder gefasst hatte. Die Libelle hatte also wirklich eine Schachspielerin rekrutiert. Aber weshalb? Im gleichen Moment, in dem sie sich die Frage stellte, fiel Alma die Antwort dazu ein. »Sie soll eure Ware aus der Stadt bringen. Oder sogar aus dem Land.«

Beeindruckt schnalzte die Queen mit der Zunge. »Richtig kombiniert.«

Plötzlich fiel Alma die Schlagzeile ein, mit der sie die Blumen in Emmis Filiale am Eröffnungstag eingewickelt hatte. »Schmoller. In Karlsruhe. Das wart also ihr.«

Jetzt schüttelte ihr Gast den Kopf. »Nein. Eben nicht. Wir haben, wie ich dir schon einmal sagte, Konkurrenz, die uns nachahmt und unsere Tricks klaut. Nun ... eigentlich haben wir die auch gestohlen, von einer gerissenen weiblichen Diebesbande aus London, aber das tut nichts zur Sache.«

Konkurrenz. Alma erinnerte sich. Die Queen hatte von Nachahmern gesprochen, die in den Gefilden der Libelle wilderten. Und die sich allem Anschein nach auch nicht scheuten, größere Städte heimzusuchen. »Willst du damit andeuten«, begann sie, »dass diese Konkurrenz für den Diebstahl im Metzmeierhof und für Claras Tod verantwortlich ist? Und zumindest für den Diebstahl habt ihr stichhaltige Beweise, da Sophia Grand an dem Abend etwas beobachtet hat?«

»Nichts Stichhaltiges. Nein. Das sollst du finden. Aber wir haben den Koch in Verdacht, oder besser gesagt Sophia.«

»Den Koch vom Metzmeierhof?«

Die Queen nickte.

»Ein Mann«, stellte Alma fest. Hatte Clara ihn aufgesucht? Ihn zur Rede gestellt? Ihm womöglich gedroht?

»Die Konkurrenz imitiert uns, folgt aber nicht unserem Kodex. Wir haben unser Vorbild in den Forty Elephants gefunden.«

»Den vierzig Elefanten?«

»Einer weiblichen Untergrundorganisation aus London. Benannt nach dem Pub, in dem sie sich trafen. Gerissene Frauen, das kann ich dir sagen.«

Deswegen passte es also so gut mit der »Libelle«. Die Londoner Frauen hatten sich nach einem Pub benannt, die Baden-Badener Frauen nach ihrer eigenen Kneipe. Die Queen und die 40 Libellen, dachte Alma. Ob es so viele waren? Sicher nicht in der Kurstadt!

Sie versuchte, sich an den Abend mit Ludwig im Hotel zu erinnern. War ihr etwas aufgefallen? Etwas außer der Reihe? Sie konnte sich nicht erinnern. Es war ein schöner Abend gewesen, ein romantisches Essen zu zweit. Die einzige Person, die im Metzmeierhof herausstach, war Frau Metzmeier selbst. Alma hatte selten eine Frau erlebt, die sich dermaßen in den Vordergrund drängte. Sie lebte die Rolle der Hausherrin über die Maßen aus. Ihre Großmutter pflegte über solche Personen zu sagen: »Die will auf jeder Jagd das Wild, auf jeder Hochzeit die Braut und auf jeder Beerdigung die Leiche sein.« Doch hatte die Metzmeier nicht irgendetwas … Diebstähle, dachte

Alma, auch in diesem Gespräch war es um Diebstähle gegangen. Aber von dem Koch hatte sie nichts gehört und nichts gesehen – doch Moment! Hatte der Hotelier nicht abseits gestanden und sein Personal misstrauisch beäugt? Am Abend hatte Alma noch gedacht, es sei ihm darum gegangen, dass sie schnell genug arbeiteten, aber vielleicht hegte der Hausherr einen ganz anderen Verdacht?

Das Geräusch von Absätzen im Treppenhaus riss sie aus ihren Überlegungen. Eindeutig der Hall von Emmis eleganten Oxford-Schuhen, die sie sich erst vor einer Woche gekauft hatte und ihr ganzer Stolz waren. Sie unterschieden sich unverkennbar vom Klackern der Spangenschuhe. Der beschwingte Rhythmus im Treppenhaus deutete darauf hin, dass hinter Wölkchen nicht nur ein erfolgreicher Arbeitstag mit einer gut gefüllten Ladenkasse lag, sondern auch eine ausgelassene Sause mit einem gut gefüllten Sektglas.

Und dann flog schon die Tür auf, und Emmi quirlte in die Küche. Nach einem kurzen Augenblick der Verwirrung angesichts solch eines blond gelockten Springinsfelds stellte Alma Wölkchen ihrem Gast vor. Und so schnell wie Emmi ein weiteres Glas aus dem Schrank geholt, Likör eingegossen und sich an den Tisch gesetzt hatte, konnte Alma gar keine Klinken stecken. Kurz fasste Alma das bisher Gesagte zusammen, wobei Emmis Miene im Verlauf der Erzählung immer entschlossener wurde.

»Metzmeierhof. Kein Problem«, meinte Wölkchen anschließend hartgesotten, trank ein zweites Glas Likör und griff ohne Umschweife nach dem fremden Zigarettenetui. Die Queen kommentierte Emmis überschäumendes Gemüt mit einer hochgezogenen Augenbraue.

»Ist sie etwa eine dieser drei Personen?«, fragte sie.

Bevor Alma auch nur zu einer Antwort ansetzen konnte, erwiderte Emmi: »Was meinst du damit? Die drei kleinen Schweinchen oder die drei kleinen Spatzen? Der Erich rechts und links der Franz und mittendrin der freche Hans?«

Mit einer Handbewegung, die so schnell war, dass nicht einmal Wölkchen etwas dagegen tun konnte, schnappte Alma ihrer Freundin das Likörglas vor der Nase weg, stand auf und stellte es in die Spüle. »Ich dachte, du verkaufst Blumen und keine Spirituosen!«

»Der gute Albert hat mit uns einen noch guteren ... besseren Wochenumsatz gefeiert«, nörgelte Wölkchen, steckte sich ungeniert die gemopste Zigarette zwischen die Lippen und streckte die Finger nach den Zündhölzern aus. »Der beste Wochenumsatz in diesem Jahr. Dank der Schachbegeisterten und natürlich dank mir.« Erst beim dritten Mal gelang es ihr, eins der Streichhölzer anzuzünden. »Und in den Metzmeierhof gelangen Alma und ich, ohne aufzufallen, weil Alberts Hohlmeise dort zwei große Standvasen vergessen hat. Dieses Mädchen bringt mich noch ins Grab.«

»Alberts Hohlmeise.« Ihr Gast formulierte es nicht als Frage.

Nach einer wegwerfenden Handbewegung nuschelte Emmi zwischen zwei tiefen Zügen: »Eine Kollegin, nicht so wichtig.«

So wie die Queen sich jetzt zurücklehnte, die Hände vor dem Brustkorb verschränkte und Wölkchen betrachtete, als wäre die ein seltener Käfer unter einem Vergrößerungsglas, hätte Alma es nicht verwundert, wenn die Anführerin der Libelle im nächsten Moment aufgestanden und gegangen wäre. Stattdessen sagte die Queen mit einem dünnen Lächeln: »Morgen Abend holt ihr diese Vasen und fühlt dem Koch auf den Zahn.«

Emmis sonst so typisches Lachen geriet mit der Zigarette

zwischen den Lippen ein wenig verdruckst, aber das »Darauf trinken wir!« war deutlich zu verstehen.

Als Alma am nächsten Morgen noch im Pyjama in die Küche kam, um sich eine Tasse Tee zu kochen, lag Emmi, hingegossen wie Enid Bennett nach einem verlorenen Kampf gegen die spanische Armada, schlafend auf dem Sofa. Den *Seeteufel*, in dem die Filmdiva aus Australien die weibliche Hauptrolle spielte, hatte Emmi mit Wölkchen vor einiger Zeit im Lichtspieltheater gesehen. Und sich selten so gelangweilt. Ein Adliger, der als Sklave verkauft wird, sich befreien kann und unter die Piraten geht, hatte es sich in den Kopf gesetzt, die junge Dame vom benachbarten Landsitz zu ehelichen. Sinnentleerte Duelle in einer ebenso dünnen Geschichte. Aber Enid Bennet hatte eine frappante Ähnlichkeit mit Wölkchen – oder Wölkchen mit ihr –, so schlafend auf dem Sofa.

Alma sah auf die Küchenuhr. Wenn sie Emmi jetzt nicht wecken würde, käme ihre Freundin zu spät in die Filiale. Während sich das Teewasser auf dem Herd erhitzte, trieb Alma Kaffeebohnen absichtlich geräuschvoll durch die Mühle, so dass Emmi durch das Knarzen und Quietschen der Kurbel erwachte. Sie rieb sich den Schlaf aus den Augen und sah sich verwirrt um.

»Bitte sag mir nicht, ich habe die Nacht hier verbracht«, ächzte sie und betastete ihren Nacken. »Würde allerdings diesen Muskelknoten in der Größe eines Medizinballs erklären.«

»Glaubst du, ich trage dich in dein Zimmer?« Alma brühte ihren Tee auf und löffelte die gemahlenen Bohnen in den Kaffeezubereiter.

»Du hättest mich wecken können.« Wölkchen öffnete und

schloss ihren Mund, als ob sie sich versichern wollte, dass ihre Kiefermuskulatur noch arbeitete. »Und warum lebt ein felliges Tier in meinem Mund? Gott, das fühlt sich an, als hätte da ein Eichhörnchen ein Nest drin gebaut.«

Schmunzelnd setzte sich Alma neben Emmi und drückte ihr die Kaffeetasse in die Hand. »Hier. Der Duft eines Neuanfangs.«

»Himmlisch.« Wölkchen sog den Geruch ein. »Du bleibst meine Lebensretterin.«

»Und die Kopfwehtablette lege ich dir gleich auf den Tisch.«

»Du Beste der Allerbesten«, stöhnte Emmi. Dann sah sie an sich herunter und starrte entsetzt auf ihren Rock. »Ich habe es nicht mal hinbekommen, mir die Kleidung vom Leib zu schaffen?«

»Das merkst du erst jetzt?« Alma lachte.

»Ich bin noch nicht so recht bei mir, musst du wissen.«

»Die Lebensretterin nimmst du aber nicht zurück, hoffe ich.«

»Erinnere mich daran, nicht so viel zu trinken, wenn ich am nächsten Tag arbeiten muss. Bitte.«

Diesen Satz hatte Alma von Emmi schon an einigen Tagen in den Morgenstunden gehört. »Aber natürlich.« Grinsend stand sie auf und ging zur Spüle, um die Teeblätter abzugießen. Wölkchen würde sich nie ändern, und Alma hatte sich an die Ausreißer ihrer Freundin mittlerweile gewöhnt. »Ich lege mich jetzt wieder ins Bett, trinke meinen Tee und blättere im neuen Film Kurier«, verkündete sie. »Ich habe nämlich heute meinen freien Tag.«

»Ja, ja, foltere mich nur!« Mit spitzen Lippen blies Emmi in ihre heiße Tasse. »Apropos Film Kurier: Wir müssen Walter unbedingt noch ins Kinema schleppen, im Kaiserhof läuft noch

Alt-Heidelberg. Studentenleben im malerischen Städtchen, Liebe, Triebe, Burschenschaften und Roman Novarro! Oh, Roman Novarro! Findest du nicht, der sieht deinem feurigen Cousin ein klein wenig ähnlich? Der Film hat übrigens Jugendverbot. Sehr reizvoll, findest du nicht? August würde uns sicher wieder umsonst reinlassen. Wir sind zwar nicht mehr …« Sie geriet ins Stocken. »Aber du hast seit der Sache einen Stein bei ihm im Brett«, beendete sie ihren verbalen Wasserfall.

»Du solltest dich jetzt lieber beeilen, in deinen Laden zu kommen, sonst erteilt dir der liebe Albert Filialverbot«, flachste Alma und lachte. »Wo wir gerade von ihm sprechen, deinem Herrn und Meister: Wann soll ich dich nachher abholen?«

Emmis gerunzelte Stirn und ihre zusammengekniffenen Augen illustrierten eindrücklich, wie sehr es in ihr arbeitete. »Hilf mir doch bitte mal auf die Sprünge, was …« Plötzlich sprang sie auf. »Der Metzmeierhof! Natürlich!« Offenbar noch nicht ganz Herrin ihrer Gliedmaßen, stolperte Wölkchen durch die Küche, hinaus in den Flur und hinein in ihre kleine Kammer. Alma hörte Wasser in eine Schüssel spritzen, dann ein Rumsen, gefolgt von mehreren Stößen an den Kleiderschrank. Offenbar versuchte Wölkchen, dessen verklemmte Tür zu öffnen. Ein derber Fluch folgte.

»Wie spät ist es?«, gellte es aus ihrer Kammer.

»Zu spät!«, rief Alma zurück.

»Albert bringt mich um!«

»Wenn sich bei ihm in der Mundhöhle nicht auch ein Eichhörnchen eingenistet hat, dann ist das gut möglich.«

Außer Atem stand Emmi in einem sauber gebügelten Kleid und mit frisch aufgetragenem Make-up im Flur. »Guter Einwand«, sagte sie. »So wie der sich gestern nach Ladenschluss eingeschenkt hat, wohnt bei ihm ein ganzes Rudel! Gegen

Albert bin ich ein Waisenkind.« Sie hechtete zum Küchentisch, stürzte den Rest Kaffee hinunter, schnappte sich die Kopfschmerztablette und war schon an der Tür, als sie sich noch einmal umdrehte. »Um sechs.«

»Abgemacht.«

Die Straßenbeleuchtung war noch nicht angegangen, als sich Alma am Abend bei Emmi unterhakte und sie die Richtung zum Kurhaus einschlugen. Emmis Mundwerk stand wie gewohnt nicht still, »ihr Albert« hatte sogar von sich aus vorgeschlagen, »sein Wölkchen« möge die im Metzmeierhof vergessenen Dekorationsgegenstände abholen, denn Heidrun sah sich außerstande, an den Ort zurückzukehren, wo die Polizei sie »in die Mangel« genommen hatte. Wobei Emmi zutreffend bemerkte, dass dies schwer vorstellbar sei, habe doch der gutmütige Polizeibeamte Franck an besagtem Abend die Befragung übernommen.

Alma hörte ihrer Freundin nur mit halbem Ohr zu, sondern war damit beschäftigt, sich in den Griff zu bekommen, so aufgewühlt war sie. Zum einen überlegte sie sich, wie sie bei der Befragung des Kochs vorgehen sollte, zum anderen war sie noch enttäuscht darüber, dass Ludwig die Verabredung für den heutigen Tag wegen Bereitschaftsdienstes anlässlich des Ersten Mais hatte absagen müssen. Albert Kopper, Ludwigs Kollege, hatte sie vor dem Eingang zur Polizeidirektion abgepasst. Seither kreiste auch die Frage durch Almas Kopf, ob Ludwig auf der Straße inmitten der Demonstranten unbeschadet nach Hause kommen würde. Sie hoffte, dass alle Plakatträger und Fahnenschwenker so friedlich eingestellt waren wie Ida.

Den Rest des Tages hatte sie dann mit *Auf der Suche nach*

Indien verbracht, das eigentlich nur als Zwischenlektüre auf ihrem kleinen Nachttisch lag, sie aber dann so in den Bann gezogen hatte, dass sie es nicht mehr losgeworden war.

Plötzlich war Wölkchen ganz still geworden, und Alma fragte sich beschämt, ob ihre Freundin auf die Beantwortung einer Frage wartete, die sie Alma eben gestellt hatte.

Aber bevor Alma nachhaken konnte, meinte Emmi: »Du investiert sehr viel Zeit in deine ... Fälle.«

Alma horchte auf. Denn Emmi hatte es vorsichtig hervorgebracht, nachdenklich formuliert, zu langsam für eine Frau mit ihrem Temperament.

»Ich will damit nicht sagen, dass ...« Wölkchen brach ab. »Ich stehe hinter dir und deinen Entscheidungen, das weißt du. Nur dachte ich ...«

»Heraus damit.«

Emmi blieb seufzend stehen. Sie waren inzwischen beim Krokodil angekommen, aus dessen gekippten Fenstern nicht nur Zigarrenrauch und Soßenduft, sondern auch deutsche Volkweisen auf die Straße schwebten. Offenbar traf sich heute die Liedertafel zum Stammtisch.

»Ich mag Veränderung«, fuhr Wölkchen fort, der es nichts auszumachen schien, dass sie laut gegen »Ännchen von Tharau« ansprechen musste. »Das weißt du. Und wir wohnen jetzt schon so lange in dieser Abstellkammer ...« Wieder beendete sie, so ganz untypisch, ihren Satz nicht.

Alma betrachtete ihre Freundin aufmerksam. »Hast du eine andere Wohnung gefunden?«

»Nun ja. Nicht direkt.«

»Könnten wir sie uns leisten?«

»Das ist ja der springende Punkt.«

»Und wohin springt er, dieser Punkt? Du weißt, ich hänge

ganz und gar nicht an unserer Wohnung, aber es gibt Schlimmeres.«

»Käm' alles Wetter gleich auf uns zu schlahn,
wir sind gesinnt, beieinander zu stahn.
Krankheit, Verfolgung, Betrübnis und Pein
soll unsrer Liebe Verknotigung sein …«

Emmi und Alma sahen sich tief berührt von diesen Zeilen an. Sie mussten sich ihrer gegenseitigen Freundschaft nicht versichern. In diesem Moment stand den beiden Frauen wieder deutlich vor Augen, dass die eine nichts ohne die andere entscheiden würde.

»Pass auf«, sagte Emmi, hakte sich wieder unter und zog Alma weiter, am Bierlokal vorbei und die schmale Mühlengasse entlang auf die Luisenstraße. »Das Tippfräulein aus dem ersten Stock, die geht der Meier auf den Wecker.«

Dass jemand der Vermieterin »auf den Wecker« ging, war nun nichts Neues, aber Alma wartete geduldig, bis Wölkchen weitersprach.

»Das Gehämmer der Schreibmaschine macht die Meier rasend. Mit Heimarbeit verbindet sie wohl Näharbeiten oder so was. Sei's drum. Ich befürchte – oder in diesem Fall müsste ich eher ›hoffe‹ sagen, obwohl es mir um die junge Frau natürlich leidtäte …«

Jetzt konnte sich Alma doch nicht mehr zurückhalten. »Emmi, bitte spuck's aus, du machst mich ja ganz hüpfelig!«, rief sie aus. »Auch wenn die Wohnung frei werden würde, wie sollen wir sie bezahlen? Sie ist größer, hat fließend Wasser …«

»Strom!«, rief Emmi aus.

»Die Meier hat den Strom auch noch in den ersten Stock

legen lassen?« Alma hatte angenommen, die Leitungen befänden sich ausschließlich im Erdgeschoss und im Keller. Aber offenbar war der Vermieterin erst nach dem ersten Stockwerk das Geld ausgegangen.

Emmi nickte. »Weißt du ...« Wieder blieb sie stehen, und dieses Mal nahm sie Almas Hände fest in ihre. »Du solltest dich bezahlen lassen.« Als Wölkchen die verwirrte Miene Almas sah, fügte sie schnell hinzu: »Für deine detektivische Arbeit! Dafür natürlich!«

Beide kicherten.

»Was dachtest du denn?«, prustete Emmi. Wieder ernst geworden fügte sie hinzu. »Ich weiß, du fühlst mit den Opfern, den Hinterbliebenen, aber denk auch mal an dich. Es ist deine Zeit, dein Hirnschmalz und vor allem dein Leben.« Der Wind erfasste eine von Wölkchens Locken und spielte mit ihr.

Manchmal nahmen Dinge einen seltsamen Lauf. Gestern Abend erst hatte die Queen ähnliche Gedankenspiele in Alma hervorgerufen. So wie Wölkchen gerade dastand, mit wehendem Haar wie ein Fels in der Brandung, und eine Lobrede auf Almas Hingabe als Ermittlerin schwang, könnte sie auch als Kapitänin mit einem Degen in der Hand ihre Piratenbesatzung gegen feindliche Spanier verteidigen. Wieder musste Alma an die australische Stummfilmschauspielerin denken. Bedauerlicherweise duellierte sich Enid Bennett in ihren Filmen nie selbst, das blieb den männlichen Schauspielern überlassen.

»An dir ist eine Leinwandheldin verlorengegangen«, sagte sie und lachte.

Wölkchen wiegte die Hüften hin und her und warf kokett den Kopf in den Nacken. »Meinst du? Kürzlich war eine Anzeige in der DAME, die Döring Film-Produktion GmbH sucht schöne Frauen für Großfilme.«

»Du solltest dich auf alle Fälle bewerben.« Almas Mundwinkel zuckten. »Dann könnten wir uns die größere Wohnung auch leisten.«

»Das geht vielleicht auch so.« Emmi ließ Almas Hände los, und gemeinsam überquerten sie die Luisenstraße. Ein junger Mann auf einem Fahrrad lüpfte den Hut und grinste breit, als er heranschoss und in einem weiten Bogen an den beiden Frauen vorbeipedalierte.

»Reicht denn deine Lohnerhöhung aus?«, fragte Alma, als sie auf der anderen Seite der Straße vor der grünen Oase der Stadt angekommen waren.

»Wenn du dich entschließt, als Miss Sherlock dein Scherflein beizutragen, dann könnten wir gemeinsam einmal bei unserem Zerberus aus dem Erdgeschoss vorsprechen.« Sowohl Emmi als auch Alma wussten, dass Frau Meier zwar das Gemüt einer zornigen Amazone, aber ein Herz aus Gold hatte, was ihre zwei jungen Mieterinnen der Mansardenwohnung anging. Von Walters Charme, dem sie komplett erlegen war, ganz zu schweigen. Wenn alle Stricke reißen würden, könnten sie auch noch ihren feurigen Torero in die Arena schicken.

»Wirst du darüber nachdenken?«, fragte Emmi.

Sie standen vor dem Metzmeierhof in der Kaiserallee, die Eingangstür öffnete sich und ein ausgesprochen kostspielig gekleidetes Paar trat ins Freie. Die Frau rückte ihr Pelzcape zurecht, der Mann trug Krokodillederschuhe. In ihrem Rücken eilte der Portier behände durchs Foyer, offenbar gab es wieder viel zu tun im Hotel.

»Wir müssen das aber mit Ludwig besprechen«, erwiderte Alma und machte dem Paar Platz. »Ich kann nicht einfach ein Detektivbüro eröffnen.« Oder doch? Erst gestern hatte Ludwig sie darin bestärkt, die zu sein, die sie nun mal war. Allerdings würde er sich Sorgen machen, sie ständig tödlichen Gefahren ausgesetzt sehen. Sie musste in dieser Sache behutsam vorgehen.

Behutsam wie es jetzt ebenso vonnöten sein würde.

»Ich nehme an, du kennst den Dienstboteneingang?«, fragte sie Wölkchen, wieder ganz bei der Sache.

»Ich kenne alle Dienstboteneingänge«, kam es selbstsicher zurück.

Nachdem Emmi sie einmal um das Hotel herumgeführt hatte, landeten sie in einem mit Pflanzen geschmückten Hinterhof. Frau Metzmeier schien einen grünen Daumen zu besitzen, hoch rankte sich der Wein um einen Bogen, der über einer gusseisernen Bank stand und so eine geschützte Laube für die Hotelgäste bildete. Ein kleiner Apfelbaum zerbarst schier vor lauter Blüten, die letzten Narzissen strahlten in leuchtendem Gelb. Weiß und Rosa, Orange und Blau, und ein Violett von Pflanzen, die Alma nicht kannte.

»Katzenminze«, sagte Emmi mit Kennerblick. »Sie kommt in Südeuropa und Asien vor.«

Alma war beeindruckt von der Vielfalt im Garten der Metzmeiers. Der Unterschied zu den anderen Hotels war augenfällig, wenn sie an die weitläufige Rasenfläche des Badischen Hofs dachte, an das kurz geschnittene Gras und akkurate Anpflanzungen. Dieser Garten hier hatte beinahe etwas Urwüchsiges, ihr bot sich eine bunte Pracht, so weit das Auge reichte: Bäume, umschlungen von dicken, blühenden Ranken, waren direkt neben Büschen gepflanzt, um die herum sich wild durcheinander Blumen gegenseitig den ersten Platz in einer Schönheitskonkurrenz streitig machten. Alma konnte sich vorstellen, wie der Garten im Sommer von zahlreichen Schmetterlingen bevölkert wurde. Hatte sie das Innere des Metzmeierhofs im Geiste »schäbig« genannt, so musste sie sich beim Anblick dieser Fülle korrigieren: Frau Metzmeier hatte für die Kurgäste etwas Einzigartiges geschaffen, dachte Alma. Ob es so in der Zukunft aussah? Farben in Hülle und Fülle? Vielleicht hatte sie die Metzmeier völlig falsch eingeschätzt und in der lästigen unangenehmen Hoteliersgattin steckte eine verkannte Künstlerin.

»Sie hat noch einen Gemüsegarten«, merkte Emmi pragmatisch an, deren professionelle Begeisterung sich in Grenzen hielt – wahrscheinlich, weil Alma ihr verboten hätte, die Tulpen- und Narzissenzwiebeln auszugraben. »Gleich neben der Küche. Dort wird es auch Karotten und Kohl geben.«

»Kohl? Im Frühjahr?«

»Oder Spargel. Was weiß ich schon von Reifezeiten von Gemüse.« Unbekümmert zuckte Emmi die Schultern und stöckelte über den gepflasterten Weg durch die Farbenpracht zu einer unauffälligen Tür hinter einem weiteren Obstbaum. Kirsche diesmal und größer als der Apfel, die Blüten waren schon kleinen Fruchtansätzen gewichen.

Aber sie wollte hier keine Wurzeln schlagen, dachte Alma amüsiert, und riss ihren Blick vom Urwaldgarten los. Stattdessen folgte sie Emmi in einen engen dunklen Flur, der mit Teppich ausgelegt war und der um zwei Ecken in einen größeren Flur, diesmal gefliest, führte. Es roch nach Braten mit schwerer Soße, und schon jetzt konnten sie den unmissverständlichen Lärm einer Hotelküche hören: Topfdeckel klapperten, Geschirr klirrte, Fett brutzelte, Dampf zischte, jemand gab Anweisungen, jemand fluchte.

»Mensch, Emmi, wir haben die Zeit völlig vergessen!«, flüsterte Alma mit Blick auf ihre Uhr. Es war halb sieben, wahrscheinlich saßen gerade sämtliche Gäste des Metzmeierhofs im Hotelrestaurant und warteten auf ihr Abendessen.

»Umgekehrt wird ein Schuh draus.« Emmi zwinkerte ihr verschwörerisch zu. »Je mehr er gefordert ist, desto schneller will er uns loswerden und erzählt dir alles, was du wissen willst.«

»Dann will ich dir mal glauben.«

Das Klackern ihrer Schuhe auf den Fliesen ging im allgemeinen Krach unter, und so blickten sie sechs Augenpaare überrascht an, als sie die dampfende Küche betraten. Überall zischte, brutzelte und köchelte es, ein junger Lehrling lief hektisch mit einem Stapel Teller an ihnen vorbei, zwei Männer mit weißen Schürzen rührten in großen Töpfen, ein weiterer schälte Kartoffeln, und ein ganzes gerupftes Huhn lag auf einer Anrichte und wartete darauf, dass ihm der Kopf abgeschlagen würde.

»Haben Sie sich verlaufen?« Ein Hüne von einem Mann mit weißer Schürze und Haube, ein beeindruckendes Beil in der Hand, mit dem er wohl gedachte, das Federvieh zu enthaupten, drehte sich zu ihnen um.

»Oh!« Emmi tat überrascht, bevor sie ihm keck zuzwinkerte. »Ich glaube, wir sind hier goldrichtig«, charmierte sie, um dann verschwörerisch hinzuzufügen: »Ich suche etwas.«

»Jetzt?« Irritiert blickte der Koch sie an. »Sie sehen doch, was hier los ist.« Punktgenau ließ der Lehrling einen Topfdeckel fallen, der sich klackernd auf den Fliesen drehte, während durch eine Schwingtür zwei Kellner hineinkamen und gleichzeitig nach ihren Bestellungen riefen. Der Koch schrie den Lehrling an, der mit hochrotem Kopf den Topfdeckel zur Spüle brachte, ein weiterer Koch in Schürze mit Mütze stürmte aus der Speisekammer herein, einen Sack Kartoffeln im Arm, und keifte die Kellner an, die ihrerseits wütend zurückbrüllten.

So resolut Alma war, drehte sie sich doch hilfesuchend zu Emmi, die zunächst die Kellner zurück in den Gastraum scheuchte. Dann griff sie einen Topfdeckel vom Regal hinter sich, den sie dem Lehrling in die Hand drückte, und schickte den Koch mit den Kartoffeln im Arm zum Schälen an die Spüle.

»Es geht um meine Vasen«, wandte sie sich dann mit strahlendem Lächeln wieder an den Hünen, der, das Beil noch in der Hand, vor ihnen stand.

»Was für Vasen?«

»Heidrun, das kopflose Huhn!«, stöhnte Emmi mit einem Blick auf das tote Tier auf der Anrichte. »Vorgestern. Die Deko, Albert Baer Floristik, du erinnerst dich vielleicht, die lange Dünne? Natürlich hat sie alles stehen gelassen, und ich bin nun völlig vasenlos.«

Schweigend starrte der Mann sie an, ganz offensichtlich versuchte er, sich einen Reim auf diese verrückte Frau zu machen, die in seiner Küche nach Vasen suchte.

»Wir dachten, sie wären vielleicht gespült worden«, versuchte Alma auszuhelfen. »Und man hatte uns empfohlen, hier mal nachzufragen.«

»Wer hat das empfohlen? Die Bekloppte?« Er ließ den Finger vor der Stirn kreisen, und Alma konnte sich vorstellen, wen er damit meinte.

»Die Vasen«, sagte Emmi und klopfte mit den Knöcheln auf die Anrichte. Dann tat sie plötzlich erstaunt und fragte: »Sag mal, bist du Alois Ritschel?« Dass Wölkchen jeden Hotelangestellten sofort duzte, hing damit zusammen, dass sie selbst beinahe täglich mit ihnen zu tun hatte. »Heidrun hat mir von dir erzählt.« Sie schob Alma nach vorn, offenbar nun begierig darauf, das eigentliche Gespräch zu beginnen. »Meine Freundin hier ist Fräulein vom Amt. Alma Täuber. Und sie hat neulich von dem Diebstahl bei euch gehört.«

»Ach ja?« Verärgert blickte er sie an. »Und was hat das mit euren Vasen zu tun? Habt ihr Angst, dass die ebenfalls geklaut wurden?«

»Nun sei nicht so misstrauisch und leg erst einmal das Beil zur Seite.« Abwartend verschränkte Emmi die Arme vor der Brust. Mit zusammengezogenen Augenbrauen, als sei er selbst über sich erstaunt, kam der Mann ihrer Aufforderung nach.

Nun war Alma an der Reihe. Auch wenn sie das Beil, das sich immer noch in Reichweite von Alois Ritschels riesigen Pranken befand, leicht angespannt beäugte, riss sie sich zusammen und sagte mit fester Stimme: »Es geht um eine ... Bekannte von Ihnen.« Mit diesem Wort wollte Alma ihm alle Möglichkeiten offenlassen: bestreiten, dass er Clara kannte, beteuern, dass er sie nur ein einziges Mal gesehen hatte, oder zugeben, dass er Streit mit ihr gehabt hatte. »Eine junge Frau, dunkles Haar, gekleidet wie ein Mann.«

»Davon gibt es einige.«

»Die, von der ich spreche, war letzten Freitag bei Ihnen.«

»Bei mir? Was wollen Sie damit sagen?«, brauste der Koch auf.

Sein Geduldsfaden riss schon jetzt.

Doch Emmi schien recht gehabt zu haben: Trotz der Hektik in der Küche – oder gerade deswegen – kam Alois Ritschel nicht auf die Idee, sie wegzuschicken.

»Clara hieß sie«, sagte Alma fest. »Sie war hier im Metzmeierhof. Und sie hat auch mit Ihnen gesprochen.«

»Mit mir?« Der Koch ließ seine angespannt erhobenen Schultern fallen. »Ja, ich erinnere mich. Ziemlich groß?« Er hielt seine flache Hand neben seine Wange. Das kam ungefähr hin. Als Clara auf der Straße auf Alma zugekommen, war, um ihr den Kartoffelsack über den Kopf zu stülpen, hatte Alma sie für einen Mann gehalten.

»Was wollte sie?«

»Hat sich beschwert. Zu viel Salz in der Suppe.« Ritschels Lächeln wirkte, als würde er die Zähne blecken. Vielleicht tat er das auch, so genau konnte Alma es nicht sagen.

»Sag mal, hast du eine Zigarette?«, fragte Emmi, die jetzt gelangweilt an der Anrichte lehnte, dazwischen. »Es ist hier furchtbar heiß, ich könnte eine kleine Pause vertragen.« Übertrieben dramatisch legte sie eine Hand an die Stirn, wobei sie darauf achtgab, sich so zu strecken, dass die Rundungen ihrer Brüste gut zur Geltung kamen.

»Ich habe eine!«, rief der Lehrling eifrig und zerrte an seiner Hosentasche herum.

»Außerordentlich!« Emmi schenkte ihm ein bezauberndes Lächeln. »Ihr könnt hier übernehmen, Ritschel, du und deine Kollegen, ja? Ihr macht das ganz fabelhaft, da können wir zwei uns eine kleine Pause gönnen.« Sie lächelte strahlend, schnappte sich den Lehrburschen – Alma hatte immer noch keine Ahnung, was Emmi damit eigentlich bezweckte – und zog von dannen.

Es zischte laut, als ein Topf auf dem Herd überkochte. Ritschel sprang hin, verbrannte sich den Finger und fluchte.

»Was ist mit der verdammten Soße?«, schrie er. »Sind die Kartoffeln endlich geschält?«

Dann drängte er sich unsanft an Alma vorbei und griff nach dem Beil. Er hob es hoch in die Luft, wobei sich die Muskeln in seinem Arm anspannten, der sicher den Umfang von einem von Almas Oberschenkeln besaß. Mit Schwung ließ er es niedersausen, wo es mit einem lauten Knall den Kopf des Huhns sauber abtrennte. Ein weiterer Hieb, noch einer und noch einer. Ritschel wischte sich den Schweiß von der Stirn, die Feuchtigkeit und Hitze, die in der Küche herrschten, waren trotz der frühlingshaften Temperaturen beinahe unerträglich. Alma mochte sich nicht vorstellen, wie es hier im Sommer zuging.

»Sie hat sich über zu viel Salz in der Suppe beschwert«, fuhr Alma tapfer fort, als der Koch das Hühnerklein in einen Suppentopf gab. »Und sie hat noch etwas anderes von Ihnen gewollt?«

»Ach ja?« Ritschel bellte zwei Befehle – einer seiner Beiköche verschwand in der Abstellkammer – und griff erneut nach dem Beil. »Sie stören hier, Fräulein vom Amt!«

Noch nie hatte sich Alma eine Uniform gewünscht. Aber in diesem Moment sehnte sie den dunkelblauen Stoff mit den Messingknöpfen geradezu herbei – dazu eine männliche Statur, einen sicheren Stand, geraden Rücken und Kraft. Eine Position, in der sie sich von hünenhaften Männern mit Mordwerkzeugen in der Hand nicht einschüchtern lassen musste.

Mit festem Blick auf das Beil versuchte sie, die weiteren Küchenwerkzeuge, das große Messer beispielsweise, das an einem Haken neben dem Herd hing, auszublenden. Sie waren nicht allein, sagte sie sich. Die Beiköche standen nur wenige Meter entfernt, Emmi und der Lehrling rauchten draußen vor der Tür, und jeden Moment würde erneut ein Kellner die Tür aufstoßen. Alma ballte ihre rechte Hand zur Faust. Es war schon mal brenzliger gewesen, sie hatte sich damals nicht einschüchtern lassen, sie würde es heute ebenfalls nicht zulassen.

»Nein, sonst hat sie nichts von mir gewollt«, zischte der Koch.

»Und was haben Sie zu ihr gesagt?«

»Dass ich mir ihren Hinweis zu Herzen nehme, natürlich.« Erneutes Zähneblecken. »Zufriedene Gäste sind mir ein Anliegen.«

»Oh, mit denen haben Sie viel zu tun?«

Er knallte ein Stück Fleisch auf ein Brett. »Was soll das denn heißen?«, fragte er langsam, aber mit drohendem Unterton.

»Wie viel verdienen Sie? Hier im Metzmeierhof, als Koch?«, versuchte Alma es mit einem direkten Angriff. Sein trockenes Lachen hatte sie erwartet. »Wem sagen Sie das«, fuhr sie freundlich fort. »Da kann ein kleiner Nebenverdienst hier und da ja nicht schaden.«

Sein Blick schnellte hoch, die Brauen finster zusammengezogen, sah er sie an. So oder so ähnlich musste sein Gespräch mit Clara verlaufen sein, schoss es Alma durch den Kopf. Mit einer schnellen Bewegung seiner linken Hand deutete er auf die Küchentür. »Raus hier!«, bellte er in Richtung seiner verbliebenen Köche, die augenblicklich innehielten und ihrem Chef folgsam gehorchten. »Ich brauche Wein. Rotwein, aus dem Keller.« Gehorsam wie zwei brave Volksschüler marschierten die zwei hintereinander her in den Flur. Alarmiert blickte Alma ihnen nach. Es gefiel ihr ganz und gar nicht, dass sie nun mit dem Koch allein war.

Und da trat er auch schon auf sie zu. »Jetzt hör mir mal gut zu, Fräulein Alma Täuber.« Er kam immer näher, und Alma, die Faust mittlerweile so fest zusammengepresst, dass ihre Fingernägel schmerzhaft ins Fleisch schnitten, weigerte sich zurückzuweichen. »Ich weiß nicht, was du damit andeuten willst, aber es gefällt mir nicht.«

»Sie haben am vergangenen Freitag mit Clara gesprochen«, beharrte Alma, die Nerven mittlerweile zum Zerreißen gespannt. »Es ging um die Diebstähle.«

Urplötzlich schoss seine Hand vor, und die riesige Pranke legte sich um Almas Hals.

»Gefällt mir ganz und gar nicht«, knurrte Ritschel, das Gesicht jetzt dicht an ihrem, so dicht, dass sie seinen nach Zwiebeln stinkenden Atem riechen konnte. Doch das war nichts zu dem, was folgte: Seine Finger schlossen sich, und er drückte zu. Alma, die darauf nicht vorbereitet war, schnappte nach Luft, schlug vergebens nach seinem Arm, versuchte, seine Pranke zu lösen, die ihr immer weiter, immer fester die Luft abschnürte, bis schwarze Punkte vor ihren Augen tanzten. »Ich weiß nicht, weshalb du hier herumschnüffelst, was dich das alles angeht«, stieß Ritschel hervor. »Aber lass dir eines gesagt sein: Halt dich von mir fern.«

Hilfe, dachte sie verzweifelt, Hilfe! Seine vor Wut verzerrten Augen dicht vor ihren, erschien ihr Hilfe plötzlich ganz weit weg, unerreichbar.

»Nicht, dass es dir so ergeht wie dieser Clara«, zischte er.

Alma nahm ihren ganzen Mut zusammen und stieß ihr Knie mit aller Kraft nach oben.

Luft. Dankbar füllte Alma ihre Lungen, für einen Moment hatte der Koch lockergelassen, sie schien ihn empfindlich getroffen zu haben. Gehetzt sah sie sich nach dem Beil um, tauchte unter dem muskulösen Arm des Kochs hindurch, ignorierte den stechenden Schmerz in ihrer Kehle, rannte blindlings davon, in die falsche Richtung, zur Speisekammer. Doch mit seiner Pranke hatte er sie wieder gepackt, gerade als die Schwingtür krachend aufgestoßen wurde.

»Los, los, los, was dauert das denn alles so lang!«, rief Frau Metzmeier, die in die Küche stürmte. Als sie Alma erblickte, hielt sie verwundert inne. »Was machen Sie in meiner Küche! Wer sind ... sind Sie nicht dieses Fräulein vom Amt? Ja natürlich. Sie haben vor ein paar Tagen mit dem Herrn Kommissar den Tafelspitz gegessen.«

»Mit dem Herrn Kommissar, so, so«, zischte Ritschel, der seine Hände nur langsam herunternahm. Sein Blick war abwägend, misstrauisch und voller Wut. Alma hielt ihm stand, auch wenn es sie innerlich schauderte, so viel Hass konnte sie darin lesen. »Herumschnüffeln wollte sie. Fragen stellen. Aber ich denke, wir sind zu einer Einigung gekommen, nicht wahr?«

Im gleichen Augenblick, in dem Koch Nummer eins aus der Abstellkammer zurückkehrte, kamen auch die beiden anderen Köche mit den Rotweinflaschen zurück. Erstaunt blickte Frau Metzmeier vom einen zum anderen.

»Ich war gerade im Begriff zu gehen«, krächzte Alma an die Hoteliersgattin gewandt, wobei sie Ritschel keines weiteren Blickes würdigte. An ihn würde sie auf andere Art und Weise herankommen. Hoch erhobenen Hauptes verließ sie die Küche, durch die Schwingtür hindurch, an der vor Erstaunen ausnahmsweise wortlosen Metzmeier vorbei in den Gastraum. Wie ein Automat marschierte sie durch den Saal, lächelte mechanisch den grüßenden Kellner an, und erst draußen, als sie längst außer Sichtweite war, erlaubte sie es sich, zitternd Atem zu holen. Ihr Herz klopfte bis zum Hals, und sie rieb sich mit der Hand die schmerzende Kehle. Sie hatte immer noch das Gefühl, nicht mehr atmen zu können, nie wieder genug Luft zu bekommen. Gierig sog sie die feuchte Abendluft in ihre Lungen. Er hatte zugedrückt, als hätte er sie töten wollen, und niemand hätte ihr helfen können. Alma wurde kalt.

Sie würde an Ritschel auf andere Art und Weise herankommen *müssen*, dachte sie. Denn wenn sie nicht dafür sorgte, dass der Mann hinter Gittern kam, würde es weitere Tote geben, womöglich – und diesen Gedanken wollte sie lieber nicht weiter ausführen – sogar sie selbst.

Als Alma Schritte hörte, blickte sie auf. Mit wehendem Rock schwebte Emmi ihr entgegen, ihre Vasen wie Trophäen links und rechts im Arm. »Du errätst nie, was deine geniale Freundin gerade... Grundgütiger, meine Blume, was ist passiert?« Sofort war Wölkchen bei ihr, stellte die Vasen nachlässig auf den Boden und tastete sie ab, als ob das, was ihr Angst machte, noch da wäre. Ein kleines, beharrliches Ding, das man von der Bluse zupfen und fortschnippen könnte.

»Es ist alles in Ordnung«, versuchte Alma, sie zu beruhigen.

»Aber ... was ist denn mit deinem Hals? Sind das, o Gott, Fingerabdrücke? Alma, hat er dir weh getan?« Wut blitzte in ihren Augen auf, den Unterkiefer entschlossen vorgeschoben, wirkte Wölkchen jetzt wie eine Löwin auf der Jagd.

»Ich erzähle dir alles zu Hause«, sagte Alma mit Blick auf den hinter ihnen liegenden Metzmeierhof. Alois Ritschel war ihr nicht gefolgt, trotzdem würde sie sich wohler fühlen, wenn sie eine größere Distanz zwischen ihn und sich gebracht hatte. Sie nahm eine der beiden Vasen, froh darüber, etwas zum Festhalten zu haben, das sie ihre zittrigen Knie vergessen ließ.

»Die Dinger nehmen wir jetzt mit nach Hause«, sagte Emmi resolut. »Du bist in keiner Verfassung, noch beim Laden vorbeizugehen.«

»Aber ...«, protestierte Alma, doch Wölkchen ließ sich nicht beirren.

»Keine Widerrede, ab mit uns nach Hause, und dort koche ich uns einen schönen heißen Tee.« Unzufrieden schürzte sie die Lippen. »Hätte ich dich bloß nicht mit ihm allein gelassen!«

»Das konntest du doch nicht wissen.« Ihren Protest gegen die Dachkammer und eine heiße Tasse Tee hatte sie aufgegeben, aber dass Emmi sich nun die Schuld gab an dem Ganzen! Nein, Emmi hätte es nicht wissen können, Alma aber, *sie* hätte es wissen können. Nein, hätte es wissen *müssen*. Sie hatte ja bereits vermutet, dass Alois Ritschel zwei Frauen der Libelle auf dem Gewissen hatte, und sie war einfach so mir nichts dir nichts in seine Küche spaziert? Was hatte sie sich nur dabei gedacht! Sie wollte Beweise sammeln, ja, aber doch nicht um jeden Preis. Vor nicht einmal einer Stunde hatte sie mit Emmi Pläne geschmiedet, hatte professionell als private Ermittlerin arbeiten wollen, und nun hatte sie sich wie eine stümperhafte Anfängerin in höchste Gefahr gebracht. War mit der Tür ins Haus gefallen, anstatt sich langsam vorzutasten. Und das Schlimmste: Dieses Mal hatte sie nicht nur ihr eigenes, sondern auch Emmis Leben riskiert.

»Es ist unverzeihlich, was ich getan habe«, flüsterte sie und berührte vorsichtig Emmis Arm. »Ich hätte dich nie und nimmer mitnehmen dürfen.«

»Falsch«, antwortete Emmi. »Du hättest nie und nimmer allein gehen dürfen.«

Almas Lächeln geriet eine Spur zu wehmütig. Sie hatte es versprochen, das wusste sie.

Den Rest des Heimwegs mit der Straßenbahn legten sie schweigend zurück, Alma froh darüber, Emmi einfach nur bei sich zu haben. Nur einmal stöhnte Wölkchen über Heidrun, das Schaf, derentwegen sie nun diese Vasen herumschleppen mussten.

Zu Hause dann brach sie in geschäftiges Treiben aus. Lief hierhin und dorthin, nahm Alma die Vase aus der Hand, probierte diesen Platz und jenen und entschied sich schließlich, beide Schmuckstücke in ihrer kleinen Kammer auf den Boden neben das Bett zu stellen.

»Nimm die Kommode im Flur«, riet Alma.

»Zu wackelig.«

»Die Anrichte neben dem Herd.«

»Da stößt jemand dran.«

Alma gab es auf. »Du wirst drüber stolpern.« Diese Prophezeiung konnte sie sich dann doch nicht verkneifen. »Heute Abend, wenn du ins Bett gehst.«

»Papperlapapp, du kennst mich, die Grazie in Person.« Dann bugsierte Wölkchen Alma, die den Teekessel aufsetzen wollte, in Richtung Sofa. »Nein, nein, mein Täubchen, du setzt dich hier auf unsere Chaiselongue. Leg die Füße hoch, lass sie herunterbaumeln, wie es dir beliebt, nur mir ins Werk pfuschen, das darfst du nicht.«

»Darf ich wenigstens noch auf den Abort?«, fragte Alma amüsiert, die nach dem Schrecken in der Restaurantküche nun beinahe schon wieder lachen konnte.

Emmi wedelte gleichgültig mit der Hand, und als Alma zurückkam, hatte sie das Grammophon eingeschaltet und sang lauthals – und ein bisschen falsch – einen Schlager von Walter Kollo mit.

Zu *Ach Gott, was sind die Männer dumm*, wobei sie das »g« wie Claire Waldoff als »j« aussprach, wirbelte Wölkchen durch die Küche.

»Ein schöner heißer Tee, genauso wie du ihn magst: So stark, dass der Löffel aufrecht drin stehen bleibt«, sagte sie fröhlich, als sie Alma eine Tasse in die Hand drückte. Dann stellte sie das Grammophon leiser, schob einen Stuhl an den Küchenschrank heran und stieg darauf, um ganz oben, ganz hinten im Regal herumzukramen.

»Ein Geheimversteck?«, fragte Alma. »Wir wohnen seit Jahren zusammen, und ich kenne es nicht?«

»Für eine besondere Gelegenheit.« Mit einer Zellophantüte in der Hand hopste Emmi wieder vom Stuhl und lächelte geheimnisvoll, die Arme nun hinter dem Rücken versteckt. »Rechts oder links?«

»Mein rechts oder dein rechts?«

»Ach, ist doch egal, wir essen sie sowieso.« Mit glänzenden Augen zeigte Emmi ihr den Inhalt. »Nougatpralinen. Von ... Schnurz, von wem. Hauptsache, sie schmecken.«

Mit untergeschlagenen Beinen setzte sie sich neben Alma und schob sich andächtig das erste Schokoladenstück in den Mund. »Himmlisch«, nuschelte sie. »Das Beste und immer in gleicher Güte.«

»Du bist eine wandelnde Reklamesäule.« Alma probierte einen kleinen Schluck von ihrem Tee und musste husten. »Du hast nicht übertrieben, der Löffel steht problemlos drin.« Dann griff sie nach der Tüte mit den Pralinen. »Egal von wem?«, hakte sie nach. Jetzt war ihre Neugier geweckt. Für gewöhnlich ließ Emmi sich keine Gelegenheit entgehen, ihr von einer neuen Eroberung zu erzählen. »Für meine Wildkatze«, las sie auf einem kleinen Anhänger in Herzform. »Von ... die sind von Walter!« Sie zog die Augenbrauen zusammen. »Emmi, seit wann liegen die da im Küchenschrank?«

»Mach dir keine Sorgen, die sind noch gut.« Die Art und Weise, wie Wölkchen dabei ihrem Blick auswich, verhieß nichts Gutes. Hatte Alma nicht letzte Woche noch nach dem großen Henkeltopf gesucht und den gesamten Schrank inklusive des obersten Fachs inspiziert? Und hatte Emmi nicht erstaunlich wenig von ihrem Likörabend erzählt? Der Baer, hatte sie gesagt, und der war fürs erste Gläschen sicher auch dabei gewesen.

»Walter war gestern mit von der Partie?« Entgeistert ließ Alma die Pralinen sinken.

Für einen Moment blickte Emmi sie erstaunt an. »Vor dir kann man aber auch gar keine Geheimnisse haben«, schimpfte sie dann. »Meine Blume, das ist ungerecht! Du verschweigst mir eine Entführung, ich habe noch nicht nachgehakt, was dieser Riese dir in der Küche angetan hat, du erzählst mir nichts von dem Streit mit Ludwig, ja, das musste ich auch von Walter erfahren«, fügte sie hinzu, »und schmiere ich es dir aufs Butterbrot? Nein, ich halte schön meinen Mund und warte, bis du es mir von selbst erzählst. Aber mir«, sie streckte theatralisch alle viere von sich, »mir ist es nicht einmal vergönnt, fünf armselige kleine Nougatpralinen vor dir zu verbergen.«

»Gerade eben waren sie noch himmlisch.«

»Wir haben uns nicht geküsst.« Emmi verschränkte die Arme vor der Brust.

Alma legte den Kopf schräg, beobachtete ihre Freundin aufmerksam. »Hat es etwas mit Betty zu tun?«, fragte sie. Sie war Emmi nicht böse, konnte ihr einfach nicht böse sein, aber sie wollte es gern verstehen. Denn Betty war eine sympathische junge Frau, der man nicht das Herz brechen sollte.

»Nein, mit Walter.«

»Trotzkopf.« Dennoch musste Alma lächeln.

Emmi wackelte mit ihren bestrumpften Zehen, bevor sie die Beine erneut unterschlug. »Ich bin Filialleiterin«, sagte sie leise. »Du kennst meine Pläne mit der neuen Wohnung, du weißt, wie hart ich arbeite. Ich habe einfach das Gefühl ...« Sie zuckte die Schultern, ein wenig unsicher, ein wenig traurig. »Ein neuer Lebensabschnitt hat für mich begonnen«, sagte sie. »Ich bin einen Schritt gegangen, einen großen, und ich glaube, ich muss auch in anderen Bereichen diesen Schritt wagen.«

»Du meinst …?«, begann Alma, die jedoch keine Ahnung hatte, was Emmi meinte, um genau zu sein. Heiraten? Etwa Walter? Oder andersherum die Männer für immer aufgeben? Ihr schwirrte der Kopf.

Doch Wölkchen verneinte energisch, dass die Locken nur so flogen. Mit gespitzten Lippen flötete sie über den Rand ihrer Teetasse: »Ich habe mich dazu entschlossen, diese Entscheidung zu vertagen. Und Walter darf einstweilen bei Betty bleiben.«

»Er darf, so, so.« Alma hoffte, er wollte auch. Sie hatte Betty gemocht, hatte den Eindruck, die bodenständige junge Frau tat ihm gut. Andererseits wusste man bei Walter nie, was ihm guttat. Wollte er die Menschen gesund machen oder ihre Leichname untersuchen?

»Willst du nun eigentlich wissen, was ich heute erfahren habe, oder willst du lieber weiterhin skandalös empört sein?«, fragte Emmi. »Denn, weißt du, ich möchte inzwischen doch sehr dringlich wissen, was dieser Widerling Alois Ritschel mit dir angestellt hat.« Vorsichtig strich sie über Almas Hals. »Ich hoffe, du hast ordentlich ausgeteilt?«

»Ich glaube, ich habe ihn erwischt«, bestätigte Alma. »Dort, wo es weh tut.«

Emmi kicherte.

Dann erzählte Alma von ihrer Befragung des Kochs, wie er plötzlich die anderen Köche hinausgeschickt hatte und sie mit ihm allein gewesen war. Wie sie schließlich dem Auftauchen der Hoteliersgattin zu verdanken hatte, dass nichts Schlimmeres passiert war.

»Trinken wir auf die Metzmeier-Schnepfe«, sagte Emmi und hob ihre Tasse. Dann schürzte sie die Lippen. »So muss es am Freitag mit Clara gewesen sein.« Damit sprach sie aus, was auch Alma vermutete. »Sie war nämlich dort, letzte Woche, und hat sich kolossal mit unserem Alois gezankt.«

Alma hob überrascht die Augenbrauen.

»Nun ja, hast du der Königin der Libellen nicht gesagt, dass du mit uns zusammenarbeitest? Ich habe meinen Part übernommen.« Emmi grinste breit, und erst jetzt wurde Alma klar, dass Wölkchen nicht nur Ablenkung gesucht, sondern eine Idee gehabt hatte, wie sie Alma in ihren Nachforschungen unterstützen konnte.

»Miss Watson, das haben Sie ganz fabelhaft angestellt.«

Huldvoll wie eine blonde Theda Bara in ihrer Rolle als Cleopatra nahm Wölkchen das Lob entgegen. »Der Lehrling, ein Adolf übrigens, wie dieser andere, du weißt schon, Adolf also hat die beiden belauscht.« Und dann erzählte sie, was sie ihrerseits erfahren hatte: Clara war am Freitagnachmittag aufgetaucht, es war nicht viel Betrieb gewesen, und während sie die Nachspeisen für den Abend planten, hatte die Garçonne an das hintere Fenster geklopft, das zum Hof hinausführte. Nach einem Wortwechsel, den Adolf nicht verstanden hatte, hatte sein Meister Ritschel sich die Hände an der Schürze abgewischt und war nach draußen gegangen. Adolf hatte sich nichts weiter dabei gedacht, bis er etwa zehn Minuten später den Müll herausgebracht hatte und die beiden in ein hitziges Gespräch vertieft vorfand. Ähnlich wie heute, als er Alma an die Gurgel gegangen war, so war Alois auch am Freitag aufgebracht gewesen und hatte Clara gedroht. Ebenfalls wie am heutigen Tag war der Streit auch am Freitag erst beendet worden, als die Metzmeier aufgekreuzt war.

»Der Engel des Metzmeierhofs.« Emmi kicherte. »Hättest du das gedacht?«

»Wahrscheinlich verhindert sie Verbrechen lieber, weil sie

völlig aus der Bahn geworfen wird, wenn in ihrem Hotel etwas nicht wie am Schnürchen klappt.« Alma musste wieder an den überdrehten Telefonanruf denken. Kopfschüttelnd lachten sie beide. Die Hoteliersgattin war schon eine ganz besondere Marke.

»Clara hat sich aber nicht einschüchtern lassen«, endete Emmi schließlich mit einem bedeutsamen Seitenblick auf Alma. »Sie hat Ritschel gesagt, sie würde weiterfragen, weiterschürfen, so lange, bis sie die Wahrheit wüsste.«

»Die Wahrheit worüber?«

»Das hat Adolf nicht gehört. Aber sie wird die Libelle gemeint haben, nicht wahr? Die Konkurrenz und vielleicht sogar den Mord an Gertrude?«

Und das hatte sie das Leben gekostet. Alma musste vorsichtig vorgehen.

Wölkchen knabberte auf ihrer Unterlippe. »Versprich mir, dass du dich nicht in Gefahr bringst«, sagte sie und beugte sich vor, um noch einmal über Almas Hals zu streichen. »Er ist gefährlich«, flüsterte sie. »Versprich mir, dass du auf dich aufpasst.«

Alma dachte an den Moment in der Küche zurück, als sie sich eine Uniform gewünscht hatte. »Ich werde Ludwig einweihen«, sagte sie. Vielleicht würde er mit dem Kollegen Franck sprechen, so behäbig er manchmal war, Ludwig würde er es auf jeden Fall recht machen wollen.

»Oh, das ist eine erstklassige Idee!« Erleichtert seufzte Emmi auf.

»Darauf einen Likör?« Alma beäugte misstrauisch ihre Teetasse und fragte sich, ob sie noch ein Schlückchen wagen sollte.

»Bloß nicht! Alma, mein Schädelweh hat bis am Nachmittag angehalten. Nie wieder werde ich einen einzigen Schluck Alkohol anrühren«, rief sie feierlich. »Oder jedenfalls zu viele Schlucke«, schränkte sie ihre Aussage dann ein. »Ich werde nur noch gesittet trinken, außer manchmal.«

»Wenn das keine ehrgeizigen Ziele sind.«

»Psst jetzt.« Emmi legte einen Zeigefinger auf die Lippen und deutete auf die Uhr. »Mein Programm beginnt gleich.« Sie sprang vom Sofa auf, nahm die Platte vom Grammophon, die schon längst aufgehört hatte zu spielen, und stellte stattdessen ihr neues Lieblingsspielzeug an, das Radioempfangsgerät. »Sie bringen heute ein Hörspiel über das Grubenunglück vom Februar.« Ein Schauer schien ihr bei diesen Worten über die Arme zu kriechen, und sie rieb über die Gänsehaut. Da es draußen schon dunkel war, zündete Emmi zwei Kerzen an, von der sie eine auf den Küchentisch und eine vor das Sofa auf den Boden stellte. Mit einer wollenen Decke kam sie zurück, die sie sorgsam über Almas Beine legte.

»Hast du Hunger?«, fragte sie, während sie schon nach einem Brettchen, einer Scheibe Brot und Butter griff. Alma, schläfrig von den Aufregungen des Tages – trotz des Tees, der Tote erwecken konnte –, nickte dankbar.

»Und das senden sie im Radio als Unterhaltung?«, fragte sie. »Es sind über hundert Menschen gestorben!« Selbst hier im Süden der Republik hatte die Schlagwetterexplosion, die in der Zeche Minister Stein in Dortmund 136 Bergleute das Leben gekostet hatte, tagelang auf der Titelseite der Zeitungen gestanden. Von Stunde zu Stunde hatte man mehr Tote geborgen, und Alma hatte es das Herz gebrochen, wenn sie an all die Verstorbenen, an all die Hinterbliebenen dachte. Ein schreckliches, ein furchtbares Unglück, die Badische Presse hatte von »erschütternden Einzelheiten« gesprochen.

»Oh, manchmal denken sie sich Katastrophen aus«, sagte

Emmi, die es sich jetzt ebenfalls mit einem Brot neben Alma gemütlich machte. Tee hatte sie nachgeschenkt und biss nun herzhaft in ihre Schnitte. »Es gibt auch dramatische Stücke. Genauso wie im Theater, weißt du? Da stehen sie in Kostümen vor den Aufnahmegeräten. In Berlin haben sie *Wallensteins Lager* gesendet und die Schauspieler im Vox-Haus treppauf, treppab geschickt. Da sollte man meinen, beim Broadcasting hätten sie es einfacher als auf der Bühne.«

»Woher du das wieder weißt.« Lächelnd schüttelte Alma den Kopf und gab sich dann selbst die Antwort: »Von Karl. Natürlich.«

»Dein Bruder ist bestens informiert in allen Belangen technischer Neuerungen. Ich fress einen Besen, wenn deine Mutter nicht vor dem Sommer noch einen Staubsauger ihr Eigen nennen darf.«

»Da kann Walter bei der Reparatur helfen.«

Die Standuhr der Meier, die man bis unters Dach hörte, schlug acht. »Es geht los«, flüsterte Emmi und drehte das Radio auf, in dem gerade die Ansage des Hörspiels begann.

»Eine Explosion von außerordentlichem Charakter«, kündigte der Sprecher an, und Emmi schien schon jetzt den Atem anzuhalten.

Doch nach nur wenigen Minuten hatte das Hörspiel auch Alma in den Bann gezogen. Die Grubenarbeiter, eingeschlossen im Inferno, die Bergungsmannschaften, die verzweifelt, Stunde um Stunde, in ihren Bemühungen nicht nachlassend, die eigenen Kräfte schon schwindend, versuchten, ihre Kollegen – die sie dort »Kumpel« nannten – zu retten. Tränen stiegen Alma in die Augen, und Emmi schluchzte auf, als die Retter endlich den Weg freigemacht hatten und doch nur noch Leichen bergen konnten.

»Wie tragisch«, seufzte Emmi, nachdem der Sprecher das Ende des Hörspiels bekundet hatte. Ihre Stimme klang belegt, und sie schnäuzte sich ausgiebig.

»Es ist ganz anders als ein Film.« Alma war immer noch bewegt. Von der Stimme aus dem Empfangsgerät hatte sie sich tragen lassen, am Schluss sogar mit geschlossenen Augen, und die Geschichte erfahren, als wäre sie selbst dabei gewesen. Bisher hatte sie im Radio nur ein wenig Musik gehört, mit Emmi dazu getanzt, bis die Meier unten im Erdgeschoss mit dem Besenstiel ans Treppengeländer geschlagen hatte. Aber jetzt konnte sie Wölkchens Begeisterung für diese neue Apparatur verstehen.

»Am Sonntag senden sie ein Schiffsunglück. Es soll an den Untergang der Titanic angelehnt sein.«

»Vielleicht versuche ich es beim nächsten Mal mit einem klassischen Drama«, antwortete Alma. »Ich habe genug von Toten im wahren Leben.«

»Sie machen auch lustige Stücke«, sagte Emmi und räumte die Brettchen und Teetassen in die Spüle. »Aber jetzt werde ich mich vom Reich der Phantasie ins Reich der Träume bewegen.« Sie gähnte ausgiebig. »Ich habe etwas Schlaf nachzuholen.«

Alma stand auf, legte die Wolldecke ordentlich zusammen und gab Emmi einen Kuss auf die Wange. »Danke, Wölkchen.« Sie würde schon wissen, wofür. So warm und wohlig wie am heutigen Abend fühlte Alma sich nur mit wenigen Menschen, und eine, die immer genau wusste, was sie brauchte, das war eben Emmi.

Glücklich schlich Alma sich in ihre Kammer, als sie aus Emmis ein lautes Klirren, gefolgt von einem Fluch vernahm. Zumindest eine der Blumenvasen hatte ein zu frühes, aber absehbares Schicksal ereilt.

14

Der Abend mit Emmi hatte Alma nach dem Schrecken im Metzmeierhof gutgetan, doch am nächsten Morgen kam die Unruhe zurück. Ritschel war gefährlich, jedes Zögern konnte schlimme Folgen haben. Deshalb zog sie sich in der Mittagspause kurzerhand ihren Mantel über und hastete zur nahe gelegenen Polizeidirektion.

Das Gebäude in der Sophienstraße war deutlich größer als das alte Amtsgericht in der Otto-von-Vincenti-Straße, in der die Kriminalinspektion noch untergebracht gewesen war, als Alma in ihrem ersten Mordfall ermittelt hatte. Alles wirkte heute professioneller, war effizienter und schneller geworden. Mehr Beamte in weitläufigeren Räumlichkeiten mit immer neueren Techniken. Ob auch die Arbeit der Polizei mit dem Gedeihen moderner Erfindungen überflüssig gemacht werden würde wie die der Telefonistinnen, fragte Alma sich. Der Verkehr nahm zu, Autos, Droschken und Straßenbahnen machten sich gegenseitig den Rang streitig, ganz zu schweigen von Fußgängern und Radfahrern, die man vor Unfällen schützen musste. Die Straßenpolizei hatte alle Hände voll zu tun, und es war noch gar nicht so lange her, dass man angefangen hatte, sie an Kreuzungen auf Podeste zu stellen, von denen sie mit besserem Überblick ihre Zeichen geben konnten. Erst vor wenigen Monaten, im Dezember 1924, hatte man in Berlin die erste Lichtzeichenanlange in Betrieb genommen. Die Schwärmereien ihres Vaters bezüglich dieser Neuerung war Alma noch gut im Gedächtnis geblieben: Am Potsdamer Platz stand jetzt nach amerikanischem Vorbild – wieder die Amerikaner, was würde Fräulein Klinger dazu sagen? – ein über acht Meter hoher Verkehrsturm mit verschiedenfarbigen Lichtsignalen. Hatte man bisher mehrere Polizisten gleichzeitig benötigt, um auf dem Potsdamer Platz den Verkehr zu regeln, so konnte nun ein einziger Beamter die Signale bedienen. Das Fortschreiten der Technologie war unaufhaltsam. Vielleicht, dachte Alma, hatte es neben dem Verlust von Arbeitsplätzen aber auch seine guten Seiten. Die Zahl der Verkehrsunfälle hoffte man so zu senken, und vielleicht verhinderten auch irgendwann Warnsysteme oder Roboter Grubenunglücke im Bergbau. Das Hörspiel hatte sie offenbar doch mehr beeindruckt, als sie geahnt hatte, dachte sie.

So oder so bestand jedoch kaum Gefahr, dass sich Ludwig gemeinsam mit ihr auf Arbeitssuche begeben müsste: Laut der Presse schien das Verbrechen allerorten zuzunehmen – und genau deshalb war sie ja nun auch hier.

Sie lief die drei Stufen zum Eingang hinauf, grüßte einen Beamten im Inneren des Gebäudes und fragte nach der Kriminalpolizei. Nicht, dass sie den Weg nicht genau wusste, aber sie hatte festgestellt, dass misstrauische Polizisten alleinstehende Frauen, die sich etwas zu selbstbewusst auf der Wache bewegten, gern einmal ausführlich zu ihrem Vorhaben befragten.

Nachdem der Beamte ihr den Weg gewiesen hatte, bedankte Alma sich höflich und nahm die große Treppe, die sie zur Kriminalinspektion führte. Unverkennbar war der Geruch nach abgestandenem Kaffee, den der Kollege Franck oft und gern in größeren Mengen aufbrühte und in jedwedem Temperaturzustand mit Vergnügen trank.

»Grüß Gott!« Vorsichtig klopfte Alma an die halb offen stehende Tür des Büros, das Ludwig sich mit den Kollegen Franck und Kopper teilte. Eine Neuerung des Umzugs in die Sophienstraße war, dass Kriminalrat Berchtold sein eigenes Büro erhalten hatte. Diese Tatsache hatte Ludwig immer verwundert, besaß ja selbst die Klinger ihr eigenes Reich. Almas Einwand, dass die Klinger auch die Aufsicht über neun Fräulein führen musste, während Berchtold nicht mehr als drei Untergebene hatte, ließ er nicht gelten.

»Er verdient deutlich mehr an Gehalt«, hatte er gesagt. Das wiederum konnte Alma nicht gelten lassen. »Der Beamte Engelhorn verdient deutlich mehr an Gehalt als Fräulein Klinger«, schnaubte sie. »Findest du das gerecht?«

Bevor Alma sich in Rage reden konnte, hatte Ludwig dann doch klein beigegeben.

»Herr Franck«, sagte Alma betont fröhlich, als sie den Kollegen allein im Büro vorfand. Sie hatte gehofft, mit Ludwig sprechen zu können, natürlich hatte sie das gehofft, aber er schien unterwegs zu sein. Die Möbel immer noch alt, die Akten verstaubt, hatte sich im Inneren der Kriminalpolizei jedoch kaum etwas verändert. Franck stand in einem braunen Anzug mit dem Rücken zu ihr und betrachtete eine Kohlezeichnung, die jemand offensichtlich nicht zu seiner vollsten Zufriedenheit an der Wand neben dem Aktenregal angebracht hatte.

»Fräulein ... Fräulein Täuber, sehen Sie das auch?«, fragte er, als er sich umgedreht hatte.

Erfreut darüber, dass er sich an ihren Namen erinnert hatte, betrat Alma das Büro. Obwohl sie Emil Franck schon seit einigen Jahren kannte, wusste man bei ihm nie so genau, wie gut sein Gedächtnis in dieser Hinsicht funktionierte, zu umständlich war er oft bei der Sache. »Herr Franck, Sie sind genau die

Person, mit der ich sprechen möchte«, begann sie beherzt im festen Vorhaben, das Beste aus der Situation zu machen.

»Tatsächlich?« Er runzelte die Stirn. »Es hängt schief, nicht wahr?« Sein Blick streifte erneut die Zeichnung. »Schief gehört sich nicht.«

»Es geht um den Metzmeierhof. Ich glaube, Sie bearbeiten den Fall«, fuhr Alma fort.

»In der Tat, in der Tat.« Endlich riss er sich von seinem Bild los und bot ihr mit einem unsicheren Lächeln auf den Lippen an, Platz zu nehmen. Nur vor einem der Schreibtische gab es einen weiteren Stuhl für Besucher, mit einem wackligen Bein, doch Alma versuchte ihr Glück. Und ihr Glück musste sie auch bei Emil Franck versuchen. Sie hatte gehofft, Ludwig alles zu erzählen und ihm die Aufgabe zu überlassen, seinen Kollegen zu informieren. Verstohlen blickte sie auf ihre Armbanduhr. Nein, es blieb nicht genug Zeit, sie musste mit Franck höchstpersönlich vorliebnehmen.

»Möglicherweise hat der Hausmeister eine Wasserwaage.«

»Wie bitte?« Franck, dessen Allerwertester nahezu die Stuhlfläche berührte, hielt in der Bewegung inne.

»Damit können Sie es gerade ausrichten, das Bild.«

Franck nickte nachdenklich, während er sich nun endgültig auf seinem Stuhl platzierte.

»Wissen Sie, wann Ludwig zurückkommt?«, fragte sie dann doch. Ihm alles zu erzählen, würde ihr so viel leichter fallen! Er würde wissen, was zu tun war, und er würde schnell handeln.

Doch Franck schüttelte den Kopf, spitzte sodann mit einer Sorgfalt, die Alma nur von Menschen kannte, die am gleichen Tag keinen einzigen Termin mehr hatten, einen Bleistift und blickte sie dann auffordernd an. »Was kann ich denn für Sie tun, Fräulein, äh, Täuber?«

Alma nestelte an ihren Handschuhen. »Es gibt einen Koch im Metzmeierhof«, begann sie schließlich, »der womöglich etwas mit den dortigen Diebstählen zu tun hat.«

»Diebstählen?« Francks Augenbrauen schossen in die Höhe. War es die Angst vor der zusätzlichen Arbeit, die weitere Diebstähle ihm bereiten würden, die ihn hatte hellhörig werden lassen?

»Es gibt ein System«, fuhr sie fort. Mit jedem Satz, den sie berichtete – wobei sie die Libelle außen vor ließ, Ludwig würde schon wissen, woher ihre Informationen über den Koch Alois Ritschel stammten –, wurde sie sicherer und bestimmter. Vom Diebstahl im Metzmeierhof an Tanja Rubzowa über weitere Delikte im Hotel, die Frau Metzmeier höchstpersönlich zu schaffen machten, erzählte sie auch von ihrem begründeten Verdacht, dass Ritschel mit dem Mord an der Frau bei den Schlossstaffeln zu tun hatte.

Franck nickte, spitzte, nickte, spitzte. Als sie geendet hatte, runzelte er seine Stirn.

»Fräulein Täuber, ich weiß nicht, wie Sie überhaupt auf die Idee gekommen sind, mit Alois Ritschel zu sprechen«, sagte er und hielt, bevor sie antworten konnte, eine fleischige Hand in die Höhe. »Und ich will es auch gar nicht wissen«, fuhr er fort. »Das sind schwere Anschuldigungen, die Sie hier vorbringen.« Er sah sie aufmerksam an. »Aber wenn Herr Ritschel Sie indirekt mit dem Tod bedroht hat, schweben Sie möglicherweise wirklich in Gefahr.«

»Werden Sie Ludwig Bescheid geben, dass ich bei Ihnen war?«, fragte Alma mit Blick auf die Uhr. »Ich kann nicht länger warten und ...«

»Machen Sie sich keine Sorgen. Der Mann hat Vorstrafen, wir werden ihn schon ein wenig hierbehalten können.« Seine etwas zu kurz geratenen Gliedmaßen nacheinander auseinanderfaltend, die wurstigen Finger zum Abstützen flach auf den Schreibtisch gelegt, erhob sich Emil Franck. Er begleitete sie bis auf den Flur, eine Umsichtigkeit, die Alma bisher noch nicht von ihm kannte, und versicherte ihr, nicht nur Ludwig zu informieren, sondern gleich selbst höchstpersönlich zum Metzmeierhof zu fahren, um Alois Ritschel vorläufig festzunehmen.

»Danke«, sagte Alma und meinte es aufrichtig so. Der Rest des Tages würde ihr leichter fallen, wenn sie wusste, dass der Koch in Gewahrsam war.

Doch ganz so sorglos, wie sie sich gern gegeben hätte, wirkte sie offensichtlich nicht.

Unauffällig, so dass die anderen Fräulein es nicht mitbekamen, stupste Friederike sie am Ellenbogen an. »Ist alles in Ordnung?«, fragte sie, und ihre Sorge klang echt.

»Die Polizei nimmt heute jemanden fest«, flüsterte Alma zurück. »Es kann sein, dass er derjenige ist, der …« Sie brauchte ihren Satz nicht zu vollenden, Friederike verstand auch so. Sie wurde blass, dann rot.

»Bist du sicher?«, fragte sie unruhig. »Hier Amt, was beliebt?«, flötete sie anschließend ins Mikrophon, was Alma die benötigte Zeit gab, um eine Antwort zu formulieren.

»Man soll den Tag nicht vor dem Abend loben«, zitierte sie vorsichtig eines von Großmamans Sprichwörtern. »Aber ich denke ja.«

»Danke, Alma. Danke!« Der Druck, mit dem Friederike ihren Arm umfasste, war beinahe schmerzhaft.

Alma hoffte, dass sie sich nicht irrte.

»Was flüstert ihr denn da?«, fragte Ida neugierig. »Ooooh, hast du schon ein Kleid für die Hochzeit?«

»Blauer Chiffon«, murmelte Alma geistesabwesend.

»Marianne hat gesagt, du warst neulich mit ihr bei der Anprobe?«

»Bringt das nicht Unglück?«, fragte Erna.

»Ich glaube, das gilt nur für den Bräutigam.« Kopfschüttelnd blickte Alma ihre Kolleginnen an. »Und du, Ida?«

»Ich muss noch den Rocksaum zu fassen bekommen.« Unzufrieden blickte Ida auf ihre Hände. »Es ist wie verhext. Ein geraffter Saum, so wie sie ihn neulich im Schaufenster bei Knopf ausgestellt hatten, aber die Nadel will einfach nicht, wie ich will.«

»Das kennst du doch schon von den Männern«, flachste Minna.

»Mach dir nichts draus, die Physikerin Lise Meitner hatte auch nur ein Genügend in Handarbeiten«, sagte Alma. Das hatte sie von Emmi, die neulich aus lauter Langeweile eine der Zeitungen von Almas Vater gelesen und es nicht bereut hatte – seitdem diente Lise als Rechtfertigung, weshalb wieder einmal Alma ihre Socken stopfen musste.

Ida keuchte hörbar. »Physik?«, fragte sie entsetzt. Dann reckte sie das Kinn. »Da bleib ich doch lieber bei der Post!«

Das darauffolgende Gekicher der Fräulein wurde natürlich auch von der Aufsicht bemerkt, die der Gesprächsrunde mit einem lauten »Fräulein Engler!« ein jähes Ende bereitete.

Den Rest ihrer Schicht über arbeitete Alma aufmerksam, zuvorkommend und konzentriert, trotz der beginnenden Kopfschmerzen, die von der Anspannung in ihren Schultern langsam über den Nacken nach oben zogen. Sie war froh, als sie am Abend das schwere Mikrophon endlich ablegen konnte.

Die frische Luft weckte ihre Lebensgeister, und als auf der Sophienstraße aus dem kleinen Saal im Hotel de Hollande die ersten Klänge eines schnellen Foxtrotts auf das Trottoir zu ihr herüberdrangen, beschloss sie kurzerhand, einen Umweg zu nehmen und Emmi im Blumenladen abzuholen. Sie beide konnten heute einen unbeschwerten Abend gebrauchen.

»Alma!«, rief Emmi gleich erfreut, als sie wenig später durch die klingelnde Ladentür trat. Wie üblich war die Luft kühl und feucht von den Pflanzen.

»Weshalb gehen die Kurgäste eigentlich in teure Sanatorien? Die Arbeit bei dir heilt sicher alle Lungenkrankheiten«, sagte Alma lachend.

»Ich versuche mich gerade im Heilen von Vasen.« Sie deutete auf die beiden Gefäße, die sie im Metzmeierhof abgeholt hatten und die jetzt auf der Theke standen. Das zu Bruch gegangene hatte Emmi mit bunten Farbklecksen verziert, und Alma musterte skeptisch die Rettungsversuche. »Glaubst du, das gefällt deinen Kunden?«

»Wenn jemand sich beschwert, gebe ich mich empört. Der letzte Schrei aus Paris und Berlin, ich nenne es ›vase déco‹.«

»Eine gute Idee. Und apropos gute Ideen: Was hältst du davon, wenn ich dich auf einen Drink und etwas Dancing ausführe?«

»Keine gute Idee.« Emmi stellte einen Strauß gelber Tulpen in ihre bunten Vasengebilde und zupfte die Blätter zurecht. »Wir müssen unser Geld für die neue Wohnung sparen.«

Enttäuscht nickte Alma.

»Aber ich habe eine andere Idee. Wir lassen uns von einem oder zwei netten Herren aushalten.« Sie grinste. »Walter hat uns eingeladen, ihn und Betty heute ins Tanzcafé Riegel zu begleiten.«

Walter schon wieder. Diesmal mit Betty, Alma wurde weder aus ihrem Cousin noch aus Emmi schlau. Aber wenn die beiden sich auf diese Weise arrangierten, sollte es ihr recht sein.

Die Luft im Tanzcafé war nicht weniger feucht als die in Emmis Floristik. Die Hitze jedoch, die war unvergleichlich.

Alma trug ein modisches Stirnband über ihrem Bob, von dem Wölkchen behauptete, dass es »schnieke« aussah.

»So sagt man jetzt, Alma, in Berlin.«

»Da sagen sie ja auch Schrippe zum Weckle«, murmelte Alma. Aber ob schnieke oder nicht, sie mochte das extravagante Accessoire, waren ihr Emmis bevorzugte Frisur, die Wasserwellen, doch zu aufwendig.

»Da vorn ist Walter!« Aufgeregt zog Wölkchen sie durch die hüpfenden Bewegungssüchtigen, die sich trotz der recht frühen Uhrzeit schon auf der Tanzfläche tummelten. Im schummrigen Licht konnte man frische und nicht mehr ganz so frische Paare beobachten, die noch einen anständigen Abstand voneinander hielten. Alma musste grinsen, als sie daran dachte, was Großmaman sagen würde, wenn sie zu später Stunde hier oder gar ins Ozelot hereinschneien würde.

»Alma! Emmi!« Mit roten Wangen stand plötzlich Betty vor ihnen, der gerade Schnitt ihres paillettenbesetzten Kleides schaffte es nicht, ihre Rundungen auch nur annähernd zu verbergen. Sie trug zwei Gläser in der Hand, von denen sie eines kurzerhand Wölkchen in die Hand drückte.

»Prost, Kinder! Walter kann sich selbst Nachschub holen«, sagte sie zu Emmis Freude. Die beiden Frauen würden noch beste Freundinnen werden.

Oder sich gegenseitig an die Gurgel gehen, dachte Alma zwei Minuten später, als Walter Betty einen derart langen Kuss auf den Mund drückte, dass es selbst im Riegel beinahe obszön wirkte.

»Cousinchen!« In einer fließenden Bewegung deutete er vor ihr und Emmi eine kleine Verbeugung an, bevor er merkte, dass sowohl er selbst als auch Alma auf dem Trockenen saßen. »Das macht gar nichts, wir haben kurz nach dem Ersten und noch viel Zeit bis zu unserem Knock-out«, sagte er grinsend, nur um kurz darauf mit zwei randvollen Gläsern zurückzukehren. Er hatte sich an Almas Lieblingsdrink, den Pink Gin, erinnert, und selbst einen Martini gewählt.

»Was machen eure Ermittlungen?«, fragte er dann freudestrahlend, nachdem sie sich zusammen an einen Ecktisch gequetscht hatten, an dem sie so skandalös eng zusammensitzen mussten, dass Walter regelrecht eingequetscht war zwischen Betty und Emmi. Was ihn nicht zu stören schien. Er nahm Bettys Hand, und Emmis Blick verriet, dass seine Knie ihre berührten.

Wölkchen versuchte sich trotz der Tatsache, dass Walter mit ihr unter dem Tisch zu kommunizieren gedachte, an einer Art Nonchalance, die sie, wie Alma fand, überzeugend hinbekam.

Betty, die Almas Hinauszögern einer Antwort falsch interpretierte, beugte sich eifrig nach vorn. »Walter hat mir alles erzählt, du brauchst dir um mich keine Sorgen zu machen«, sagte sie.

»Drei Vertraute, vielleicht vier.« Missbilligend rutschte Emmi auf ihrem Stuhl zur Seite.

»Ich ...« Alma wusste nicht, wo sie ansetzen sollte. Schon wieder war sie in Gefahr gewesen, diesmal sogar, obwohl sie Emmi mitgenommen, obwohl sie nie damit gerechnet hätte. Aber was würde Walter sagen?

»Wir glauben, es geht um Diebstähle«, mischte sich Emmi

ein. »Im Metzmeierhof klauen sie wie die Raben, und Alma vermutet, es war der Koch.«

Verwirrt blinzelnd lehnte Walter sich zurück, wobei er seinen rechten Arm ausstreckte und ihn um Bettys Schulter legte, die nun entsetzt ausrief: »Aber deshalb bringt man doch niemanden um!«

»Wenn du wüsstest, wofür manche Menschen andere umbringen.« Bemüht gleichgültig zuckte Emmi die Achseln.

»Da hat sie recht.« Walter nickte. »In der Rechtsmedizin haben wir ...« Er fing Almas Blick auf und hielt inne. Auch wenn Betty in einer Klinik arbeitete und sicher nicht zum ersten Mal mit dem Tod in Berührung kam, die Art und Weise, wie Leichenärzte auf das menschliche Schicksal blickten, hatte etwas Abgebrühtes, was er der jungen Liebe wohl doch noch nicht zumuten wollte.

»Ich frage mich immer noch, was das Kreuz und die Krone zu bedeuten haben«, sagte Alma nachdenklich. Sie erklärte, was sie und Friederike in Gertrudes Handtasche gefunden hatten. Das Rilke-Gedicht ließ sie beiseite, die Libelle tat hier nichts zur Sache.

»Jemand hat ein Eisernes Kreuz gestohlen?«, fragte Betty.

Alma blinzelte, und Emmi blieb der Mund offen stehen.

»Was hast du gesagt?«, hakte Walter nach.

Aufgeregt beugte auch Alma sich vor. »Ein Eisernes Kreuz?«, fragte sie. »Du meinst den militärischen Orden?« Daran hatte sie niemals gedacht! Nicht nur stand das Eiserne Kreuz für den Krieg, den sie doch lieber vergessen wollte, auch war der Zusammenhang zwischen einer Wäscherin, einem Rilke-Gedicht und einer Kriegsauszeichnung so aus aller Welt, dass sie diese Verbindung zu keiner Zeit gezogen hätte.

»Es ist ein Kreuz, hinten mit so einer Krone darauf eingraviert. Ich dachte nur … War das dumm?«, fragte Betty und blickte verunsichert zu Walter.

»Potzblitz, Betty, das könnte die Lösung sein!« Begeistert schüttelte er den Kopf. »Das ist nicht dumm, das ist genial!«

Nur aus den Augenwinkeln registrierte Alma, wie Emmi den Mund verzog, zu sehr war sie nun auf den Fall konzentriert. Die flotte Musik der Kapelle, die in diesem Moment einmal mehr das Tempo anzog, rückte in den Hintergrund, verblasste zu einem Rauschen. Alma war ganz und gar auf ihre Überlegungen fixiert. »Ein Kreuz mit einer Krone«, murmelte sie.

»Mein Vater hat eines«, sagte Betty und strich sich eine ihrer dunklen Strähnen hinters Ohr. »Er hat es mir oft genug gezeigt, daher …« Verlegen zuckte sie mit den Schultern.

»Hat Gertrude unwissentlich eine Kriegsauszeichnung gestohlen?«, überlegte Alma. »Aber weshalb hat sie es aufgeschrieben?«

»Und der Kriegsheld hat sich an ihr gerächt, indem er sie in die Waschtrommel gesperrt hat?«, fragte Walter.

Emmi zog die Nase kraus. »Nicht sehr heldenhaft.«

»Wer weiß, vielleicht …« Alma schüttelte den Kopf. »Vielleicht war er es ja gar nicht selbst. Vielleicht …« Unruhig brach sie ab. Nun hatte sie ein zusätzliches Puzzleteil, eines von dem sie sicher war, dass es passte, aber weiter kam sie damit dennoch nicht. Weshalb hatte Gertrude die beiden Worte aufgeschrieben, welche Bedeutung hatten sie für das Mädchen gehabt?

»Vielleicht war es ja jemand anderes«, nahm sie ihren Faden wieder auf. »Jemand, der das Eiserne Kreuz ebenfalls stehlen wollte.« Wie viel mochte so etwas wert sein? Mehr als die Rubine der Rubzowa? Bestimmt nicht, oder doch? Wenn Alois Ritschel davon erfahren hatte, dass Gertrude für die Libelle diesen Orden gestohlen hatte, wäre das Grund genug, die Auszeichnung an sich zu reißen, koste es, was es wolle?

»Ich kann mir vorstellen, dass solch eine Auszeichnung einige Türen öffnen kann«, sagte Walter.

»So einer hat sicher Schlag bei den Frauen. Ich kannte mal einen mit einer Tapferkeitsmedaille, der kam aus Bayern.« Die Art und Weise, wie Emmi sich auf ihrem Stuhl zur Seite drehte und die Beine übereinanderschlug, ließ gleich mehrere Köpfe in ihre Richtung drehen.

»Ich weiß nicht, ob Schlag bei den Frauen ein Grund ist, jemanden zu ermorden.« So hochnäsig gerierte sich Walter selten.

»Diebstahl noch viel weniger«, gab Emmi gelangweilt zurück, mit dem Blick schon längst wieder an der nahe gelegenen Theke, an der gerade ein langer Blonder einen Drink bestellte.

»Hoppla!« In einer fließenden Bewegung wischte Wölkchen ihr Zigarettenetui vom Tisch, und wie erwartet, legte der Blonde beinahe einen Hechtsprung hin, um es ihr aufzuheben.

Walter rollte mit den Augen, als Emmi wimpernklimpernd und kichernd aufstand und sich von ihrem Galan zur Tanzfläche führen ließ.

»Jetzt geht sie tanzen?«, fragte Walter entrüstet. »Was ist aus allen Kriminalsachen, Straf- und Zivilprozessen geworden?«

Alma zuckte mit den Schultern. »Du musst zugeben, wir befinden uns in einer Tanzdiele.«

»Genau! Und so viel Spaß es mir auch macht, mit euch Rätsel zu raten«, warf Betty mit leuchtenden Augen ein. »Du hattest mir einen Shimmy versprochen, Walter. Lass uns die Gebeine schütteln!«

Mit zweifelndem Blick in Almas Richtung stand ihr Cousin auf.

»Nun geh schon«, scheuchte Alma ihn und lachte. Sie hatten noch Zeit genug, um über das Eiserne Kreuz zu grübeln.

»Wird dir auch nicht langweilig allein?«, fragte Betty besorgt, doch wieder schüttelte Alma nur den Kopf.

»Mein Cousinchen wird sicher nicht lang allein bleiben und Trübsal blasen«, bemerkte Walter, bevor er seine Krankenschwester mit sich ins Getümmel zog.

Er sollte recht behalten: Zunächst forderte ein kleiner Dunkelhaariger mit enger Weste sie zu einem Shimmy auf, und bevor sie es sich versah, wartete schon ein schlaksiger Rothaariger, der sie zu einem Tango übers Parkett schob. Beide waren keine armseligen Tänzer, auch wenn Alma zugeben musste, dass sie Ludwigs Sicherheit beim Führen, seine Ruhe in den Drehungen und Wendungen vermisste, den festen Griff um ihre Taille, der sie immer wieder zu sich heranzog.

»Entschuldigung!« Ganz in Gedanken versunken war sie dem Rothaarigen auf die Zehen getreten. Er nahm es gelassen, doch nach dem nächsten Shimmy brauchte Alma erst einmal eine Pause. Zu wild war das Gewackel, zu ausgelassen die Musik, und ihre müden Muskeln mussten sich erholen.

»Hätte ich doch mal mehr trainiert«, raunte sie Emmi zu, die mit einer Limonade neben sie trat. Wölkchen betätigte sich immer noch regelmäßig mit ihren Hanteln, auch wenn sie an dieser Art der sportlichen Ertüchtigung in letzter Zeit häufiger die Lust verlor als noch zu Beginn.

Emmi zwinkerte ihr zu. »Dein Talent liegt eher im Boxkampf als in der Gymnastik.«

Automatisch fasste Alma an ihren Hals.

»O Gott, entschuldige, Täubchen, so habe ich das nicht gemeint.« Erschrocken stellte Emmi ihre Limonade ab. »Ich wollte nur einen Scherz machen und hab mal wieder nicht nachgedacht.« Sie war so geknickt, dass Alma nach ihrer Limonade greifen und ohne Protest daraus trinken konnte.

»Vielleicht sollte ich mir Unterstützung suchen«, überlegte Alma. »Meinst du, Max Schmeling sucht noch einen Nebenverdienst?«

Jetzt grinste Emmi. »Wie wäre es mit einem Hilfsmittel an deiner Seite? Wenn du dich etwas gerade hinstellst, gehst du als Helene Mayer durch!« In die Fechterin, die im letzten Jahr bei den Olympischen Spielen die Silbermedaille gewonnen hatte, setzte man große Hoffnungen, das wusste Alma.

»Und wo trage ich meinen Degen mit mir spazieren?«

»Ein Florett, mein Täubchen, kein Degen! Einen Degen dürfen wir Frauen nicht handhaben.«

»Meine Unkenntnis über das Fechten beiseite: Es ist doch immer wieder das Gleiche.«

»Tanzen ist ohnehin der vorteilhaftere Sport – wir Frauen geben da bei weitem eine bessere Figur ab als die Männer.« Prüfend ließ Emmi einen Blick durch den Raum schweifen.

»Meine Füße bringen mich um!« Außer Atem lehnte Betty sich neben sie an die Theke.

»Aber wir sind doch gerade erst warm geworden.« Mit einem breiten Grinsen gesellte Walter sich zu ihnen. »Schau dir mal die an!« Er deutete auf ein Paar, das sich mit ausladenden Bewegungen zwischen Komik und Eleganz schüttelte, die Oberkörper rhythmisch vor- und zurückbog. Auf Zehenspitzen führten die beiden jetzt weit ausholende Schritte nach vorn aus, wobei ihre Körper gewaltig in Schieflage gerieten.

»Keinen einzigen Schritt kann ich mehr tun, keinen einzigen Hüpfer«, sagte Betty nachdrücklich. »Den ganzen Tag war ich auf den Beinen, während der feine Herr Doktor sich hinter seinem Schreibtisch ausgeruht hat.« Spitzbübisch blickte sie

Walter an, der entrüstet von seiner Arbeit erzählte, bei der er als unterster Arzt in der Rangordnung im Grunde nur von einem Ort zum anderen gescheucht wurde.

»Nicht besser als ein Fußabtreter sozusagen«, zog Alma ihn auf.

»Wie wär's, wenn du mit Emmi tanzt? Ihr Galan ist ähnlich erschöpft wie ich«, schlug Betty vor und nickte in Richtung des Blonden, der verschwitzt am anderen Ende der Theke stand und mit zitternden Fingern versuchte, sich eine Zigarette anzuzünden.

»Aber nein, ihr zwei seid heute doch gemeinsam da.« Wölkchen zierte sich ein wenig, bevor sie Walter auf die Tanzfläche zog. Das wiederum wirkte Wunder auf die Kondition des Blonden, der urplötzlich wieder zu Atem gefunden hatte, die Zigarette wegschnippte und sich seinen Weg zu Wölkchen bahnte. Schließlich ließ auch Betty sich erweichen und zu einem Tango überreden.

Nur Alma hatte genug. Mit einem entschuldigenden Lächeln in Richtung des Blonden tippte sie Emmi auf die Schulter, um sich von ihr zu verabschieden. Die löste sich sogleich von ihrem Verehrer und rief über ein Trompetensolo hinweg: »Ich komme mit!«

»Das ist doch überhaupt nicht notwendig, um diese Uhrzeit fährt ja sogar noch eine Straßenbahn«, sagte Alma. »Aber du lässt dich später nach Hause begleiten, hörst du?«

Emmi nickte brav. »Ist es sicher nicht mehr gefährlich?«, fragte sie dann.

Alma schüttelte den Kopf. »Keine Sorge, Alois Ritschel ist längst in Polizeigewahrsam.«

Müde stieg Alma aus der letzten Straßenbahn, es war ein langer Abend gewesen und ein noch längerer Tag, dachte sie und gähnte herzhaft. Den Schlüssel in der Hand stieg sie die Treppen hinauf, sie getraute sich nicht, das Licht einzuschalten, forderte das um diese Uhrzeit doch nur einen Besuch ihrer Wirtin am nächsten Morgen heraus.

Leise, um die knarzenden Stufen nicht zu beanspruchen, schlich sie nach oben, am ersten Stock mit der neuen Mieterin vorbei, deren Schreibmaschine die Witwe Meier so sehr aufregte. Im Dachgeschoss blieb sie auf dem letzten Treppenabsatz stehen. Mit einem Schlag war jegliche Müdigkeit verschwunden, das Herz klopfte ihr bis zum Hals und sie verfluchte sich, nicht doch Licht gemacht zu haben: Die Tür stand offen. Angelehnt, so dass man es mit einem flüchtigen Blick nicht erkennen konnte, doch Alma war sich absolut sicher, dass sie die Tür am Morgen hinter sich zugezogen und abgeschlossen hatte. Da, ein Geräusch!

Mit angehaltenem Atem presste sie sich an die Wand, suchte nach etwas, das sie als Waffe nutzen konnte, und klemmte sich schließlich den Schlüssel so zwischen die Finger, dass sie damit zustechen konnte. Ruckartig stieß sie die Wohnungstür auf, spähte in den Flur – doch bevor sie sich orientieren, bevor sie irgendetwas erkennen konnte, wurde sie von einer dunklen Gestalt zur Seite geschleudert. Sie fiel, schrie laut auf und trat blindlings nach dem Einbrecher. Ein Schlag traf sie am Kopf, einer in die Nieren. Wie ein Blitz fuhr der Schmerz mitten durch ihren Körper. Jetzt konnte sie nur noch keuchen, verlor die Orientierung, blinzelte und holte mit der Faust aus.

Ein Stöhnen, ein weiteres Geräusch im Treppenhaus – waren sie etwa zu zweit?

»Hil-«, japste Alma, erstickte Sekundenbruchteile später aber an ihrem eigenen Schrei, als ihr der Einbrecher mit Macht die Faust in den Magen rammte. Schnelle Schritte auf der Treppe, als er floh.

Alma drehte sich nach Atem ringend auf den Bauch, krümmte sich, hievte sich auf alle viere und versuchte aufzustehen. Erneute Schritte, sie ließ sich wieder fallen, stieß an etwas, ein Fluch, dann: »Alma!«.

Licht. Plötzlich flackerte eine Kerze auf, Sterne tanzten vor ihren Augen, der Schmerz in ihrer Seite war grausam. Und dann Ludwig, der sich über sie beugte, ihr über die Wange strich, ihr langsam beim Aufsetzen half.

»Er ist weg«, sagte er. »Ich muss ihn vertrieben haben.«

Das Geräusch im Flur, das musste Ludwig gewesen sein.

»Woher wusstest du …«, fragte Alma. Sie hielt den Rücken an die Wand gepresst, hatte immer noch Schwierigkeiten zu atmen, hielt sich den Bauch, tastete dann vorsichtig nach und nach die schmerzenden Stellen an ihrem Körper ab. Es waren zu viele.

»Ich wusste es nicht.« Ludwig saß nun neben ihr, zog sie zu sich heran, umarmte sie, strich ihr über den Kopf, schob eine Haarsträhne beiseite, küsste ihre Wange. »Gott, Alma, wenn ich nicht rechtzeitig gekommen wäre!«

Sie antwortete nicht, dass sie schon mit anderen brenzligen Situationen zurechtgekommen war, dass sie sich schon gegen Männer gewehrt hatte, die ihr Übles wollten. Dafür hatte sie weder die Kraft noch den Atem. Stattdessen ließ sie sich fallen, in seine Arme, genoss die Sicherheit, die seine Anwesenheit ihr gab, seine Ruhe. Und so saßen sie eine ganze Weile einfach nur da, bis ihr Atem und ihr Puls ruhiger wurden.

»Wie geht es dir?«, fragte Ludwig leise. »Wie groß sind die Schmerzen?«

»Nichts, was ein Aspirin nicht in Ordnung bringen würde.«

»Bist du sicher? Ich bringe dir eins. Und du solltest dich ins Bett legen.«

»Oh, là, là, Herr Kommissar«, scherzte Alma, auch wenn ihr eigentlich gar nicht danach zumute war. Er schien es zu spüren, ihr Bedürfnis nach Leichtigkeit und ihre Unsicherheit, denn er zog sie sanft auf die Beine, küsste sie auf den Hals und murmelte: »So leicht bist du nicht zu haben, eine Tablette und ein Glas Wasser. Da werde ich mich etwas mehr anstrengen müssen. Hier, setz dich, ich koch dir einen Tee.«

Er schob sie zum Sofa und hantierte anschließend, nachdem er ihr das ersehnte Aspirin gebracht hatte, in der Küche herum.

»Du gute Güte, wie sieht es denn hier aus?«, stöhnte Alma. Hatte sie die Unordnung vorher schon registriert, bemerkte sie jetzt erst das ganze Ausmaß an Zerstörung. Sämtliche Türen des Küchenschranks waren aufgerissen, der Inhalt im Raum verteilt, Almas Lieblingstasse lag zersprungen neben dem Tischbein. Emmis Grammophonplatten lagen wild durcheinander auf dem Boden, einzelne waren beschädigt, eingedrückt oder gar durchgebrochen. Die Türen der Kammern standen offen, ihre gesamte Wäsche lag im Raum verteilt.

»Ein Einbrecher? Aber was hat er hier gesucht? Geld ist hier nicht zu holen.« Mühsam wollte sie aufstehen, doch sofort war Ludwig bei ihr.

»Alma.«

»Das kann doch nicht so bleiben«, wehrte sie ab. Trotz der Schmerzen im Knie, die sie bisher nicht bemerkt hatte und die wohl daher rührten, dass sie hingefallen war, als der Einbrecher sie gestoßen hatte, begann sie, wenigstens die Grammophonplatten aufzuklauben. Ludwig schüttelte den Kopf über so viel

Unvernunft und machte sich dann daran, die Scherben der Teller und Tassen, die zu Bruch gegangen waren, aufzufegen.

Alma zog die Augenbrauen zusammen. »Das müsste die Meier doch gehört haben.« Besorgt knabberte sie auf ihrer Unterlippe. »Glaubst du ... meinst du, er hat ihr etwas angetan?«

Er runzelte die Stirn.

»Wenn sie ihn gestört hat, so wie ich, als ich heimgekommen bin, vielleicht hat er sie ebenfalls angegriffen, vielleicht sogar ... Ludwig, du musst nachschauen!«

Alarmiert sah er sie an. »Du meinst, bei der Meier ... nachschauen?«

Alma nickte.

»Um diese Uhrzeit?«

»Es könnte um Leben und Tod gehen«, flehte sie.

Er atmete hörbar ein, straffte seine Weste. »Alma«, sagte er dann ernst. »Das ist die größte Torheit, die ich je begangen habe. Mich absichtlich in die Höhle des Löwen zu begeben, in die der Bärin, die gerade Winterschlaf hält. Wenn ich dich nicht so lieben würde ...« Kopfschüttelnd verließ er die Wohnung, um todesmutig die Stufen ins Erdgeschoss hinunterzugehen.

Alma sah ihm nach, und urplötzlich musste sie so laut kichern, dass sie sich den Handballen vor den Mund hielt. Doch die Albernheit verließ sie so schnell wieder, wie sie gekommen war. »Wenn ich dich nicht so lieben würde ...«

Was für ein Auf und Ab an Gefühlen! So musste sich eine Fahrt mit der Gebirgsbahn im Luna-Park anfühlen.

Alma hob eine Bluse auf, die auf der Türschwelle zu ihrer Kammer lag. Ihre Hände zitterten. Kein Wunder, dachte sie bei sich selbst, als sie versuchte, sie ruhig zu halten. Ein- und ausatmen, beschwor sie sich, ganz ruhig. Eine Bluse, ein Mieder, ein paar Strümpfe. Zusammenlegen, falten, in die Kommode.

Die Schublade hakte, sie war aus der Schiene gesprungen, das konnte Alma heute Nacht nicht mehr richten.

Seufzend legte sie die Bluse obenauf. Und hielt inne. Im obersten Fach der Kommode hatte sie Gertrudes Handtasche aufbewahrt. Die Zettel mit den Gedichten, mit den rätselhaften Worten Kreuz und Krone.

Die Handtasche fehlte.

Hektisch suchte Alma nach ihren Kleidungsstücken. Zählte sie einmal, zweimal, ging in Gedanken all ihre Habseligkeiten durch, suchte auch in Emmis Kammer nach Röcken, Blusen und Unterkleidern, kramte im Küchenschrank nach dem Einmachglas mit dem Notgroschen. Nein, es fehlte nichts.

Nichts, bis auf Gertrudes Handtasche.

Nachdenklich, eine Scherbe in der Hand, die vor dem Sofa gelegen hatte, setzte sie sich erneut auf die Chaiselongue. Hatte sie geglaubt, dass es ein zufälliger Einbruch gewesen war? Dass der Täter es auf Geld und Wertgegenstände abgesehen und ihre Wohnung zufällig ausgewählt hatte? Wenn sie ehrlich war, hatte sie ab dem Moment, in dem sie die offene Tür bemerkt hatte, nicht daran gezweifelt, dass es jemand auf sie abgesehen hatte – auf sie persönlich und auf ihre Ermittlungen in Bezug auf Gertrude und Clara.

Der pfeifende Teekessel ließ sie hochfahren, den hatte sie ja völlig vergessen! Kamille, von ihrer Mutter, im Herbst getrocknet und in Gläser gefüllt, war jetzt genau das Richtige. Ihre Hände zitterten immer noch leicht, als sie das heiße Wasser in eine Kanne füllte. So viel war kaputt gegangen, so viel von ihrem Geschirr! Gleich darauf schämte Alma sich für diesen Gedanken, ihre Wirtin war womöglich verletzt, und sie dachte nur an das Geld, das das zerschlagene Porzellan sie kosten würde.

Der Duft der Kamille zog durch den Raum, und Alma atmete

tief ein und aus. Sie hatte von einem Franzosen gelesen, der mit ätherischen Ölen experimentierte, sie als neue Heilmittel anpries. Neu, dachte Alma schmunzelnd, das sollte er mal ihrer Großmutter erzählen, die immer noch auf ihre Kräutermischungen schwor. Gut, Großmaman schwor ebenfalls immer noch auf Heroin, was Walter jedes Mal aufs Neue einen Laut des Entsetzens entlockte, wurde das ehemalige Allheilmittel in der Fachwelt doch mit wachsendem Misstrauen betrachtet. In Amerika sollte es mittlerweile schon verboten sein. Aber in Amerika war ja auch der Alkohol verboten, fiel Alma ein. Alkohol, den sie jetzt neben einer Schmerztablette wirklich gut gebrauchen konnte.

Ludwigs vertraute Schritte waren auf der Treppe zu hören – er trat fest und sicher auf, im Gegensatz zu Wölkchen, die einer Tänzerin gleich federleicht die Stufen hinaufflog – und Alma suchte zwei Gläser und ganz hinten im Schrank nach der kleinen Whiskeyflasche, die Emmi einmal im Anflug ihrer Begeisterung für die Rennbahn gekauft hatte, um ihr einen Horse's Neck zu mischen. Den Cocktail hatten dann aber weder Alma noch sie selbst gemocht.

Ludwig betrat die Wohnung, und ohne ein Wort zu verlieren durchmaß er den Raum mit schnellen Schritten, griff nach dem ersten gefüllten Glas und stürzte es in einem Zug herunter.

»Alles in Ordnung«, keuchte er anschließend und fuhr sich über den Mund. »Frau Meier geht es gut.«

Alma legte den Kopf schräg. »Dir aber nicht?«

»Kennst du ihr Nachtgewand?«

Das konnte Alma nicht behaupten, sie kannte den schreiend geblümten Morgenmantel ihrer Wirtin, aber was sie darunter trug, war ihr bisher – zum Glück – verborgen geblieben.

»Sie hat den Abend mit ihrer lieben Freundin Hannelore verbracht, sie duzen sich seit gestern. Wobei möglicherweise auch das eine oder andere Gläschen von ihrem vorzüglichen Schlehenlikör im Spiel war. Die Zeit hatten sie nicht im Blick, kurzum, es wurde spät und Frau Meier hat geschlafen wie ein Stein und rein gar nichts gehört oder gesehen.«

»Hast du ihr von dem Einbruch erzählt?«

»Und ihr einen Herzinfarkt beschert? Ich habe ihr gesagt, dass ein verdächtiges Individuum in der Nähe beobachtet wurde und ich sichergehen wollte, dass es hier im Haus allen gut geht.«

»Ah.« Alma nickte, nahm einen Schluck von ihrem Whiskey, hustete und fragte dann: »Hat sie es dir übel genommen?«

»Sie hat mich vor lauter Begeisterung an ihren wogenden Busen gepresst. Sehr ... wogend ...« Er schenkte sich nach. Dann sah er Alma fest in die Augen. »Versprich mir eins«, sagte er ernst.

»Natürlich.«

»Lass mich niemals wieder mit dieser Frau allein.« Auch das zweite Glas stürzte er hinunter.

Alma, die mit sich kämpfen musste, um nicht zu lachen, nickte nachdrücklich. Mit seiner Nachricht, dass es Frau Meier – bis auf ein wenig Kopfweh morgen früh – gut ging, fiel ihr ein Stein vom Herzen. Aber sie musste Ludwig von ihrer Entdeckung erzählen. »Gertrudes Handtasche ist weg.«

»Alma, deshalb bin ich hier.« Ludwig blickte sie ernst an. »Kriminalwachtmeister Franck hat mich über deinen Besuch ins Bild gesetzt, die Lücken in seinem Bericht habe ich mir zusammengereimt. Wir haben Alois Ritschel nicht angetroffen. Frau Metzmeier sagte uns, er sei schon am Morgen nicht zum Dienst erschienen, ohne Erklärung dem Hotel ferngeblieben.

Zu Hause war er ebenfalls nicht.« Er fuhr sich mit der Zungenspitze über die Lippen.

»Dann war es also Ritschel?« Alma versuchte, sich zu erinnern, wie groß der Einbrecher gewesen war. Der Koch war ein Hüne, sie müsste doch sagen können, ob es Ritschel gewesen war oder nicht. Aber ... »Ich kann mich nicht erinnern.« Unglücklich strich sie sich die Haare aus der Stirn. »Ich kann mich einfach nicht erinnern.«

»Alma, es tut mir leid, dass ich dir nicht helfen kann. Aber mehr als einen Schatten habe ich nicht gesehen«, gab auch Ludwig zu. »Ich war gerade im Begriff, die Stufen hinaufzuschleichen, da fegte mich etwas zur Seite, so schnell konnte ich gar nicht reagieren.«

»Was, wenn er zurückkommt?«

»Wir werden ihn finden.« Er strich ihr über den Rücken, zog sie zu sich heran. »Wir werden Alois Ritschel finden.«

Das hoffte sie sehr. Sie lehnte sich an ihn, umarmte ihn fest, wollte ihn ganz nah bei sich spüren. Mit einer Hand ihre Wange umfassend, hob Ludwig ihren Kopf leicht zu seinem. Seine Küsse lösten jedes Mal aufs Neue einen Wirbelsturm an Gefühlen in ihr aus. Der vertraute Geruch der Rasiercreme, die Bartstoppeln, die schon wieder ganz leicht zu spüren waren, das alles war so sehr Ludwig, sie konnte nicht anders, als ihren Mund leicht zu öffnen und sich ganz in den Kuss fallen zu lassen.

»Er wird dir nichts tun, Alma, das verspreche ich dir«, keuchte Ludwig, als er sich für einen Moment von ihr löste.

Dann zog er Alma mit sich in ihre Kammer, wo sie die Schrecken der Nacht, die Anstrengungen des Tages hinter sich ließen.

Der Tee dampfte vergessen auf dem Tisch vor sich hin.

15

Du könntest dir sicher auch eine angenehmere Art vorstellen, deinen Sonntag zu verbringen.« Ludwig sah sie über den Papierstapel auf seinem Schreibtisch hinweg an. Sie hatten die Wohnung wieder ein wenig in Ordnung gebracht und Wölkchen einen Zettel auf die Kommode gelegt, die bisher offenbar nichts von dem Einbruch mitbekommen hatte. Als Alma und Ludwig gemeinsam zur Polizeidirektion aufgebrochen waren, hatte sich in ihrer Kammer noch nichts geregt. Doch sie sollte keinen Schrecken bekommen, wenn sie gegen Mittag aufwachte.

Nun saßen Alma und Ludwig über Akten gebeugt an seinem Schreibtisch. In der Direktion war es ruhiger als gewöhnlich, auch wenn das Verbrechen nie schlief, wie man so sagte – doch heute waren Alma und Ludwig in der Kriminalinspektion allein. Albert Kopper hatte Dienst und war außer Haus, so dass sie nun zu zweit in einem leeren Büro die Diebstahlmeldungen aus dem Metzmeierhof durchgehen konnten. Akribisch notierte Alma, was abhandengekommen war: Schmuckstücke, Uhren oder auch militärische Orden. Konzentriert las sie die Zeugenaussagen, die mal mehr, mal weniger arbeitsfreudig aufgenommen worden waren, je nachdem, welcher Kollege gerade Dienst gehabt hatte. Als Ludwig sie aus ihren Gedanken riss, schlug sie gerade eine neue Akte auf.

»Ob ich mir einen schöneren Sonntag vorstellen könnte?« Alma lächelte ihren Kommissar an. »Nein, eigentlich nicht.«

Die Sonne schien durchs Fenster, dass man den Staub tanzen sehen konnte, Ludwigs Haare leuchteten, er blinzelte, wenn er den Kopf bewegte, die langsam tickende Uhr in der Ecke und die zwitschernden Stare vor dem Fenster waren die einzigen Geräusche.

Eine feine Röte kroch seinen Hals hinauf, als er ihr Lächeln erwiderte.

»Hier.« Alma tippte mit dem Zeigefinger auf die aufgeschlagene Akte vor ihr auf dem Schreibtisch. »Das Eiserne Kreuz. Es wurde einem Grafen von Falkenberg gemeinsam mit einer Uhr gestohlen. Halt nein! Die Uhr ist ihm ebenfalls gestohlen worden, aber schon einen Tag früher.« Alma zog die Augenbrauen zusammen. »Am 12. April. Das war kurz vor Gertrudes Tod.« Nun war sie sich sicher, dass ein Zusammenhang bestand. Betty hatte recht gehabt, das Kreuz und die Krone bezeichneten den Orden, den der Kaiser für besondere Verdienste im Krieg verliehen hatte.

»Warum hat sie die Worte notiert?« Das hatte Alma sich schon die ganze Zeit über gefragt. »Wenn Ritschel für die Diebstähle verantwortlich ist, wie die Libelle vermutet, hat sie ihn dann damit überführen wollen? Musste sie sterben, weil er herausbekommen hatte, dass sie ihm auf die Schliche gekommen war?« Und weshalb war das überhaupt geschehen? Alma musste an Käthes Worte denken: Gertrude war zielstrebig und dickköpfig, sie ließ sich nicht so leicht einschüchtern. Die Queen hatte sie nur mit kleinen Aufgaben wie dem Überbringen von Nachrichten betraut, auf Beutezug hatte Gertrude nicht gehen dürfen. War das etwa ihre Art gewesen, ihre Position innerhalb des Rings zu stärken? Indem sie ein Mitglied der mit der Libelle konkurrierenden Diebesbande entlarven wollte? »O Gertrude«, flüsterte Alma. In was hatte sich das Mädchen da hineingeritten!

»Vielleicht hat sie das Eiserne Kreuz ja selbst gestohlen?«, fragte Ludwig.

»Das glaube ich nicht. Weshalb hätte sie die Worte aufschreiben sollen? Hätte man dann nicht eher den Orden bei ihr gefunden?«

»Nicht, wenn der Mörder ihn ihr abgenommen hat.«

Alma schürzte die Lippen und stützte den Kopf auf die Hände. Gertrude hatte ihre Position in der Libelle stärken wollen, davon war Alma jetzt überzeugt. Aber vielleicht hatte sie das nicht getan, indem sie den Kontrahenten enttarnte, vielleicht hatte sie versucht, ihre Geschicklichkeit zu beweisen, indem sie selbst hier und da etwas stibitzte. »Du meinst, sie ist Alois Ritschel nicht auf die Schliche gekommen, sondern in die Quere?«, fragte sie nach.

»Könnte doch sein.«

»Und warum hat sie die Worte notiert, wenn sie den Orden gestohlen hat? Wollte sie eine Liste über ihre Taten führen? Das ergibt doch keinen Sinn!«

Ludwig griff nach ein, zwei Akten, stand auf, suchte im Regal nach neuen Papierbergen, die er auf den überquellenden Schreibtisch fallen ließ.

»Was machst du?«, wollte Alma wissen.

»Ich suche nach einem Muster.« Mit einer Hand blätterte er, mit dem Zeigefinger der anderen fuhr er die Zeilen entlang. Zwischendurch schrieb er immer wieder etwas auf ein Blatt Papier.

Schließlich sagte er: »Die Diebstähle fanden an unterschiedlichen Tagen statt, zu unterschiedlichen Zeitpunkten. Natürlich, wir wissen nicht bei jedem Diebstahl genau, wann er geschah, oft bemerken die Menschen erst sehr viel später, dass ihnen etwas fehlt.«

Alma musste an Vickys Verehrer im Einhorn denken, der überhaupt nicht auf die Idee gekommen war, nach seiner Uhr oder seinem Portemonnaie zu greifen, als sich die beiden Frauen verabschiedeten.

»Trotzdem.« Er schüttelte ungläubig den Kopf. »Warum mir das nicht gleich aufgefallen ist! Bei unserem Abendessen im Metzmeierhof, als die Hoteliersgattin die Diebstähle so seltsam betonte.«

Alma erinnerte sich. »Die Metzmeier verhält sich ja oft so seltsam, man vergisst, dem irgendeine Bedeutung beizumessen.«

»Schau mal hier, wenn du dir die Anzeigen ansiehst, hier im Badischen Hof, im Hotel Stephanie, auch im Einhorn oder dem Schweizerhof: Es gibt in einem Monat hier mal einen Diebstahl mehr, dort einen weniger. Aber insgesamt bleibt der Durchschnitt gleich.« Er deutete auf eine Strichliste auf seinem Papier. »Und nun der Metzmeierhof.«

Alma schnappte nach Luft. »Das sind ja mehr als doppelt so viele! Und die Zahlen nehmen noch zu, je näher wir dem heutigen Datum kommen!«

»Inzwischen verschwindet dort fast schon täglich etwas.« Er schüttelte den Kopf. »Das spricht nicht dafür, dass ein Zimmermädchen sich hier und da das Gehalt aufbessert. Das klingt nach einem System.«

»Alois Ritschel und Gertrude haben beide im selben Hotel geklaut?«, fragte Alma.

»Möglich.« Ludwig kniff die Augen zusammen und betrachtete erneut die Liste. »Man sollte doch meinen, das Ehepaar Metzmeier wäre dagegen vorgegangen.«

»Wahrscheinlich haben sie zunächst eines der Zimmermädchen für die Schuldige gehalten. Wieso sollte man den Koch verdächtigen? Oder gar eine Wäscherin? Die einfachste Möglichkeit haben die Frauen, die hinter den feinen Herrschaften aufräumen. Und dann setzt man eine vor die Tür, die nächste, und dennoch hören die Diebstähle nicht auf. Die Polizei kann nicht helfen, hier und da gab es ein, zwei Durchsuchungen von Dienstkleidung und Handtaschen.« Sie deutete vage auf die Akten, die sie gelesen hatte. »Also, was dann?« Unwillkürlich musste sie an ihr Gespräch mit Emmi denken. »Man müsste jemanden für die Aufklärung bezahlen. Einen Privatdetektiv«, sagte sie langsam und fuhr sich, bevor sie die nächsten Worte bedächtig aussprach, mit der Zungenspitze über die Lippen. »Oder eine Privatdetektivin.«

Überrascht blickte Ludwig auf. »Sprechen wir noch vom Metzmeierhof?«, fragte er langsam.

»Nicht nur«, musste Alma zugeben. Und dann erzählte sie ihm von ihren und Emmis Plänen, erwähnte vorsichtig die Möglichkeit, ihre ermittelnde Tätigkeit auszuweiten, eine, ja, eine Privatdetektivin zu werden. Vergessen war Gertrude, und für den Moment dachte Alma nicht mehr an Alois Ritschel. Hier ging es nun um ihr Leben, um ihre Zukunft.

Doch statt auf die Gefahr einzugehen, der sie sich mit solch einer Arbeit aussetzen würde, trotz der Situation, in die sie sich gestern durch ihre Nachforschungen gebracht hatte, nickte Ludwig nur, als sei er nicht ganz bei der Sache.

»Eine größere Wohnung. Mit Emmi«, wiederholte er. Sein Lächeln wirkte bitter.

»Ach, Ludwig.« Hilflos hob sie die Schultern. So hatte sie es doch gar nicht gemeint! »Das hat doch nichts mit meinen Gefühlen für dich zu tun.«

»Ach nein?« Er presste die Lippen aufeinander. »Alma, ich liebe dich. Ich weiß nicht, wie ich es dir noch verständlicher machen soll. Ich möchte jeden Morgen neben dir aufwachen und nicht nur heimlich in deine Wohnung schleichen. Ich möchte mein Leben mit dir teilen, Alma, im Guten wie im Schlechten. Ich möchte ... ich möchte dich. Für immer.« Sein Unterkiefer schob sich nach vorn. »Du bist störrisch, zielstrebig und hast deinen eigenen Kopf. Das ist gut so. Ich liebe dich umso mehr dafür. Aber ...« Er holte Luft, tief, und fuhr dann leise und bestimmt fort: »Aber ich werde nicht ewig warten.«

Damit klappte er die Akte zu, die vor ihm gelegen hatte, stand auf und wandte sich ab. Unruhig lief er zum Regal, nahm Kladden in die Hand, stellte sie wieder zurück in die Reihe, nahm die nächste.

Stocksteif saß Alma auf ihrem Stuhl, unfähig, sich zu rühren. Es war, als würde eine unsichtbare Kraft ihr die Luft abschnüren, ihr Herz so fest zusammenpressen, dass es ihr vor Schmerz den Atem raubte.

»Ich ...«, begann sie und fand dann doch keine weiteren Worte. Sie wusste, was sie Ludwig zumutete, hatte es immer gewusst. Ein gutes halbes Jahr waren sie getrennt gewesen, nachdem sie zu große Angst gehabt hatte, ihre Freiheit aufzugeben. Diese Zeit hatte sie überstanden, hatte sich immer wieder vorgesagt, dass sie nicht alles haben, dass eine Frau in diesem Leben nur falsche Entscheidungen treffen konnte. Aber die eine Sache, an der sie sich hatte festhalten können, war die Tatsache, dass es ihre Entscheidung gewesen war. Sie hatte sich dazu entschieden, ihren eigenen Weg zu gehen, ohne Ludwig.

Wenn sie sich ihn jedoch vorstellte, wie er eine andere Frau in den Armen hielt, eine andere Frau küsste, liebte, sie gar heiratete ...

Alma wollte aufspringen, doch etwas hielt sie auf ihrem Stuhl fest. »Ich ...«, presste sie erneut hervor.

Ludwig drehte sich zu ihr. Erschrocken stellte er einen Ordner zurück ins Regal und war dann mit einem Schritt bei ihr. Erst als er mit seiner Hand sanft ihre Wange entlangfuhr, bemerkte sie, dass sie weinte.

»Alma.«

Mit Schwung wurde die Tür zum Dienstzimmer aufgerissen, und sie fuhren erschrocken auseinander.

»Ludwig!« Albert Kopper schien Alma nicht einmal zu registrieren. Er stürzte zu seinem Schreibtisch, wühlte darin herum. »Sie haben Alois Ritschel in Karlsruhe gestellt«, sagte er, während er den Sitz seiner Waffe kontrollierte. »Er ist dort bei einer Frau untergetaucht, gleich am Freitag nach der Arbeit hat er den nächsten Zug genommen. Jetzt ist er aufgeflogen, sie mussten die Wohnung aufbrechen, es gab Verletzte.«

Sofort war Ludwig bei ihm. »Kollegen?

»Ich habe nicht alle Details.«

Alma stand auf. »Ich komme mit.«

»Fräulein Täuber, das ist wirklich nicht ...«, begann Kopper, doch Ludwig winkte ab.

»Sie fährt bei mir mit.«

Und die Einfachheit, mit der er diesen Satz sagte, ließ ihr Herz höher schlagen.

Karlsruhe, die Großstadt, befand sich in nördlicher Richtung der Kurstadt. Almas Vater hatte sie als Kind hin und wieder mitgenommen, um das dortige Residenzschloss zu bewundern oder sie in ein Museum zu führen. Wie beeindruckt sie gewesen war von dem Platz, der dieser Stadt zur Verfügung stand! Nicht wie in Baden-Baden, wo kleine Gässchen das Stadtbild beherrschten, sondern mit breiten Prunkstraßen war Karlsruhe gebaut.

Dennoch hätte Alma »ihr« Baden-Baden niemals gegen diese Großstadt getauscht – das war womöglich auch der Grund, weshalb sie immer schauderte, wenn Emmi von Berlin sprach: Schon Karlsruhe empfand Alma als riesig, schwankend und aus dem Tritt. Die Stadt strahlte nichts von der Gelassenheit der Kurhotels oder von der Ruhe des Stadtparks aus, und auch das wilde Rauschen der Nagold hatte nichts mit dem idyllischen Plätschern der Oos gemein.

Die Fahrt nach Karlsruhe dauerte nicht lang, sie war wesentlich kürzer, als Alma sie mit dem Zug in Erinnerung hatte – was daran liegen mochte, dass sie damals noch klein und schnell gelangweilt gewesen war, dachte sie.

Ludwig steuerte den Dienstwagen sicher über die Straßen, setzte dabei den Fuß jedoch so entschieden auf das Gaspedal, als übe er für den Großen Preis von Frankreich im Autodrom, von dem Karl erzählt hatte.

Alma unterdrückte den Drang, sich festzuhalten, und schlug stattdessen eine der Akten auf, die sie kurzerhand mitgenommen hatte. Durch ihr Gespräch waren sie gar nicht mehr weitergekommen in der Durchsicht der Fälle. Die beiden Kommissare waren so abgelenkt gewesen, dass keiner auf sie geachtet hatte, als sie klammheimlich die Papiere in ihre Handtasche schob.

»Es passt nicht zusammen«, murmelte sie, rief dann erschrocken »Hoppla!«, als Ludwig mit Karacho die Fahrspur wechselte, und klaubte die in den Fußraum gefallenen Blätter der Akte wieder auf.

»Was passt nicht zusammen?« Konzentriert sah Ludwig auf die Fahrbahn und scherte nach seinem Überholvorgang wieder ein.

»Ritschel.« Alma blätterte in der nächsten Akte, und in der darauffolgenden. »Er hatte hin und wieder Dienst, wenn etwas abhandenkam, und wird immer mal beiläufig in einer Zeugenbefragung erwähnt. Aber ebenso häufig wurde Anzeige erstattet, wenn er seinen freien Tag hatte oder frühmorgens noch nicht, spätabends nicht mehr im Dienst war. Und das soll Gertrude gewesen sein?« Sie schüttelte den Kopf. »Zu dem Zeitpunkt hat das Mädchen noch nicht einmal in der Stadt gelebt!«

»Du hast doch erzählt, dass Ritschel dich bedroht hat.«

Das hatte sie, das hatte er. Nachdenklich sog Alma die Unterlippe zwischen die Zähne.

»Ritschel war früher schon aktenkundig, deshalb ist Franck am Freitag gleich tätig geworden. Kein Diebstahl, dahingehend hätte man ihn sonst schon bei den Meldungen genauer unter die Lupe genommen. Aber Körperverletzung, die ein oder andere Schlägerei.«

Das passte ins Bild. Und wo einer wie Ritschel zuschlug, wuchs kein Gras mehr, dachte Alma. Der Hüne würde mit jedem fertig, dafür brauchte er nicht einmal eine besondere Ausbildung oder sportliches Talent. Außerdem war er geflohen, nach Karlsruhe, nachdem er gehört hatte, dass Alma einen Kommissar kannte. Warum hätte er das tun sollen, wenn er unschuldig war?

»Keine Sorge, Alma.« Ludwig lächelte sie flüchtig an, als er ihr einen schnellen Blick zuwarf. »Wir werden Ritschel vernehmen, und wenn er es nicht war, werden wir den wahren Täter finden. Franck ist gerade in diesem Augenblick unterwegs, um den Metzmeiers von Ritschels Festnahme zu berichten. Sie können uns sicher bei der Aufklärung behilflich sein.«

Scharf bog er um die nächste Kurve, und Alma wurde gegen die Tür gepresst.

»Dreh um!«, rief sie plötzlich, die Lautstärke erschreckte sie selbst.

Mit quietschendem Reifen hielt Ludwig am Straßenrand, hinter ihm hupte es laut.

»Was, wenn wir den Falschen haben?«, keuchte Alma.

»Aber Ritschel ...« Er sah sie durchdringend an.

»Die Metzmeiers«, unterbrach sie. So ergab alles plötzlich Sinn, passte auch das eine Detail hinein, das eine Puzzlestück, das sich vorher nicht so recht einfügen wollte. »Sie haben Geldprobleme, nicht wahr?«

»Wovon sprichst du, Alma?«

Sie versuchte, ihre Ungeduld im Zaum zu halten und ihm ihren Gedankengang zu erläutern. »Der Metzmeierhof ist verschuldet, muss dringend renoviert werden, das ist an allen Ecken und Enden auffällig. Ja, Frau Metzmeier versucht ihr Bestes, um den Schein zu wahren, aber wenn du die Inneneinrichtung genauer betrachtest ... die Tischdecken, Vorhänge ... Und warum unternehmen die Metzmeiers nichts gegen die Diebstähle? Sie sollten doch ein Interesse daran haben, ihr Hotel von der besten Seite zu zeigen. Ja, natürlich, eine Privatdetektivin, aber wenn ich an ihrer Stelle wäre, ich würde die Belegschaft versammeln, Taschen kontrollieren und Dienstkleidung ... Warum tun sie das nicht? Warum werden sie der Diebstähle nicht Herr? Der Rummel um Tanja Rubzowa hat dem Hotel Aufmerksamkeit beschert – warum lassen die Inhaber jetzt scheinbar alles schleifen, wo doch Aufklärung in dieser Sache so dringend notwendig wäre? Danach fragen doch sicherlich auch die Gäste.« Alma holte kurz Luft, bevor sie fortfuhr. »Die Namen der Zeugen, es sind immer wieder die gleichen, also haben sie nicht einmal Personal entlassen! Außerdem ist mir noch etwas aufgefallen.«

»Ich höre.« Ludwig war jetzt ganz Ohr.

»Diese seltsame Art. Auch in den Befragungen ist die Metzmeier jedes Mal so umständlich, man bekommt kein vernünftiges Wort aus ihr heraus! Aber ihre Angestellten kann sie herumkommandieren, ihr Hotel kann sie führen. Nur wenn es um die Diebstähle geht, ist sie überkandidelt und durcheinander. Und dann ...« Alma blickte Ludwig eindringlich an. »Ich habe mir nichts dabei gedacht, Ritschel war ja auch dabei. Aber am vergangenen Freitag kam sie in die Küche. Ritschel hat ihr gesagt, dass ich herumgeschnüffelt habe. In einem Nebensatz hat der Lehrling Emmi erzählt, dass auch die Metzmeier von Claras Besuch erfahren hat. Sie war in alles involviert. In alle Abläufe. Wie ein Glied in einer Kette.«

Ludwig blickte sie stirnrunzelnd an, sagte aber nichts.

»Verstehst du denn nicht? Kopper meinte, Ritschel hat den nächsten Zug nach Karlsruhe genommen. Er ist noch am Freitag geflohen.«

Immer noch verständnislos sah Ludwig sie an.

»Wer hat mich heute Nacht überfallen?«

»Du meinst ...«

»Wenn wir jetzt umkehren, pfuschen wir Kopper nicht ins Handwerk. Er kümmert sich um Ritschel – für den Fall der Fälle –, und wir überprüfen, ob ich nicht doch recht habe. Wir würden den Fall nicht kaputtmachen, nichts riskieren. Aber wenn wir jetzt nach Karlsruhe fahren, lassen wir möglicherweise die wahre Täterin entwischen.«

Für einige Augenblicke herrschte vollkommene Stille. Dann nickte Ludwig langsam. »Ich weiß nicht, ob ich der Hoteliersgattin einen Mord zutraue«, sagte er. »Aber ich weiß, dass ich dir und deinem Spürsinn vertraue.« Entschlossen legte er den Rückwärtsgang ein. »Auf nach Baden-Baden!«

Der Motor heulte auf, die Karosserie ächzte, als Ludwig eine Kehrtwende machte. Quer über die andere Fahrspur und die Automobile ignorierend, die von beiden Seiten auf sie zufuhren, raste er in entgegengesetzter Richtung zurück in die Kurstadt.

Als sie am Metzmeierhof ankamen, konnte Alma bereits den großen Polizeiwagen sehen, den Kriminalwachtmeister Franck offenbar genommen hatte, um das Ehepaar über die Festnahme seines Kochs zu unterrichten.

Hastig stieg Ludwig aus dem Automobil, Alma folgte, und schon betraten sie die Eingangshalle des Hotels, ohne dass ein Page sie aufhielt. In der Lobby herrschte geschäftiges Treiben, Koffer wurden getragen, ein Herr mit Spazierstock und Mackintosh erklärte einer hageren Dame mit großen Gesten die gestrige Schachpartie – Nimzowitsch gegen Mieses –, hinter ihm saß eine Gruppe von älteren Frauen, Likörgläser in den Händen, um einen kleinen Tisch versammelt und spielte Karten, ein Terrier kläffte aufgeregt, als ein Papagei in einem Käfig vorbeigetragen wurde, und über all dem Lärm vermeinte Alma Musik aus einem der Salons zu vernehmen.

»Sophia Grand gegen Tanja Rubzowa«, sagte die Hagere. »Sie spielen heute eine Partie am spielfreien Sonntag. Mit dem Schachfieber in der Stadt hat der Metzmeierhof die beiden gleich eingeladen, vor Publikum zu spielen.«

Sophia Grand gegen Tanja Rubzowa? Und das, wo es beim letzten Aufeinandertreffen der beiden einen derartigen Skandal gegeben hatte. So ein Ereignis garantierte Zuschauer.

Ludwig, den die kleine Unterhaltung nicht interessiert hatte, steuerte zielstrebig auf den Portier zu, einen blassen Mann mit spitzem Gesicht, der empört von der forschen Art die Augenbrauen zusammenzog, bei der Nennung der Kriminalpolizei aber sogleich seine Stirn glättete. Seine rechte Hand, an der eine goldene Uhr mit blauem Stein glitzerte, legte zwei Formulare ordentlich übereinander, dann wies er ihnen sogar persönlich den Weg.

»Sie müssen entschuldigen, ich dachte, Sie wären einer dieser Penny-a-liner, die mit zusammengestümperten Texten die Presse bedienen. Immer wieder muss man sie verscheuchen«, erklärte er in einem Tonfall, der tatsächlich besagte, dass er diese Art von Journalisten nur zu gern bedienen würde. »Herr und Frau Metzmeier sind im Grünen Salon«, fuhr er fort, während er sie einen schmalen Flur entlanggeleitete. »Und das ausgerechnet heute, mit so vielen Gästen und so wenig Personal. Es geht drunter und drüber im Restaurant, mich würde es nicht wundern, wenn gleich die ersten Gäste aufstehen und das Hotel verlassen«, erzählte er ihnen auf dem Weg den Flur hinunter mit, wie Alma fand, diebischer Freude. »Es geht um die Diebstähle, nicht wahr? Ihr Kollege ist ja schon eine ganze Weile da.«

Weder Ludwig noch Alma gingen auf seinen Kommentar ein.

»Also, ich habe ja meine eigene Theorie«, verkündete der Portier daraufhin geheimnisvoll.

»Ach ja?« Nun war Alma, die eigentlich keine Zeit für Klatsch und Tratsch aufwenden wollte, doch neugierig geworden.

»Ja, ja.« Er nickte nachdrücklich. Dann beugte er sich, das Gesicht immer spitzer wirkend, verschwörerisch nach vorn. »Wenn Sie mich fragen, waren das die Gäste aus Frankreich.«

»Frankreich?«, fragte Ludwig irritiert, und Alma hustete.

»Verlogenes Pack. Die Franzmänner wollen das deutsche

Volk vernichten. Sie haben im Ruhrgebiet versucht, unsere Wirtschaft zu zerstören, und sind gescheitert. Nun schaden sie jedem Einzelnen von uns.«

Er spielte auf die Ruhrbesatzung im Jahr 1923 an, die zur Hyperinflation beigetragen hatte. Die Umstände waren Wasser auf die Mühlen der Umstürzler.

»Sie waren im Krieg, richtig?«, fragte er nun mit Blick auf Ludwigs Narbe. »Die Schmach von Versailles!« Er spie die Worte beinahe aus, und bevor Alma ihn daran hindern konnte, fügte er hinzu: »Im Felde unbesiegt.« Der Wahlspruch der nationalistischen Kräfte.

»Waren Sie an der Front?«, fragte Ludwig scharf. »Denn ich war es, und ich kann Ihnen sagen ...« Er versuchte, sich zu zügeln. Seine Kiefermuskeln mahlten, sein ganzer Körper schien unter Strom zu stehen. Er war im Krieg gewesen, hatte als junger Mann in Frankreich gekämpft und wünschte sich nichts sehnlicher als Frieden. Es waren Leute wie dieser Portier mit seinen hasserfüllten Ansichten, seiner kriegstreiberischen Propaganda, die Deutschland irgendwann wieder ins Unglück stürzen würden. Beruhigend legte Alma eine Hand auf Ludwigs Arm.

»Ich kann Ihnen sagen«, wiederholte er jetzt etwas weniger gepresst, »Sie irren sich. Irren sich über die Franzosen, über den Krieg und über die Partei, der sie mit Sicherheit angehören. Das Einzige, was ich Ihnen wünsche, ist, dass Sie zur Vernunft kommen, bevor es zu spät ist.«

Bevor der Portier seinerseits aufbrausen konnte, sagte Alma schnell: »Wir finden uns ab hier allein zurecht.« Die Salontür, hinter der sie Francks lichten Haarkranz zu erspähen glaubte, stand offen.

»Wie Sie meinen«, antwortete der Portier steif und verschwand mit einem verächtlichen Blick in Ludwigs Richtung den Flur hinunter.

»Ludwig«, begann Alma leise, doch er wischte ihre Besorgnis mit einem gezwungenen Lächeln fort.

»Es ist alles in Ordnung«, sagte er, auch wenn die Anspannung in seinem Körper deutlich zu sehen war. »Die werden auch noch lernen, dass Krieg und Hass keine Antwort ist.«

Augenblicklich wurde Alma klar, woher der Grüne Salon seinen Namen hatte: Sämtliche Tapeten waren aus dunkelgrünem Stoff, die Vorhänge und Vasen leuchteten in Flaschengrün. Der Salon schien ein Durchgangszimmer zu sein, außer der Tür, durch die sie gekommen waren, befand sich eine weitere holzvertäfelte Tür linker Hand an der Wand.

Kriminalwachtmeister Franck hatte an einem kleinen Tisch mit geschwungenen Beinen Platz genommen, ein aufgeschlagenes Notizbuch auf dem Schoß. Während Frau Metzmeier, die blondierten Haare heute in Wasserwellen gelegt, die von einer diamantbesetzten Spange zusammengehalten wurden, ebenfalls saß, lehnte ihr Gatte an eine Anrichte. Bei ihrem Eintreten wandten sich alle drei zu ihnen um, und vor allem Franck zeigte sich irritiert ob der Unterbrechung.

»Ah, der Kollege Schiller!«, grüßte er dann jedoch augenblicklich freundlicher. »Und das Fräulein Täuber. Sie müssen wissen, Fräulein Täuber ist unsere Zeugin, was Ihren Koch anbelangt«, wandte er sich an die beiden Hoteliers. »Er hat sie bedroht.«

»Nein, wie schrecklich!«, stieß Frau Metzmeier hervor. »Warum erfahre ich erst jetzt davon?«

»Lassen Sie das Getue«, fuhr Ludwig dazwischen, ganz offensichtlich aufgewühlt vom vorherigen Gespräch. »Kollege Franck, haben wir in den Akten eine diamantbesetzte Haarspange?«

»Wie meinen?«

Aber das Ehepaar Metzmeier verstand ganz genau. Obwohl die Hoteliersgattin nach aktueller Mode hell geschminkt war und es mit der Puderdose übertrieben hatte, konnte Alma dennoch sehen, wie sie noch bleicher wurde. Ihr besorgter Blick wanderte zu ihrem Mann, der seinerseits von Ludwig zu Franck, zu Alma und wieder zu Ludwig sah.

»Sie haben die Diebstähle begangen«, stellte Ludwig sachlich fest. »Sie müssen eine Hypothek abtragen, Sie haben Schulden, das wird uns Ihre Bank verraten. Vielleicht frönt einer von Ihnen beiden auch dem Glücksspiel. Wir werden es erfahren. Welche Gründe auch immer es waren, es hat Sie dazu bewogen, Ihre Gäste zu bestehlen.«

»Was erlauben Sie sich!« Ruckartig stand die Metzmeier auf, drückte das Kreuz durch, reckte das Kinn und funkelte Ludwig an.

»Ähem«, meldete sich Kriminalwachtmeister Franck. Er hob fragend den Zeigefinger in die Höhe, doch Ludwig ging über ihn hinweg.

»Die ungewöhnlich hohe Anzahl an Diebstählen – wahrscheinlich haben Sie gehofft, es einer Bande unterschieben zu können, von der man munkelt, dass sie in Baden ihr Unwesen treibt.«

»Infame Lügen«, ließ sich der Hotelier vernehmen, der sich schützend vor seine Frau stellte.

Doch Ludwig fuhr unerbittlich fort: »Und als alles drohte aufzufliegen, als Ihnen der Niedergang bevorstand, wegen einer jungen Wäscherin, die ein bisschen zu neugierig war? Da haben Sie sie in eine Wäschetrommel gesperrt und elendig ersticken lassen.« Bei den letzten Worten wurde Ludwig laut und trat gefährlich nahe an die Eheleute heran.

»Wie können Sie es wagen!«, rief Frau Metzmeier und schnappte nach Luft. Die Hände in die Hüften gestemmt, funkelte sie ihre Besucher wütend an.

»Ich werde mich über Sie bei der Kurverwaltung beschweren!«, unterstützte Metzmeier seine Frau.

»Die Wäscherin sind Sie losgeworden, die Polizei haben Sie an der Nase herumgeführt.«

Franck hatte den Anstand, bei diesen Worten schuldbewusst dreinzublicken. Sein erhobener Zeigefinger senkte sich langsam und er drehte sich, durchaus nicht mehr so zugetan wie zu Beginn ihrer kleinen Unterredung, den Metzmeiers zu.

»Aber dann tauchte die nächste junge Frau auf, und die war nicht so leicht zu überrumpeln wie die Wäscherin. Wie haben Sie es gemacht? Sind Sie ihr heimlich gefolgt?«

»Wie kommen Sie auf diese Räuberpistolen?«, rief Frau Metzmeier, ihre Stimme schrillte in Almas Ohren. »Nichts davon ist wahr, nichts davon!« Die Perlenkette, die sie um den Hals trug, geriet in Bewegung, klackerte im Rhythmus ihrer Worte. Alma nahm an, dass auch sie gestohlen sein könnte.

»Ach ja? Und das heißt, wir werden in Ihrer Küche kein Messer finden, das sich mit den zahlreichen Stichwunden an dem Körper der jungen Frau vergleichen ließe, die man bei den Schlossstaffeln gefunden hat?« Ludwig stand jetzt ganz nah vor Herrn Metzmeier, der kopfschüttelnd einen Schritt zurückwich. Aber Ludwig ließ nicht locker und rückte nach, stellte sich wieder vor den Hotelier, der immer noch den Kopf schüttelte.

»Nein«, murmelte er. »Nein, so war das nicht.«

»Kein Wort mehr, Max. Kein einziges Wort!«, fuhr ihm seine Frau scharf über den Mund. »Sie werden nichts finden. Wir haben niemanden bestohlen und niemanden ermordet.«

»Da bin ich anderer Meinung.« Ludwig, den Alma selten so wütend erlebt hatte wie hier, packte den Hotelier fest bei den Schultern. »Max Metzmeier, ich nehme Sie wegen Mordes an Gertrude Weber sowie Clara Naumann fest.« Er drehte Metzmeier herum, packte ihn bei den Handgelenken und wandte sich an seinen Kollegen. »Emil!«

Gehorsam sprang Franck auf und nestelte die Handschellen aus dem Gürtel. Alma behielt Frau Metzmeier fest im Blick, deren Miene zunächst völlige Ratlosigkeit zeigte.

Doch dann änderte sich ihr Gesichtsausdruck. So schnell ließ sich die Hoteliersgattin offenbar nicht einschüchtern. »Max!«, bellte sie im Feldwebelton, und jetzt riss ihr Mann, der in einer Art Schockstarre in Ludwigs Griff verharrt war, ruckartig die Hände nach vorn, während er gleichzeitig den Oberkörper nach hinten stieß. Mit dem Kopf erwischte er Ludwigs Nase, die ein hässliches Knirschen von sich gab.

Ludwig schrie auf, verlor die Kontrolle über die Situation, und der Hotelier stürmte durch die zweite Tür ins Hotelrestaurant.

Alma reagierte sofort. Sie riss Franck die Handschellen, die er verdattert betrachtete, aus den Fingern und legte sie der verdutzten Metzmeier an, während Ludwig trotz gebrochener Nase dem Hotelier nachsetzte.

Aus dem Restaurant waren jetzt laute Schreie zu hören, und Alma sah durch die offen stehende Tür, wie Metzmeier nach Tellern griff und sie nach Ludwig schleuderte, ganze Tischdecken herunterzog, um eine Spur des Chaos hinter sich zu lassen. Gäste sprangen auf, schlugen sich die Hand vor den Mund, protestierten, erstarrten in ihren Bewegungen, setzten sich konsterniert wieder. Aber Ludwig ließ sich nicht abschütteln.

»Gehen Sie, nun machen Sie schon!«, rief Alma und schubste

Kriminalwachtmeister Franck durch die Tür. Ludwig konnte jede Unterstützung gebrauchen.

Ein Kellner mit zwei Tellern Suppe hastete aus der Küche, Metzmeier konnte ihm gerade noch so ausweichen, nicht jedoch der heißen Brühe, die aus einem der Teller schwappte und sich über ihn ergoss. Der Hotelier schrie auf, torkelte dennoch weiter. Ludwig kam auf dem nassen Parkett ins Schleudern, fing sich wieder und erwischte Metzmeier mit einem waghalsigen Hechtsprung am Hosenbein. Er riss den Hotelier bäuchlings zu Boden, drückte ihm sein Knie in den Rücken und wischte sich keuchend das Blut von der Nase. Emil Franck, der gerade bei den beiden angekommen war, förderte aus seiner Hosentasche ein Taschentuch zutage, das er dem Vorgesetzten reichte.

Erst jetzt merkte Alma, dass sie den Atem angehalten hatte. Sie holte tief Luft.

»Sie werden uns nichts beweisen können«, hörte sie die leise Stimme der Hoteliersgattin hinter sich. Alma drehte sich um. Ein überhebliches Lächeln lag auf den Zügen von Frau Metzmeier. »Was glauben Sie, wie viele Messer es in einer Hotelküche gibt? Es in jeder Hotelküche gibt. Und wie penibel diese gesäubert werden. Und außerdem«, sie hob gespielt unschuldig die Augenbrauen, »außerdem war mein Mann bei mir, in jener Nacht, in der diese Clara ... Naumann getötet wurde.« Sie wollte sich durchs Haar fahren, woran die Handschellen sie hinderten, stattdessen zuckte sie mit den Schultern.

Alma musterte sie aufmerksam. Nein, dachte sie, diese Frau hatte einen Fehler gemacht. Sie fühlte sich zu sicher.

»Gertrudes Handtasche«, sagte Alma. »Man wird sie bei Ihnen finden.«

»Ist das diese Wäscherin, von der Sie sprachen? Bei mir soll die Handtasche sein?« Frau Metzmeier lachte hell auf. »Ganz sicher nicht.«

Das Ehepaar musste sie losgeworden sein, womöglich hatten sie sie noch in der Nacht des Einbruchs in die Oos geworfen. Fieberhaft überlegte Alma. Ohne Beweise hatten sie gegen das Ehepaar nichts in der Hand. Gertrudes Tod würde immer ein Selbstmord bleiben, Fingerabdrücke an der Wäschetrommel waren vermutlich nicht einmal am Morgen nach Gertrudes Tod zu finden gewesen. Zu viele Menschen, die in der Wäscherei arbeiteten, zu viele Menschen, die alles anfassten.

Die Kleidung! Alma lief zur Tür. »Herr Franck!«, rief sie ins Restaurant. »Suchen Sie im Schrank der Wohnung. Suchen Sie überall! Ein Hemd, eine Hose, eine Jacke, eine Bluse. Die Kleidung des Täters muss Blutspritzer abbekommen haben, als er Clara erstochen hat.« Er. Oder war es gar Frau Metzmeier gewesen? Beide?

Hatten sie daran gedacht, die Kleidung zu entsorgen? Nein, das konnte nicht sein. Zu sehr waren sie auf ihr Äußeres bedacht, auch Metzmeier selbst. Er besaß nur teure Stoffe, und wenn Alma daran dachte, dass sich die beiden nicht zu schade waren, ihre Gäste zu bestehlen, so würde das Ehepaar einen kostspieligen Anzug niemals wegwerfen.

Denk nach, Alma, denk nach, trieb sie sich an. Sie fuhr sich mit der Hand über die Augen, sah zu der Frau in Handschellen, die sie mit ihren Blicken auszulachen schien.

Draußen startete dumpf ein Motor. Hatten Ludwig und sein Kollege den Hotelier schon in den Polizeiwagen verfrachtet? Nein, das Geräusch kam von der anderen Seite, vom Hintereingang des Hotels, und Alma hätte schwören können, dass sie das Brummen und Husten dieses Wagens kannte.

Die Wäsche. Im gleichen Moment, in dem ihr der Gedanke

kam, eilte Alma los. Aber aus den Augenwinkeln sah sie noch, wie das Lächeln der Hoteliersgattin urplötzlich erstarb.

Im Flur stieß Alma mit dem Portier zusammen. Er fluchte, sie rappelte sich auf, rannte weiter und erreichte den Hinterausgang, als das schwere Automobil der Wäscherei gerade um die nächste Straßenecke bog.

Ohne zu zögern, streifte Alma ihre Schuhe ab und nahm bestrumpft die Verfolgung auf. Sie lief, als ginge es um ihr Leben. Waren die Wäschesäcke erst einmal in der Wäscherei, wäre es vielleicht zu spät.

Der Wagen war schwer und träge, rumpelte über jede Straßenunebenheit, dennoch fuhr er schneller, als sie laufen konnte. Für die Kurve, die der Fahrer jetzt vorsichtig nahm, dankte Alma dem Schicksal, für den Passanten, für den er bremste, ebenfalls.

»Anhalten!«, keuchte sie, winkte rudernd mit beiden Armen in der Hoffnung, der Fahrer würde sie sehen. Doch der Wagen setzte sich erneut in Bewegung. Alma versuchte, schneller zu laufen. Kieselsteinchen schnitten ihr bei jedem Schritt in die ungeschützte Fußsohle. Sie ignorierte das langsam aufkommende Stechen in ihrer Seite. Auf der Langen Straße angekommen, erhöhte das Automobil das Tempo, die gerade Strecke war ein Fluch. Almas Lunge schmerzte inzwischen, ihre Knie zitterten, sie musste stehen bleiben. Sie konnte nicht mehr, bekam keine Luft, hörte nur mehr Rauschen in den Ohren, ihre Sicht begann zu verschwimmen. Sie musste aufgeben. Sie hatten versagt, würden die Metzmeiers nicht überführen können, alles umsonst.

Da. Ein Verkehrspolizist!

Noch nie in ihrem Leben hatte Alma sich so gefreut, die rote Kelle eines Schutzpolizisten zu sehen. Der Wäschewagen kam vorschriftsmäßig zum Stehen, und Alma zwang sich weiterzulaufen.

Fünfzig Meter, zwanzig, zehn nur noch.

Der Wagen wollte gerade eben wieder anfahren, da riss Alma die Autotür auf. Keuchend brach sie über dem Sitz neben dem Fahrer zusammen.

»Was zum ...?« Alarmiert sah der Mann zu ihr hinüber. Ohren wie Bahnwärterstafeln. »Was machen Sie in ...?« Er rüttelte sie an der Schulter, plötzlich wurden seine Augen schmal. »Sie kenne ich doch«, meinte er misstrauisch.

Alma hielt eine Hand in die Höhe. Nur zu Atem musste sie kommen, nur einen Atemzug noch, zwei ...

»Herr Greiner. Ich ... Die Wäsche«, brachte sie schließlich keuchend hervor. »Polizei.«

Der Verkehrspolizist hatte seine Kollegen gerufen. Während Herr Greiner misstrauisch, verwirrt und zu einem Großteil verunsichert die Verrückte, die er einmal in die Wäscherei mitgenommen und die nun seinen Wagen angehalten hatte, davon abhalten wollte, nun auch noch die Schmutzwäsche zu durchwühlen, kümmerten sich zwei Sonntagsspaziergängerinnen um Alma und beschafften ihr von irgendwoher ein Glas Wasser.

Mit der herbeigerufenen Schutzpolizei musste Alma sich dann glücklicherweise nicht mehr herumschlagen, denn plötzlich stand, schnaufend und rotgesichtig, Kriminalwachtmeister Franck vor ihr. Wieder einmal hatte sie ihn unterschätzt, denn obwohl er damit beschäftigt gewesen war, aufgebrachte, wütende und verängstigte Gäste zu beruhigen, war ihm doch die Hast aufgefallen, mit der sie das Hotel verlassen hatte. So war er ihr, sobald die Situation es erlaubte, bis zu dieser Straßenkreuzung gefolgt.

Alma überließ alles Weitere dem schwitzenden Franck, der sich immer wieder mit dem Taschentuch über die Stirn wischte, und telefonierte im nächstgelegenen Café mit dem Metzmeierhof, um Ludwig die gute Nachricht zu überbringen.

Angesichts Francks gesammelter polizeilicher Autorität weigerte sich auch der Fahrer Greiner nicht länger, Alma und den Wachtmeister in den Wäschesäcken wühlen zu lassen – eine Erfahrung, die Alma nicht mit Vergnügen wiederholen würde, ihr reichte ab jetzt die eigene schmutzige Wäsche. Aber ein ganz neuer Respekt vor Käthe und ihren Kolleginnen erwuchs in ihr.

Zu guter Letzt hatte Franck tatsächlich eine blutverschmierte Weste aus einem der Säcke gezogen, und Alma konnte ihr Glück nicht fassen: Genau diese hatte Max Metzmeier getragen, als die Schachpartie Torre gegen Aljechin wiederholt wurde. Neben ihrem Wort würde das von zahlreichen Zuschauern und das eines Kriminalkommissars stehen, der gegen jeden Verdacht erhaben war und bezeugen konnte, dass die Weste dem Hotelier Max Metzmeier gehörte.

Wachtmeister Franck setzte die nun endlich hinzueilenden Schutzpolizisten über ihren Fall und die aktuelle Unternehmung in Kenntnis, tütete die Weste fachgerecht ein und schickte Greiner auf den Weg in die Wäscherei.

»Meine Gratulation, Fräulein Täuber.«

Auch das eine Sache, die sie ihm nur zugutehalten konnte: Kriminalwachtmeister Franck verhielt sich seit Almas erstem aufgeklärten Mord ganz und gar uneitel. Dass eine Privatperson, noch dazu eine weibliche, diesen Fall, der ihm übertragen worden war, gelöst hatte, brachte ihn nicht im Geringsten aus der Fassung. So eine Haltung war keine Selbstverständlichkeit, am wenigsten in seinem Beruf.

»Danke, Herr Franck.« Obwohl sie sich immer noch ein wenig schwummrig fühlte, lächelte sie. »Vielleicht werden wir eines Tages ja Kollegen.«

»Ich habe keinen Zweifel an Ihrer Eignung.« Damit lüpfte er den Hut, klemmte sein Beweispäckchen unter den Arm und machte sich auf den Weg zu seinem Kollegen, Kriminalkommissar Schiller.

Und mit eben jenem Kriminalkommissar konnte Alma dann nach einer halben Ewigkeit, sicher aber nach mehreren Stunden endlich sprechen. Auch wenn ihre Uhr behauptete, es seien nicht einmal sechzig Minuten vergangen, bis sie zurück im Hotel war, wo das Ehepaar Metzmeier gerade in einen Polizeiwagen verfrachtet wurde.

Ludwigs Nase war geschwollen, er weigerte sich dennoch, zum Arzt zu gehen.

»Ich habe schon Ärgeres überstanden.«

»Du könntest mir mal Unterricht in Sachen Verteidigung und Angriff geben«, murmelte Alma, als sie vorsichtig seine Wangenknochen betastete. Schlimmeres schien nicht zu Bruch gegangen zu sein, und nachdem Ludwig sich vergewissert hatte, dass es auch ihr gut ging, machten sie sich auf den Weg durch die laue Frühlingsluft.

»Glaubst du, sie werden gemeinsam verurteilt?«, fragte Alma und blickte dem vorbeifahrenden Wagen hinterher. »An seiner Weste war Blut, aber ich glaube nicht, dass er allein auf die Idee gekommen wäre, Clara zu ermorden.«

»Er hat schon gestanden, dass sie ihn angestiftet hat«, antwortete Ludwig. »Metzmeier mag einen ansehnlichen Kopf haben, ganz sicher aber keinen klugen.«

»Im Gegensatz zu dir.«

»Was? Ich bin klug, aber nicht hübsch? Und mit der neuen Boxernase? Ich denke, sie gibt mir etwas Verruchtes.«

Alma musste lachen und knuffte ihn sanft in die Seite. »Du bist klug *und* gut aussehend.«

»Nein.« Seine Stimme wurde weich und zärtlich. »Diese Ehre gebührt dir. Ohne dich hätten wir jetzt Alois Ritschel in Gewahrsam, und die Metzmeiers wären aus dem Schneider.«

»Ohne mich hättet ihr nicht einmal Alois Ritschel in Gewahrsam«, widersprach Alma frech.

»Apropos Ritschel. Kopper hat aus Karlsruhe angerufen. Unsere Hoteliersgattin hat ihn zu seiner Flucht angestiftet. Hat ihm Angst gemacht, dass er mit seiner Vorstrafe, mit seinem Verhalten dir gegenüber ganz sicher ins Gefängnis ginge. Sie hat ihm geraten unterzutauchen, bis Gras über die Sache gewachsen sei.«

»Ganz schön gerissen.«

»Wenn ihr Plan aufgegangen wäre, wenn Ritschel klug genug gewesen wäre, nicht nur unterzutauchen, sondern untergetaucht zu *bleiben* …« Ludwig zuckte mit den Schultern. »Wer weiß, ob wir jemals den wahren Schuldigen gefunden hätten.«

»Die wahren Schuldigen.« Alma nickte nachdenklich. Das Ehepaar Metzmeier. Wer hätte gedacht, dass diese beiden nicht nur eines, sondern sogar zweier Morde fähig waren.

Kollege Franck rief nach Ludwig, er brauchte wohl Hilfe, die aufgeregten Hotelgäste in Schach zu halten. Die Damen und Herren, die im Restaurant gewesen waren, als Metzmeier mit seiner Flucht solch ein Chaos veranstaltet hatte, wurden langsam ungehalten.

»Entschuldige mich einen Augenblick«, flüsterte Ludwig und

straffte seine Weste. Blut war darauf zu sehen, und Alma zuckte kurz zusammen.

Dann blickte sie sich in der Hotellobby um. Die älteren Damen spielten, völlig unberührt von den Ereignissen um sie herum, weiterhin Rommé. Der Herr mit Spazierstock sprach immer noch – oder wieder – mit der hageren Dame über Schach, sein Favorit war Aljechin, der sich punktemäßig ein knappes Rennen mit Rubinstein lieferte.

Sophia Grand gegen Tanja Rubzowa fiel Alma ein, hatte die hagere Dame nicht vorhin davon gesprochen? Ihr fielen die Schachabende mit Emmi ein: Erst vorgestern hatte sie vom »Schlagen en passant« gelesen, das ihr seltsam stimmig vorkam. Denn hatten nicht auch die Metzmeiers versucht, sich sozusagen »im Vorbeigehen« neben dem Hotelbetrieb an ihren Gästen zu bereichern? Nur, dass das Ehepaar Metzmeier von ihr schachmatt gesetzt worden war, dachte sie zufrieden. Sie gab sich einen Ruck und trat neugierig auf die beiden Schachexperten zu. »Sagen Sie, die heutige Partie, wo findet die denn statt?«, fragte sie freundlich. Sie hatte nicht die geringste Lust, sich beim Portier zu erkundigen.

Überrascht von ihrer Frage drehten die beiden sich ihr zu. »Im Blauen Salon, dort den Flur hinunter«, antwortete die Frau und deutete mit dem Finger in die Richtung, aus der die leise Musik erklang. Der Herr verzog verächtlich den Mund. »Viele Zuschauer werden Sie dort aber nicht finden«, warf er ein. »Es ist nur eine Frauenpartie.«

»Es läuft ja auch außer Konkurrenz, sie spielen nur zum Spaß«, beschwichtigte die Hagere.

»Glauben Sie, Sie würden gegen eine der Damen gewinnen?«, fragte Alma den Herrn interessiert.

Indigniert sah er sie an. Sie hatte ihn offenbar auf dem falschen Fuß erwischt. »Schach ist ein Strategiespiel«, antwortete er überheblich, aber ohne auf ihre Frage einzugehen. »Und kriegerische Tendenzen liegen dem weiblichen Geschlecht fern. Eine Frau ist nicht auf dieser Erde, um zu töten und zu vernichten. Deshalb, gnädiges Fräulein, werden Frauen nie die Leistungen eines Aljechin oder Réti vollbringen können.«

Wie zum Gegenbeweis knallte in diesem Augenblick die ganz in Schwarz gekleidete Dame am Spieltisch hinter ihm ihre Karten hin. In größtem Triumph sammelte sie die Blätter ihrer beiden Mitspielerinnen ein und freute sich diebisch über ihren Triumph.

»Seine Frau«, flüsterte die Hagere, und Alma konnte nicht anders. Nach diesem Tag, nach den Ereignissen der letzten Stunden musste sie über die Situation so herzhaft lachen, dass selbst der Portier zu ihnen herüberblickte.

Den verwirrten Ewiggestrigen hinter sich lassend, nahm sie den Weg, den er ihr gewiesen hatte, und öffnete leise die Tür zum Blauen Salon. Die Partie war in vollem Gange, die Rubzowa saß mit roten Wangen und glänzenden Augen vor der deutlich abgeklärteren Grand.

Etwa zwanzig Zuschauer saßen um die beiden Spielerinnen herum und betrachteten sie aufmerksam. Sophia Grand war am Zug, ihre Hand schwebte unentschlossen über einer Figur.

Almas Blick wanderte suchend über die Zuschauer, und als sie die groß gewachsene Frau mit den dunklen Haaren sah, musste sie lächeln. Die Augen der Queen fanden ihre. Im leichten Neigen ihres Kopfes erkannte Alma nicht nur einen Gruß, sondern auch einen Dank, eine Anerkennung ihrer Anstrengungen. Sie war also bereits über alles informiert.

Alma nickte ihr zu, von Eingeweihter zu Eingeweihter, und als sie leise den Raum wieder verließ, war sie sich sicher, die mit einem blauen Stein besetzte Armbanduhr des Portiers am Handgelenk der Queen funkeln gesehen zu haben.

Nun blieb ihr für den heutigen Tag nur noch eines zu tun. Eine halbe Stunde später klingelte sie an der Wohnung im obersten Stock in der Stephanienstraße.

Als geöffnet wurde, räusperte Alma sich und fragte: »Darf ich reinkommen, Friederike?«

16

Emmi, meine Liebe, ich habe keine Ahnung, was du im Schilde führst.« Walter sah vom Schachbrett auf und suchte vergeblich Augenkontakt mit Ludwig. »Ludwig?«, hakte er inständig nach.

Doch Ludwig, dessen Nasenbein in allen Farben eines Regenbogens schimmerte, setzte soeben andächtig seinen Spieler auf die Tipp-Kick-Matte. Vornübergebeugt stand er da und ging ein wenig mehr in die Knie, um mit dem Finger die mögliche Flugbahn des Balls aufs Tor nachzuvollziehen, hinter dem Alma stand, abwartend die Hände in die Hüften gestemmt.

»Ludwig?«, wiederholte Walter flehend. »Hilfst du mir mal?«

In der Küche war es noch beengter als sonst. Die Engländer hatten einen Ausdruck dafür, wusste Alma. *Not enough room to swing a cat in.* Der Platz um den Tisch herum war freigeräumt, um den Tipp-Kick-Spielern genügend Bewegungsfreiheit zu geben, und vor dem Sofa stand einer der Küchenstühle, auf dem das Schachbrett aufgebaut war. Auf dem Sofa kauerte grinsend Wölkchen neben Walter und betrachtete ihn triumphierend.

»Schäfermatt. Das habe ich mit deinen Figuren gemacht. Ha!« Mit dem Zeigefinger stupste sie auf Walters Nase.

»Beim Schäfermatt setzt Weiß mit der Dame auf f7 matt. Sie wird dann von einem Läufer auf c4 gedeckt«, begann Ludwig mechanisch, ließ dabei aber die Augen nicht von der grünen

Matte auf dem Tisch. »Weiß nutzt die relativ schwache Position des Bauern auf f7 aus. Aaron Nimzowitsch hat heute übrigens gegen Carl Carls gewonnen.« Er hob warnend die Hand, als Walter nachhaken wollte. »Psst jetzt. Alma steht da wie Heinrich Stuhlfauth. Ich muss mich konzentrieren.«

Alma lachte. »Wer auch immer dieser Stuhlfauth ist, ich mag ihn schon jetzt.«

»Torhüter vom 1. FC Nürnberg«, murmelte Walter. »Du siehst ihm nicht im Geringsten ähnlich.«

»Ist das jetzt ein Kompliment oder eine Beleidigung? Ludwig, du bist dran. Wie lange brauchst du denn noch?«

»Ich überlege.«

»Wir sollten hier mit Stoppuhr spielen. Blitz-Tipp-Kick sozusagen. Du bist ja noch schlimmer als Karl.«

»Wann kommt denn Betty?«, wollte Emmi plötzlich wissen.

Walter rutschte auf dem Sofa herum, als habe er sich auf eine heiße Herdplatte gesetzt. »Hm ...«, machte er. »Dame auf f7 ...« In nachdenklicher Pose hielt er den Finger ans Kinn. »F7«, wiederholte er langsam.

»In Dreiteufelsnamen, Walter!«, rief Emmi ungeduldig. »Sieh endlich ein, dass das Fräulein Filialleiterin dich geschlagen hat und lenk nicht von meiner Frage ab. Betty wollte doch nachkommen. Ich habe extra ein Glas mehr poliert.«

Alma zuckte nicht einmal mit einem Gesichtsmuskel, als Walter darauf nuschelte: »Kommt heute nicht mehr.« Seine Antwort überraschte sie nicht, schien es sich doch abgezeichnet zu haben, dass Walter in Liebesdingen zwiegespalten war. Schon beim Gefüßel unter dem Tisch des Tanzcafés Riegel war Alma der Gedanke gekommen, dass ihr feuriger Cousin, ganz entgegen der ihm sonst innewohnenden Besonnenheit, versuchte, in Sachen Damen zweigleisig zu fahren. Wie pflegte Wölkchen oft zu sagen? »Wenn ich die Wahl zwischen zwei Dingen habe, nehme ich immer beide.«

In dem Moment drückte Ludwig mit wahrer Hingabe auf den kleinen Knopf auf dem Kopf seines Spielers. Aber statt der berechneten Kurve in Richtung von Almas Tor, flog der Ball in weitem Bogen direkt gegen ihren Brustkorb.

»Au!«, rief sie.

»Wiederholung!«, forderte Ludwig. »Ich habe den Knopf nicht richtig gedrückt.«

»Nein! Berührt, geführt!«

»Das gilt nur beim Schach!«

»Steht das irgendwo in Stein gemeißelt?«

»Ach, verdammt noch eins!«, gab Ludwig verzweifelt nach. »Gibt es doch nicht!«

»Eieieiei«, kommentierte Walter. »Wie gut, dass du keine Karriere im Tipp-Kick ins Auge gefasst hast.«

»Komm, wir tauschen.« Ludwig drehte sich dem Sofa zu. »Mit deiner Karriere im Schach ist es auch nicht weit her.«

»Kommt überhaupt nicht in Frage!«, riefen Alma und Emmi gleichzeitig.

Ein Hämmern an der Tür ließ alle herumfahren. Emmi warf Walter einen vorwurfsvollen Blick zu. »Ich dachte, du wärst vorher bei ihr vorbeigeschwänzelt?«, zischte sie.

Oder war das doch noch Betty?

»Aber natürlich habe ich der Meier meine Aufwartung gemacht. Meine erste Tat in diesem so respektablen Haus«, flüsterte Walter gekünstelt zurück. »Ich habe mich sogar nach dem Befinden ihres Sauglings erkundigt.«

»Sie hat einen Säugling?«, fragte Ludwig fassungslos.

»Einen Saugling!«

»Fräulein Täuber, Fräulein Wolke!«, flötete es aus dem Hausflur. »Hier ist Ihre Wirtin!«

»Hat sie wieder getrunken?«, fragte Ludwig. »Ich hoffe, sie hat was übergeworfen. Ich ertrage den Anblick ihres Nachthemds nicht noch ein zweites Mal.«

Walter hob die Augenbrauen. »Du bist in den Genuss ihres Negligés gekommen? Diese Ehre wurde mir noch nicht zuteil.« Es klang, als beleidige ihn dieser Sachverhalt zutiefst. »Darf ich mich erkundigen, wie du das angestellt hast?«

Ludwig blieb ihm auch dieses Mal eine Antwort schuldig. Stattdessen streckte er die Schultern, als ob er sich für einen Angriff wappnen wollte, und nach vier langen Schritten stand er vor der Tür der kleinen Mansarde. Alma sprang ihm nach und drückte ihn sanft beiseite, bevor er die Hand auf den Griff legen konnte.

»Ach, wie reizend«, sagte die Witwe mit rosigen Wangen, nachdem Alma geöffnet hatte. »Ein entzückendes ...«, sie kam ins Stocken, als sie Ludwigs Nase sah, »... Empfangskomitee.« Sie streckte Alma ein Einmachglas entgegen. »Gurken.«

Die Meier führte etwas im Schilde, aber bevor Alma sie nicht hereingebeten hätte, würde sie niemals erfahren, was es war. Also machte sie einen Schritt zur Seite, Ludwig tat es ihr gleich, und die Hauswirtin trat, das Einmachglas wieder fest an die wogende Brust gepresst, selig lächelnd ein. Kurz stand sie unschlüssig im Flur herum, dann stellte sie die Gurken umstandslos auf die wackelige Kommode. »Fräulein Täuber«, begann sie, brach dann ab und strich die geblümte Bluse über ihrem Bauch glatt. Sie stand direkt in einem Sonnenstrahl, der durch das kleine Küchenfenster in den Flur schien. Ihre Hand fuhr zu den festgesteckten Haarsträhnen auf ihrem Kopf, als ob sie einem Regisseur hinter dem Bühnenscheinwerfer, der sie beleuchtete, keinen Anlass zur Sorge geben wollte. »Ich wollte Sie und Fräulein Wolke nur kurz vorwarnen: Es wird wieder einen Auszug geben. Ich will damit sagen: Es wird nächste Woche laut im Treppenhaus. Möbel werden herumgetragen ... und derlei Dinge.«

Nachdem sie geendet hatte, blieb es zunächst mucksmäuschenstill. Auch aus dem Wohnzimmer drang kein Laut. Alma stellte sich vor, wie Wölkchen und Walter mit angehaltenem Atem auf dem Sofa vornübergebeugt lauschten.

»Das ist kein Problem, Frau Meier«, erwiderte Alma. »Wir sind tagsüber in der Regel sowieso nicht hier. Aber danke, dass Sie uns Bescheid geben, das ist sehr nett von Ihnen.«

Sie konnte Ludwigs forschenden Blick in ihrem Nacken spüren. Mit Sicherheit fragte er sich ebenfalls, warum die Wirtin höchstpersönlich auftauchte, um ihnen das zu erzählen, wo sie doch selbst regelmäßig fiebrig und vor allem ausgesprochen geräuschvoll im Treppenhaus feudelte.

»Die Wohnung wird dann frei. Im ersten Stock«, fuhr die Meier fort, als ob sie genau diesen Moment abgepasst hätte, um Almas Vermutung zu bestätigen. »Sie ist größer, hat fließend Wasser und Strom.« Was sie jetzt zu sagen hatte, fiel ihr offenbar nicht leicht, denn sie vermied Almas Blick, indem sie haarscharf an ihr vorbei auf die geschlossene Tür zu Emmis Kammer sah. »Drei Zimmer, ebenso wie hier, aber natürlich sehr viel großzügiger. Und ...«, jetzt hob sie einen Finger und rührte damit in der Luft herum, wie mit einem Zauberstab, »... ein Klosett.«

Aus dem Wohnzimmer war hoffnungsfrohes Schnaufen zu hören. Allem Anschein nach hatte Emmi Luft abgelassen, wie ein Ballon, in den man hineingepiekst hatte. Auch Alma gefiel die Vorstellung, nicht mehr im Hausflur auf die Toilette gehen zu müssen. Insbesondere nachts und im Winter war das kein Vergnügen. Es war offenkundig, warum die Witwe hier stand: Sie führte eine Art Verkaufsgespräch.

Ludwig entfuhr jetzt ein grunzender Laut, der dafür sorgte, dass sich Alma mit aller Wucht an ihr Gespräch, an seine Reaktion erinnerte, als sie ihm von dem Umzug in eine größere Wohnung erzählt hatte. »Frau Meier, das kommt jetzt sehr überraschend«, flunkerte sie. »Wir, also Fräulein Wolke und ich …«

»Was die Miete angeht, müssen Sie sich keine Gedanken machen«, unterbrach die Meier. »Da werden wir uns einigen.«

»Das hört sich gut an«, meinte Emmi, die von der Küche in den Flur getreten war. »Aber da wäre noch eine weitere Sache. Es geht um …«

»Ich verstehe, Fräulein Wolke«, fuhr die Witwe überschwänglich fort. »Wir hatten in der Vergangenheit ein oder zwei Situationen, in denen wir … Nun, wie soll ich sagen …?«

»Unterschiedlicher Meinung waren?«, kam es vom Küchensofa.

Ein oder zwei Situationen?, fuhr es Alma durch den Kopf, und sie musste trotz der angespannten Lage Ludwig betreffend schmunzeln.

»Wenn wir die Sache forsch weiterdenken, dann würde doch diese Wohnung frei werden, nicht?«, hakte Walter nach. Auch er war aufgestanden und lehnte jetzt mit einem betörenden Lächeln am Türrahmen, das er wie einen zweiten Scheinwerfer auf die Wirtin gerichtet hatte. »Für einen alleinstehenden jungen Mann? Einen so … wie mich?«

Nicht nur die Witwe Meier traf diese Feststellung wie ein Paukenschlag.

»Jaaaaa«, war alles, was die Hauswirtin herausbekam.

»Wäre«, sagte Ludwig mit fester Stimme. »Sie wäre frei, wenn. Konjunktive. Und davon recht viele.«

»Und dieses ›wenn‹«, fügte Alma hinzu, »über das müssen wir alle noch in Ruhe nachdenken, nicht?« Sie legte die Hand auf den Arm der Witwe. »Haben Sie noch einmal herzlichen Dank, Frau Meier.«

»Für die Vorwarnung«, murmelte Ludwig.

»Und das großzügige Angebot«, ergänzte Walter.

»Und die Gurken«, meinte Emmi, die Almas Cousin dabei mit großen Augen ansah.

Die Meier nickte zufrieden und ging.

»Ich möchte jetzt nicht darüber reden«, sagte Alma, nachdem sie die Tür hinter ihrer Wirtin geschlossen hatte. »Nicht heute, nicht jetzt.«

»Irgendwann müssen wir es tun«, meinte Emmi. »Aber du hast recht«, ergänzte sie mit einem Blick auf Ludwig, der mit einem Mal sehr viel kleiner und sehr viel schmaler wirkte. »Heute nicht. Walter, mein feuriger Torero, du bekommst noch eine letzte Chance, mich im Schach zu schlagen.« Sie packte ihn am Hemdkragen, zog ihn kurz zu sich, stieß ihn danach spielerisch von sich weg und tänzelte zurück ins Wohnzimmer. Wenig später waren die ersten Takte eines schmissigen Schlagers zu hören, und Walter folgte Wölkchen in die Küche.

»Sei mir nicht böse.« Alma legte die Hände auf Ludwigs Brust und sah ihm bittend in die blassblauen Augen. »Sei der Meier nicht böse, sei Walter nicht böse.«

»Wir müssen reden, Alma«, meinte er und nahm ihre Finger in seine. »Dringend.«

Er hatte recht. Oh, wie recht er hatte. Irgendwann.

Auf Zehenspitzen schmiegte sie ihre Wange gegen seinen

Hals, dann zog sie ihn mit sich Richtung Küche. »Ich gebe noch mal den Stuhlfahrt …«

»Stuhlfauth«, korrigierte Ludwig.

»Genau diesen. Bist du dabei?«

Er zwang sie stehen zu bleiben, nahm ihr Gesicht in seine Hände, und seine Lippen streiften ihr Ohr, als er sich an sie zog. »Meine Taube«, flüsterte er. »Dir kann ich kaum einen Wunsch abschlagen.«

»Kaum einen?«

»Keinen«, gab er zu und seufzte.

GLOSSAR

Ach Gott, was sind die Männer dumm: Lied aus der Operette *Drei alte Schachteln* (Uraufführung am 6. Oktober 1917 am Theater am Nollendorfplatz in Berlin). Geschrieben von Walter Kollo und Herman Haller.

Ännchen von Tharau: Titel eines volkstümlichen Lieds von Simon Dach (1605–1659). Es stammt aus dem 17. Jahrhundert und besingt in siebzehn Strophen Anna Neander, die Tochter des Tharauer Pfarrers.

Auf der Suche nach Indien: Passage to India ist ein 1924 veröffentlichter Roman des englischen Autors E. M. Forster (1879–1970). Vor dem Hintergrund der Bedingungen in Britisch-Indien und der indischen Unabhängigkeitsbewegung in den 1920ern thematisiert der Roman das Aufeinanderprallen östlicher und westlicher Sicht- und Lebensweisen.

Bara, Theda (1885–1955): US-amerikanische Schauspielerin und eines der ersten weiblichen Sexsymbole des Stummfilms. Durch den Filmlager-Brand in den 20th Century Fox Studios am 9. Juli 1937, bei dem mehr als drei Viertel des dort gelagerten Filmmaterials zerstört wurden, sind heute nur noch sechs Filme mit Bara vollständig erhalten: *The Stain, A Fool There Was, East Lynne, The Unchastened Woman, Madame Mystery* und *45 Mi-*

nutes from Hollywood. Louis Vuitton benannte in Verehrung für Bara eine Tasche nach ihr.

Bennett, Enid (1893–1963): australisch-amerikanische Stummfilmschauspielerin. Zwischen 1918 und 1921 drehte sie alleine dreiundzwanzig Filme, was sie zu einer sehr bekannten Actrice ihrer Zeit machte. Neben Douglas Fairbanks senior besetzte sie 1922 im aufwendigen Abenteuerfilm *Robin Hood* die Rolle der Maid Marian. In *Die Seeteufel (The Seahawk, 1924)* spielte Bennett zwei Jahre später in einem weiteren erfolgreichen Abenteuerfilm mit.

Benson, E. F. (1867–1940): englischer Autor, der über neunzig Bücher verfasste. Populär wurden seine komischen Romane, doch er veröffentlichte auch etliche Gruselgeschichten, wie beispielsweise 1912 *Das unheimliche Turmzimmer.*

Das Beste und immer in gleicher Güte: Werbeslogan der Eszet Schokoladenfabrik. 1846 wurde das erste Geschäft in der Calwer Straße in Stuttgart eröffnet. Ab 1857 goss Konditor Ernst Staengel (1827–1915) gemeinsam mit Karl Ziller Schokolade in Tafelform und gründete die Firma ESZET Staengel & Ziller. 1898 wurde die Produktion nach Stuttgart-Untertürkheim verlagert, wo es heute noch eine Eszet-Stadtbahnhaltestelle gibt. Ab 1933 wurden hier die Eszet-Schnitten produziert. 1975 ging die Marke Eszet im Stollwerck-Konzern auf.

Es schwimmt eine Leiche im Landwehrkanal: Nach dem Mord an Rosa Luxemburg 1919 herrschte auf der einen Seite Trauer und Fassungslosigkeit, auf der anderen Jubel. Einer der bekanntesten Gassenhauer der Stadt Berlin, der sich auf ihren Tod bezieht, war das Lied *Es schwimmt eine Leiche im Landwehrkanal*, das auch von Straßenkindern fröhlich gesungen wurde.

Howard, Ebenezer (1850–1928): britischer Stadtplaner. Er gilt als Erfinder der Gartenstadt als Reaktion auf die schlechten Wohn- und Lebensverhältnisse sowie die steigenden Grundstückspreise in den stark gewachsenen Großstädten.

Forty Elephants: War eine ausschließlich aus Frauen bestehende Verbrecherinnenbande, die von den 1870er Jahren bis zur Mitte des 20. Jahrhunderts in London aktiv war. Sie war berüchtigt für ihre koordinierten, groß angelegten Ladendiebstähle und ihre Begabung, sich Polizei und Justiz zu entziehen. Sie benannte sich nach der *Elephant and Castle Tavern* im Londoner Stadtbezirk Elephant and Castle, in der sich die Mitglieder trafen.

Konferenzmaschine: Von Almas Vater in Kapitel 10 erwähnt. Die Konferenzmaschine stammt aus der Erzählung *Das 100pferdige Büro – Keine Utopie* in der Zeitschrift UHU (Heft 7, April 1925) von Zielisch, Fritz (1984–1971).

Kreisel in der Wüste, aus dem Hände wachsen: Almas Großmutter bezieht sich damit auf das surrealistische Gemälde *Ubu Imperator* von Max Ernst (1891–1976) aus dem Jahr 1923. Inspiriert von Alfred Jarrys absurdem Theaterstück *Ubu roi* stellt Ernst die unterdrückerische Macht auf ironische Weise dar. In einer wüstenähnlichen Landschaft ist der »Imperator« ein Kreisel, eingehüllt in eine Rüstung und mit vor Überraschung ausgestreckten Händen.

Lunapark: Der Luna-Park (wie er damals in den 1920er Jahren geschrieben wurde) bestand von 1909–1933 am Berliner Halensee. Der Vergnügungspark bot die Shimmy-Treppe (eine Treppe, die wackelte), eine Gebirgsbahn, ein drehbares Haus, eine Wasserrutschbahn, ein Hippodrom, die erste Rolltreppe, jede Nacht ein großes Feuerwerk, Theater, Revuen, Jazzmusik, Kabarett, aber auch Tanzturniere und Boxkämpfe und etliche andere Attraktionen an. Vorbild war Coney Island in New York.

Magnetopathen: Durch magnetische Striche sollte, so die Erklärung, die Energie im menschlichen Körper wieder in Fluss gebracht werden. Nach der offiziellen Medizinalstatistik von 1902 gab es in Preußen mindestens 4104 nicht approbierte Krankenbehandler, von denen wiederum 145 auf Magnetopathie, neununddreißig auf Besprechen beziehungsweise Gesundbeten und neunundsiebzig auf Geistheilen spezialisiert war. In der Weimarer Republik nahm die Zahl der Laienheilkundigen insgesamt zu. Begünstigt wurde diese Entwicklung durch die Gründung einer privaten Krankenkasse für Volksheilbewegung und die Veröffentlichung des Leistungsverzeichnisses für Heilpraktiker im Jahr 1926, das den Krankenkassen als Grundlage für die Kostenerstattung diente.

Mayer, Helene (1910–1953): deutsch-US-amerikanische Fechterin. Sie wurde sechsfache deutsche Einzelmeisterin, Weltmeisterin und Olympiasiegerin und gilt als eine der bedeutendsten Fechterinnen aller Zeiten. Mayer gewann 1925 die deutsche Meisterschaft im Florettfechten und errang bis 1930 sechs nationale Meistertitel. Ab 1929 studierte sie Internationales Recht in Frankfurt am Main, in den Jahren 1930 bis 1931 an der Sorbonne in Paris. Helene Mayer galt als beste Fechterin ihres

Jahrhunderts, und mit ihren Markenzeichen, den geflochtenen blonden Zöpfen und dem weißen Band um die Stirn, wurde sie schnell zum Idol in den ausgehenden Goldenen Zwanzigern. Bei den Olympischen Spielen 1936 instrumentalisierten die Nationalsozialisten Mayer, die nach damaligem Recht als »Halbjüdin« galt, für ihre Zwecke. Ihre Entscheidung, an den Olympischen Spielen in Berlin teilzunehmen und nach ihrem Gewinn der Silbermedaille den Hitlergruß zu zeigen, wurde ihr von vielen Intellektuellen in Deutschland übel genommen. Auch ihre Zusammenarbeit mit Leni Riefenstahl konnten ihr viele nicht verzeihen. 1940 wurde Mayer US-Staatsbürgerin und bis 1946 achtmal US-Meisterin im Florett. 1952 kehrte sie nach Deutschland zurück.

Meitner, Lise (1878–1968): österreichische Kernphysikerin. 1906 promovierte sie als zweite Frau überhaupt im Hauptfach Physik. Ab 1907 arbeitete sie jahrzehntelang mit dem Chemiker Otto Hahn zusammen. Ab 1912 arbeiteten Meitner und Hahn im neu gegründeten Kaiser-Wilhelm-Institut für Chemie in Berlin, um die Radioaktivität zu erforschen. 1926 wurde Meitner die erste Professorin für Physik in Deutschland. Im schwedischen Exil veröffentlichte sie im Februar 1939 zusammen mit ihrem Neffen Otto Frisch die erste physikalisch-theoretische Erklärung der Kernspaltung. Lise Meitner wurde jahrzehntelang immer wieder für den Chemie-Nobelpreis und den Physik-Nobelpreis nominiert, gewann ihn aber nie.

Die Nacht holt heimlich durch des Vorhangs Falten: Gedicht von Rainer Maria Rilke (1875–1926); veröffentlicht 1898 im Gedichtband *Advent*. Rilke gilt als ein bedeutender Vertreter der literarischen Moderne. Als Übersetzer französischer Lyrik, unter anderen von Paul Verlaine und Paul Valéry, leistete er einen wichtigen Beitrag zum deutsch-französischen Kulturtransfer.

Novarro, Roman (1899–1968): mexikanisch-US-amerikanischer Schauspieler. Gegen Ende der Stummfilmzeit und in den frühen Tonfilmtagen zählte er zu den beliebtesten Stars in Hollywood. Mit seiner Familie floh er 1916 vor der Mexikanischen Revolution nach Los Angeles, wo er sich zunächst als Balletttänzer, Klavierlehrer und singender Kellner durchschlug. Ab 1917 arbeitete er als Statist in diversen Filmen. Der Regisseur Rex Ingram vermittelte Novarro daraufhin einen Vertrag bei der Metro Pictures Corporation. Novarro kam vor allem bei den weiblichen Kinogängern sehr gut an und wurde als »neuer Valentino« angepriesen.

Das neue Schach: Bei den Schachfiguren, die Alma und Emmi in Kapitel 2 benutzen, haben wir uns vom Bauhaus-Künstler Josef Hartwig (1880–1956) Anregungen geholt, der sein Schachspiel 1923 entworfen hatte. In den 1920er Jahren gab es einige Epigonen dieses Entwurfs. Ausschlaggebend für die Form der Hartwig'schen Schachfiguren ist ihre Funktion im Spiel und nicht ihre Bezeichnung.

Saugling: Der Staubsauger wurde von der Firma Borsig hergestellt. Diese hatte ihre Wurzeln nicht etwa in der Elektrotechnik, sondern im Lokomotivbau. Wegen Absatzeinbrüchen Anfang der 1920er Jahre konzentrierte sich das Unternehmen auf andere Bereiche und brachte 1922 den *Saugling* auf den Markt. Mitte der 1920er Jahre wurde dann die Saugling GmbH gegründet.

Schmeling, Max (1905–2005): deutscher Schwergewichtsboxer. Am 2. August 1924 begann Schmeling mit einem Kampf gegen Hans Czapp in der Tonhalle in Düsseldorf seine Profiboxkarriere, die ihn mehrmals nach New York führte – der damaligen Hochburg des Profiboxens. 1926 wurde Schmeling durch einen Sieg gegen Max Diekmann Deutscher Meister im Halbschwergewicht. Zwischen 1930 und 1932 war Schmeling Boxweltmeister im Schwergewicht und gilt bis heute als einer der populärsten Sportler Deutschlands.

Schönberg, Arnold (1874–1951): Schönberg gilt zusammen mit Igor Strawinsky als einer der einflussreichsten Komponisten des frühen 20. Jahrhunderts und war die zentrale Gestalt der Wiener atonalen Schule. Deren Bestreben, »die Tonalität in ihrer spätromantischen Erscheinungsform konsequent zu Ende« zu denken, mündete nach Aufgabe der Dur-Moll-Tonalität zwischen 1906 und 1909, beziehungsweise zwischen 1904 und 1911 in die Zwölftontechnik.

Shreveport Stomp: komponiert von Jelly Roll Morton, veröffentlicht 1924.

Strawinsky, Igor (1882–1972): russischer Komponist und Dirigent mit französischer und amerikanischer Staatsbürgerschaft. Er war einer der bedeutendsten Vertreter der Neuen Musik. Diese Kunstmusik wird gekennzeichnet durch radikale Erweiterungen der klanglichen, harmonischen, melodischen, rhythmischen Mittel und Formen.

Tanzbär: Emmi erwähnt das Fruchtgummi in Kapitel 8. 1920 gründete Johann »Hans« Riegel die Firma Haribo (der Name ist Akronym aus den Wörtern Hans, Riegel und Bonn) und begann in einer Hinterhofwaschküche mit der Produktion von Süßwaren. 1922 erblickte der »Tanzbär« das Licht der Welt, eine Bärenfigur aus Fruchtgummi, die es später als der legendäre »Goldbär« zur Weltberühmtheit brachte. Er war größer als die heutigen Goldbären, aber auch schlanker (und weicher).

Tipp-Kick: Als der deutsche Fußball in den 1920ern zu boomen begann, hatte der Schwenninger Kaufmann Edwin Mieg die Idee, ihn als einfaches, auf jeden Tisch passendes Spiel zu präsentieren. Das Patent für dieses Fußballbrettspiel hatte schon 1921 der Stuttgarter Hotelfabrikant Carl Mayer angemeldet. 1924 kaufte Mieg es ihm ab und machte Tipp-Kick zu einem Verkaufserfolg.

UHU: Populäres Magazin der Weimarer Republik, bestach durch Originalität, Witz und drucktechnische Innovationen. Für den Uhu schrieben Walter Benjamin, Bert Brecht, Vicki Baum, Colette und verschiedene bekannte Musikkritiker. Gelegentlich auch berühmte Persönlichkeiten wie der dänische Filmstar Asta Nielsen oder Albert Einstein. Zeichnungen und Karikaturen sowie Fotografien namhafter Künstler nahmen einen hohen Stellenwert im Heft ein.

Valentin, Karl (1882–1948): deutscher Komiker, Volkssänger, Autor und Filmproduzent. Er beeinflusste mit seinem Humor und seiner sprachspielerischen Selbstironie zahlreiche Künstler, darunter auch Loriot, Gerhard Polt oder Helge Schneider. Gemeinsam mit Liesl Karstadt, die bürgerlich Elisabeth Wellano hieß, stand er lange Zeit gemeinsam auf der Bühne.

NACHWORT

Die Idee, ein Fräulein vom Amt zur Hauptfigur in einem Roman zu machen, begleitete uns schon länger, und die 1920er Jahre und der Glanz von Baden-Baden haben es uns von Anbeginn angetan. Inzwischen halten Sie den dritten Band der Reihe um die Telefonistin Alma Täuber und ihre Freundin Emmi Wolke in Händen.

Dieses Mal haben wir uns als Hintergrundveranstaltung das Internationale Schachturnier herausgesucht, das 1925 vom 15. April bis zu 15. Mai von der Stadtverwaltung der Kurstadt durchgeführt wurde. Organisiert und initiiert hatte das Sportevent der weltbekannte Schachspieler Siegbert Tarrasch, der sich um den Fortbestand der großen internationalen Schachturniere in Deutschland nach dem Krieg sorgte. Seit 1914 war keines mehr abgehalten worden, und Tarrasch bedauerte diesen Zustand so sehr, dass er mit viel Einsatz für Abhilfe sorgte. Es gelang ihm, für das Schachturnier in der Kurstadt internationale Größen der Szene zusammenzubringen: Nur der Kubaner José Raúl Capablanca (der während dieser Zeit den Weltmeistertitel innehatte) und der ehemalige Weltmeister Emanuel Lasker, die beide für ihre Teilnahme zu hohe Extrahonorare forderten, sowie der ungarische Großmeister Géza Maróczy fehlten. Letzterer hielt sich zu jener Zeit in Amerika auf.

Erneut haben wir uns für die Recherche zu Teil 3 in die Weltkulturerbestadt Baden-Baden im Schwarzwald begeben, haben wie Alma den Merkur mit der Seilbahn erklommen und sind wie Walter zu Fuß vom Berg wieder heruntergekraxelt. Haben uns Gedanken darüber gemacht, wohin wir Alma dieses Mal schicken wollen. An dieser Stelle möchten wir den Stadtführer *Dunkle Geschichten aus Baden-Baden* von Josua Straß und Christiane Krause-Dimmock im Wartberg Verlag hervorheben.

Wir haben zeitgenössische Musik gehört, haben uns in die Romane vertieft, die Alma auch gelesen haben könnte, und uns wieder mit der Welt des Stummfilms vertraut gemacht. In digitalen Zeitschriftenarchiven wurden wir ebenso fündig wie in der Württembergischen Landesbibliothek und in mannigfaltigen Onlinequellen. Wir durchstöberten die noch erhaltenen Fotografien unserer Großeltern, analysierten die Kleidung der darauf Abgebildeten, sahen uns in Museen Originalstoffe, -möbel und -haushaltsgeräte an. Dankend erwähnen wollen wir auch das Museum der Alltagskultur in Waldenbuch sowie die Ausstellung »Helden des Südwestens – Kultprodukte und Werbeikonen aus Baden-Württemberg«, die vom 09.10.2021–26.06.2022 im Kleinhues-Bau in Kornwestheim gezeigt wurde.

Historische Wahrheiten liegen uns am Herzen. Über einige Begriffe mögen Sie erstaunt sein: »Zellophan«, »Knock-out«, »Broadcasting« und »Dancing« waren im Sprachgebrauch von 1925 jedoch durchaus Usus. Die Zitate aus dem Hörspiel über das Grubenunglück in der Zeche Minister Stein in Dortmund stammen aus der Badischen Presse vom 12. Februar 1925.

Aber manchmal verlangt es die Dramaturgie, dass man sich ein Stück weit von diesen Wahrheiten entfernt. Der Charleston schwappte erst im Sommer 1925 nach Deutschland, als Josephine Baker in Berlin auftrat – Alma und Emmi tanzen ihn jedoch schon einige Monate früher. Das Hotel Metzmeierhof gibt und hat es auch nie in Baden-Baden gegeben. Den Nachnamen der Schachspielerin Tanja Rubzowa haben wir uns von der russischen Schachspielerin Olga Nikolajewna Rubzowa (1909–1994) ausgeliehen, und bei Sophia Grand handelt es sich um eine erfundene Person.

Wie schon in den letzten Bänden, so bitten wir Sie auch dieses Mal, uns diese kleineren Ungereimtheiten zu verzeihen.

Charlotte Blum

Fräulein vom Amt – Die Nachricht des Mörders

Roman

Das Fräulein vom Amt Alma Täuber ermittelt zwischen illustren Kurgästen und illegalem Glücksspiel.

Baden-Baden 1922. Alma Täuber liebt ihre Arbeit als Telefonistin und gemeinsam mit ihrer besten Freundin Emmi genießt sie es, ein selbstbestimmtes Leben zu führen. Als Alma bei einer Telefonschalte zufällig ein Gespräch mithört, lässt sie die Stimme, die von einem erledigten Auftrag »bei den Kolonnaden« spricht, nicht mehr los. Sie findet heraus, dass dort eine Tote gefunden wurde und begibt sich gemeinsam mit Kommissaranwärter Ludwig Schiller auf die Spur des Mörders.

Der erste Fall für Alma Täuber, das Fräulein vom Amt

416 Seiten, Klappenbroschur